Werthers Freitod

„Nah am Grabe
ward mir's heller"

Maria Zaffarana

Maria Zaffarana, Jahrgang 1973, war zehn Jahre lang als Promi-Reporterin bei zwei Illustrierten tätig und promovierte in Literaturwissenschaften. Sie machte sich 2009 als Freie Journalistin selbstständig. Seit 2014 ist sie Chefredakteurin des Genießer-Magazins CarpeGusta.de. Sie lebt mit ihrem Mann und ihren beiden Töchtern in Köln.

2. Auflage, August 2014

© 2014 Dr. Maria Zaffarana, Elsterweg 1, 50389 Wesseling
Alle Rechte vorbehalten!

ISBN 978-1-500-80145-8

Dieses Buch ist auch als E-Book erhältlich.

Meinen Eltern Nannina und Sebastiano,
meinem Ehemann Boris,
meinen Kindern Lilli und Mimi

Inhaltsverzeichnis

I. Einleitung

Die Faszination für das Jenseits, Todessehnsucht, die schwermütige Gedanken über das Grab hervorruft, und wollüstige Sterbebereitschaft, das
sind Sujets, die die Autoren des Sturm und Drang zu zentralen Motiven
ihrer Werke machen. „Stärker denn je muß damals die Melancholie die
Menschen ergriffen und ihre Seelen für ein wehmütiges Todempfinden
bereitet haben, das seelisch reizsamen und feinen Menschen zur Gefahr
werden konnte", fasst Walter Rehm die Stimmung der Zeit zusammen.
Diese neu entdeckte Traurigkeit „bemächtigt sich der Symbole der
Vergänglichkeit und des Todes wie schon im Barock: Grab, Gruft,
Kirchhof, Begräbnis, Totenkopf und schließlich auch noch Nacht- und
Mondschein, sie zusammen erwecken die eigenartige Stimmung und
zeugen von der Weichheit der Zeit."[1] Goethes „Werther" spiegelt genau
jenes Lebensgefühl wider. Er ist Ausdruck eines kollektiven Empfindens.
Die Schwermut des Suizidenten greift wie „eine Seuche um sich"[2],
formuliert Hans Rost in seiner „Bibliographie des Selbstmords"
überspitzt. „Ohne den ‚Weltschmerz' jener Epoche wäre Goethe wohl
kaum mit soviel Freimut in alle Herzenswinkel des Selbstmörders
gedrungen. Die Elegien der Vergänglichkeit waren Sirenen auf Werthers
Weg zum Tode"[3], resümiert Gerhard Schmidt. Dem jungen Goethe ist
damit Einmaliges und zugleich Revolutionäres gelungen: Er macht die
Seelenqualen des Helden „zu einer exemplarischen Passion, die diese
gewissermaßen stellvertretend für seine Generation – eine Art
Literaturopfer – erleiden soll"[4]. Fritz Martini präzisiert: „In Werther
wurde das Verhängnis einer übersteigerten subjektivistischen
Empfindsamkeit deutlich. Es war die Krankheit einer allzu gefühlsseligen
Zeit."[5] Goethes Jugendwerk soll in dieser Untersuchung daher als

---

1   Rehm, Walter: Der Todesgedanke in der deutschen Dichtung vom Mittelalter bis zur Romantik, 2. Auflage,
    Tübingen 1967, S. 296-297 (im Folgenden abgekürzt: Rehm, Der Todesgedanke).
2   Rost, Hans: Bibliographie des Selbstmords, Augsburg 1927, S. 316.
3   Schmidt, Gerhard: Die Krankheit zum Tode. Goethes Todesneurose, Forum der Psychiatrie, Stuttgart 1968,
    S. 14 (im Folgenden abgekürzt: Schmidt, Krankheit zum Tode).
4   Oberlin, Gerhard: Goethe, Schiller und das Unbewusste. Eine literaturpsychologische Studie, Gießen 2007,
    S. 54.
5   Martini, Fritz: Deutsche Literaturgeschichte. Von den Anfängen bis zur Gegenwart, Stuttgart 1971, S. 242
    (im Folgenden abgekürzt: Martini: Deutsche Literaturgeschichte).

„Wegweiser" eine Sonderstellung eingeräumt werden. Denn der Briefroman hat, wie bereits erwähnt, den Suizid in der deutschen Literatur in ein vollkommen neues Licht gerückt. „Die Selbstmordfrage ist der Mittelpunkt des ganzen Buches", merkt P.J. Möbius an.[6] Neu ist jedoch nicht nur, dass das gesamte Werk so verfasst ist, dass es unweigerlich zur Selbstdestruktion der Hauptfigur führt, sondern auch, dass das Suizidmotiv, das bis dato nur im Trauerspiel zur Lösung eines Konfliktes eingesetzt wird, nun im Roman Einzug hält. Auch das realistische Milieu und die Tatsache, dass Werthers Schicksal auf einer wahren Begebenheit (der Fall Jerusalem) beruht, ist ebenfalls entscheidend für die eklatante Wirkung des Werkes.[7] Mit dem rein subjektivbezogenen Blickwinkel, aus dem der Protagonist ausschließlich berichtet, hebt sich Goethes Jugendwerk zudem von der bis dahin üblichen Form des multiperspektivischen Briefromans ab. Im „Werther" fehlen jegliche Antworten auf die Briefe des Helden, der meist unreflektiert von seinen Erfahrungen, Gedanken und Gefühlen berichtet; damit ist eine neue literarische Gattung entstanden. Das Besondere und Aufsehenerregendste an diesem Roman aber ist vor allem die suizidale Veranlagung der Titelfigur. In wollüstiger Breite lässt der Autor den Protagonisten diese Prädisposition und seinen Daseinsüberdruss vorführen, der sehr an Hamlets Lebensekel erinnert. Ähnlich wie sich Shakespeares Hamlet sehr früh (bereits im ersten Aufzug) zu seinem Lebensekel bekennt, bekennt sich auch Werther schon in den ersten Briefen dazu. Dies ist eine beabsichtigte Parallele, die Goethe bewusst in seinem Roman platziert. Schließlich verehrte er Shakespeare als genialen Dichter, und so ließ er sich bei der Konzipierung seiner Titelfigur von Hamlets selbstmörderischer Selbstaufgabe inspirieren. Auch Goethes Held ist durch und durch Melancholiker, der sich das Recht nimmt, diesem Gefühl mit aller Intensität zu frönen.

---

6 Möbius, P. J.: Werthers Leiden, in: „Wie froh bin ich, daß ich weg bin!". Goethes Roman „Die Leiden des jungen Werther" in literaturpsychologischer Sicht, hg. v. Helmut Schmiedt, Würzburg 1989, S. 31-34, S. 32.
7 Buhr, Heiko: „Sprich, soll denn die Natur der Tugend Eintrag tun?". Studien zum Freitod im 17. und 18. Jahrhundert, Würzburger wissenschaftliche Schriften, Reihe Literaturwissenschaft, Band 249, Würzburg 1998, S. 26 (im Folgenden abgekürzt: Buhr, Studien zum Freitod).

Während bei den Selbstentleibungen in den Trauerspielen vor „Werther" stets das bestehende kirchliche Freitodverdikt berücksichtigt worden ist, wird der Suizid des Helden von Goethe erstmalig nicht als Sünde verurteilt und löst damit in der christlichen Welt einen großen Skandal aus. Der Roman erregt als „Störfaktor der bürgerlichen Wertvorstellungen" Anstoß und wird als moralisches Vergehen verurteilt, Werthers extremes Streben nach Selbstverwirklichung sogar als Bedrohung empfunden, weil man befürchtet, dass die Leser sich dadurch zur Nachahmung angeregt fühlen könnten. „Werther erscheint als Verführer und falscher Prophet, seine Anhänger als Feinde der Menschheit", resümiert Scherpe.[8] Theologen wie beispielsweise Johann Melchior Goeze verdammen Goethes Jugendwerk aus diesem Grund als blasphemisches Teufelswerk und fordern das Verbot des Werkes. Doch „Werther" wird trotz oder gerade wegen aller Kritik zu einem nationalen sowie internationalen Publikumserfolg. Er löst das so genannte „Werther-Fieber" aus und gilt als Schlüsselroman des Sturm und Drang, der zu einer Zuspitzung und Radikalisierung des Freitod-Themas geführt hat.

Von dieser neuen literarischen Darstellung des Suizids fühlen sich Goethes Schriftsteller-Kollegen Friedrich Maximilian Klinger, Maler Müller, Heinrich Leopold Wagner und Johann Anton Leisewitz im besonderen Maße inspiriert, so dass sie die Selbstmord-Thematik mit unübersehbarer Anlehnung an den Briefroman (der Erstfassung von 1774) in ihren Dramen aufnehmen. Deshalb wird in dieser Untersuchung ausschließlich (eine Ausnahme bildet lediglich die „Bauernburschen-Episode") aus der ersten Version von „Die Leiden des jungen Werthers" zitiert. Diese gilt im Gegensatz zur Zweitfassung von 1787 ohnehin als „Zeugnis des kraftgenialischen Stils der Sturm-und-Drang-Literatur."[9]

Die tragischen Protagonisten Otto (aus Klingers „Otto"), von Brand (aus Klingers „Das leidende Weib"), Julio (aus Klingers „Die neue Arria"),

---

8 Scherpe, Klaus: Werther und Wertherwirkung. Zum Syndrom überbürgerlicher Gesellschaftsordnung im 18. Jahrhundert, Berlin/Zürich 1970, S. 15, 68, 72 u. 87 (im Folgenden abgekürzt: Scherpe, Werther und Wertherwirkung).

9 Luserke, Matthias: Nachwort, S. 299, in: Johann Wolfgang Goethe: Die Leiden des jungen Werthers. Paralleldruck der Fassungen von 1774 und 1787, hg. v. Matthias Luserke, Stuttgart 1999.

Golo (aus Müllers „Golo und Genoveva"), Langen und Fridericke (aus
Wagners „Die Reue nach der That"), Blanca (aus Leisewitzens „Julius
von Tarent"), Grimaldi und Guelfo (aus Klingers „Die Zwillinge")
scheitern wie ihr berühmter Leidensgenosse. Die Disposition des
Goetheschen Romanhelden wird in ihren Werken jedoch in dramatische
Handlung umgesetzt. Das bedeutet, dass Werthers Nachfolger im
Gegensatz zum Romanhelden aktive Figuren sind, die ihre
innerseelischen Qualen auf der Bühne inszenieren. Die dramatischen
Personen machen durch bewusstes Handeln auf ihre selbstvernichtende
Veranlagung aufmerksam, dabei agieren sie mit einer
aufsehenerregenden und bisher noch nie dagewesenen Radikalität.

Obwohl die Thematik für so viel Aufsehen gesorgt hat und sich der
literarische Selbstmord nach „Werther" in etlichen Dramen der Zeit
wiederfindet, ist es doch erstaunlich, dass es kaum eine profunde Analyse
zum Freitod-Motiv im Sturm und Drang gibt. Zwei Dissertationen älteren
Datums von Wolfgang Buhl und Wolfgang Monath beschäftigen sich
zwar mit der dichterischen Bearbeitung des Suizid-Stoffes im 18. Jahrhundert, allerdings behandelt Buhls Arbeit einen solch großen Untersu-
chungszeitraum, dass er die Werke dieser Literaturbewegung nur
streifen, aber nicht jedes für sich im Detail beleuchten kann. Monath
befasst sich ausschließlich mit der Selbstmord-Problematik des 17. und
frühen 18. Jahrhunderts.[10] Bei den neueren Arbeiten von Heiko Buhr und
Gabriele Adler finden die für diese Arbeit relevanten Werke des Sturm
und Drang bis auf „Werther" keinerlei Erwähnung.[11] Die Dissertation von
Gerit Langenberg-Pelzer untersucht zwar das Motiv der
Selbstvernichtung, allerdings nicht im Sturm und Drang, sondern in der
deutschen Literatur der Jahrhundertwende.[12] Erst Gert Mattenklott hat
dem entscheidenden Symptom jener Zeit, nämlich dem Hang zur

---

10 Vgl. Buhl, Wolfgang: Der Selbstmord im deutschen Drama vom Mittelalter bis zur Klassik, Erlangen 1951.
Vgl. Monath, Wolfgang: Das Motiv der Selbsttötung in der deutschen Tragödie des siebzehnten und frühen
achtzehnten Jahrhunderts (Von Gryphius bis Lessing), Würzburg 1956 (im Folgenden abgekürzt: Monath,
Motiv der Selbsttötung).
11 Vgl. Buhr, Studien zum Freitod und Adler, Gabriele: Die Darstellung des Suizids in der deutschsprachigen
Literatur seit Goethe, Halle 1992.
12 Vgl. Langenberg-Pelzer, Gerit: Das Motiv des Selbstmords in der deutschen Literatur der Jahrhundertwende,
Aachen 1995 (im Folgenden abgekürzt: Langenberg-Pelzer, Das Motiv des Selbstmords).

12

Melancholie, mit seiner Dissertation „Melancholie in der Dramatik des Sturm und Drang", von der im Folgenden noch zu sprechen sein wird, eine ausführliche Arbeit gewidmet.[13] Damit gilt Mattenklotts Publikation aus dem Jahre 1968 als Meilenstein in der Sekundärliteratur zu diesem Thema. Nichtsdestoweniger sind weder bei ihm noch bei anderen Autoren Klingers, Müllers, Wagners und Leisewitzens Dramen, die in der Forschung ohnehin nur stiefmütterlich behandelt werden, unter dieser Perspektive, nämlich wie das Motiv des Freitods umgesetzt wird, analysiert worden. Auch in der jüngeren Forschung über die Melancholie werden die Dramen nicht behandelt, andere Interpretationen wiederum konzentrieren sich nur auf die Melancholie in Goethes „Werther".[14]

Die suizidale Prädisposition der tragischen Helden wird in der kritischen Literatur ebenfalls entweder überhaupt nicht oder nicht zufriedenstellend hervorgehoben und besprochen. Die offensichtlichen und durchaus beabsichtigten Parallelen zwischen diesen Suizidenten und Goethes berühmtem Selbstmörder, der für die Stürmer und Dränger zweifelsohne das literarische Vorbild abgibt, sind ebenso noch nie herausgearbeitet worden. Dasselbe gilt für Werthers suizidale Symptome: Obwohl die einschlägigen Studien zu Goethes Jugendwerk umfangreich sind, wurden sie auch in den jüngsten Untersuchungen[15] bisher nicht vollständig interpretiert. Dabei erhebt diese Analyse nicht den Anspruch, die vollständige kritische Werther-Literatur zu berücksichtigen, es werden lediglich die Deutungen in den Text mit einfließen, die die

13 Vgl. Mattenklott, Gert: Melancholie in der Dramatik des Sturm und Drang. Studien zur Allgemeinen und Vergleichenden Literaturwissenschaft, Band 1, Stuttgart 1968 (im Folgenden abgekürzt: Mattenklott, Melancholie in der Dramatik des Sturm und Drang).

14 Vgl. hierzu Löffler, Jörg: Unlesbarkeit. Melancholie und Schrift bei Goethe, Philologische Studien und Quellen, Heft 193, Berlin 2005 (im Folgenden abgekürzt: Löffler, Unlesbarkeit); Valk, Thorsten: Melancholie im Werk Goethes. Genese – Symptomatik – Therapie, Studien zur Deutschen Literatur, Band 168, Tübingen 2002 (im Folgenden abgekürzt: Valk, Melancholie); Lepenies, Wolf: Melancholie und Gesellschaft. Mit einer neuen Einleitung: Das Ende der Utopie und die Wiederkehr der Melancholie, Frankfurt a. M. 1998 (im Folgenden abgekürzt: Lepenies, Melancholie).

15 Vgl. hierzu Scherler, Kirsten: „Wie froh bin ich, dass ich weg bin!". Werther in der deutschen Literatur, Frankfurt am Main 2010 (im Folgenden abgekürzt: Scherler: „Wie froh bin ich, dass ich weg bin!"); Vgl. Löffler, Unlesbarkeit; Vgl. Schröder, Kai: Schatten der Revolution. Goethes Werther und die Befreiung des Individuums, Berlin 2003, (im Folgenden abgekürzt: Schröder, Schatten der Revolution); Vgl. Valk, Melancholie; Vgl. Horré, Thomas: Werther-Roman und Werther-Figur in der deutschen Prosa des Wilhelminischen Zeitalters. Variationen über ein Thema von J. W. Goethe, Saarbrücker Hochschulschriften, Band 28, St. Ingbert 1997 (im Folgenden abgekürzt: Horré, Werther-Roman).

Themenstellung dieser Arbeit auch wirklich berühren. In der vorliegenden Untersuchung werden bisher unbemerkte Hinweise und viele auf den ersten Blick unscheinbar wirkende Details neu beleuchtet.

Meine Interpretation geht allerdings über die Hervorhebung und Auslegung der suizidalen Symptome hinaus. Es wird zwar detailliert rekonstruiert, wie dem Freitod-Thema anhand der vielen Andeutungen im Briefroman poetisch Ausdruck verliehen wird. Doch statt die Selbstmordanspielungen wie bisher nur isoliert zu betrachten, hat sich diese Untersuchung zur Aufgabe gemacht, alle Motive, Zeichen und Bilder miteinander zu verbinden und zu einem Ganzen zusammenzufügen. Denn dass ein Zusammenhang zwischen den vorausdeutenden Hinweisen besteht und dass Werthers Niedergang in verschiedene Lebensabschnitte unterteilt ist, ist bislang nicht erkannt worden. Diese Lücke möchte die vorliegende Arbeit zu schließen versuchen. Hierzu erfolgt die Verknüpfung der präsuizidalen Elemente und Entwicklungsstadien miteinander, die dann zu meiner Hauptthese führt: dass der Autor die Selbsttötung beziehungsweise die destruktive Veranlagung und Entfaltung seiner Titelfigur nach einem bestimmten Modell konzipiert hat. Diese destruktive Entwicklung wird im Folgenden als „Werthers innerseelischer Zerstörungsprozess" bezeichnet, der sich aus zehn Phasen zusammensetzt und der unweigerlich mit dem Freitod endet. Ein weiterer neuer Aspekt kommt beispielsweise auch bezüglich Werthers Verhältnis zur Natur hervor. Denn anders als bisher angenommen (Natur wurde bisher meist als zunächst positiv und später als negativ interpretiert), durchläuft die Beziehung zur Natur sechs unterschiedliche Phasen. Unbeachtet blieb zudem ein weiterer Aspekt: dass die Parallelhandlungen im Gesamtzusammenhang betrachtet werden müssen, weil sich erst dann offenbart, dass die Geschichten durch ein sich entwickelndes Gefühl miteinander verbunden sind.

Werthers literarische Leidensgenossen Otto, von Brand, Julio, Langen, Fridericke, Golo, Blanca, Grimaldi und Guelfo sind nach gleichem Muster entworfen worden. Die Figuren dieser Dramen sind melancholische und nach Freiheit strebende Einzelgänger, die ähnliche Stadien durchlaufen, die auch Goethes Protagonist im Laufe der selbstvernichtenden Entfaltung durchläuft. Einige von ihnen sind wie Werther Künstler, die jedoch nicht in der Lage sind, den seelischen Überreichtum sinnvoll einzusetzen. Sie sind jedoch alle sozial ausgeschlossene Individuen, die am Leben leiden und für sich das Recht auf Selbstbestimmung auch in Bezug auf den Suizid in Anspruch nehmen. Aus diesem Grund gehen sie alle freiwillig in den Tod – wenngleich aus verschiedenen Gründen. Ihre wichtigste gemeinsame Basis ist aber ihre selbstvernichtende Disposition; und gerade diese Geistesverwandtschaft unterscheidet sie beispielsweise von den Suizidenten der früheren Trauerspiele. „Die Selbstmorde des 18. Jahrhunderts sind in der Regel Taten der augenblicklichen Aufwallung. Der Tatbestand, der den Entschluss erzeugt, wird erst unmittelbar vor dem Gewaltakt gegeben"[16], schreibt Richard Sexau über den Tod im deutschen Drama des 17. und 18. Jahrhunderts. Werther und seine Gleichgesinnten hingegen führen ihr transzendentales Fernweh nahezu euphorisch vor. Es ist ein immer stärker werdendes Gefühl, das nicht erst durch einen Konflikt ausgelöst wird, wie es in der Tragödie der Fall ist. In den zu untersuchenden Werken werden die Protagonisten nicht wie in der Tragödie „aus dem Glück in ein unheilvolles Ende" gestürzt.[17] Ihre Charaktere sind von Anfang an so angelegt, dass die Autodestruktion unabwendbares Schicksal ist.

Dabei ist es wichtig, dass der Selbstmord so definiert wird, dass damit nicht nur die selbstvollzogene Handlung (direkter Suizid) gemeint ist, sondern auch der Tod, der beispielsweise durch fremde Hand gesucht wird, wie es etwa bei Guelfo in Friedrich Maximilian Klingers „Die Zwillinge" der Fall ist. Auch Langen („Die Reue nach der That"), Blanca („Julius von Tarent") und Grimaldi („Die Zwillinge") begehen Selbstmord, obwohl es im Trauerspiel nicht zur expliziten körperlichen Selbstzerstörung kommt. Diese drei letzten Freitode werden im

---

16 Sexau, Richard: Der Tod im Deutschen Drama des 17. und 18. Jahrhunderts (von Gryphius bis zum Sturm und Drang). Ein Beitrag zur Literaturgeschichte, Bern 1906, Untersuchungen zur neueren Sprach- und Literaturgeschichte, 9. Heft, S. 111 (im Folgenden abgekürzt: Sexau, Tod im deutschen Drama)
17 Steiner, George: Der Tod der Tragödie. Ein kritischer Essay, München/Wien 1962, S. 13.

Folgenden als indirekte Suizide bezeichnet. Schließlich ist die Selbstvernichtung „ja viel mehr als der pure Akt der Selbstabschaffung. Es ist ein langer Prozeß des sich Hinneigens, der Annäherung an die Erde, ein Aufsummieren vieler Ziffern von Demütigungen, welche von der Dignität und Humanität des Suizidärs nicht angenommen werden." So definiert es Jean Améry in seinem Essay „Hand an sich legen".[18] Im Großen Brockhaus von 1934 werden die Begriffe Selbstmord und Freitod wie folgt beschrieben: „Die mit Überlegung, also im Vollbesitz des Verstandes und des freien Willens durchgeführte gewaltsame Vernichtung des eigenen Lebens. Im Sprachgebrauch des täglichen Lebens und in der Statistik wird der Begriff meist weiter gefasst, indem auch die Vernichtung des eigenen Lebens im Zustand geistiger Störung oder mangelnder Zurechnungsfähigkeit mit darunter fällt".[19] Emile Durkheim fasst seine Auffassung von destruktivem Verhalten in einem Satz zusammen: „Man nennt Selbstmord jeden Todesfall, der direkt oder indirekt auf eine Handlung oder Unterlassung zurückzuführen ist, die vom Opfer selbst begangen wurde, wobei er das Ergebnis seines Verhaltens im voraus kannte."[20] Die Selbstvernichtung umfasst also viele Formen, die im Einzelfall genauer zu differenzieren sind.

Keine Analyse des Suizids-Motivs kommt ohne Berücksichtigung eines Überblicks zum Thema Melancholie und Selbstmord aus theologisch-philosophischer Sicht aus. Zudem wird dem geschichtlichen Hintergrund des Sturm und Drangs Platz eingeräumt werden müssen, fanden doch all jene Themen, die die Gemüter des 18. Jahrhunderts erregten, poetischen Widerhall in deren Literatur. Es bedarf auch einer kurzen Begriffserklärung. Schließlich zeigt die Tatsache, dass es so unterschiedliche Bezeichnungen für selbstzerstörerisches Verhalten (Freitod, Selbstmord, Suizid) gibt, wie ambivalent das Charakteristikum der Ethik des Selbstmords ist: dass man entweder für die moralische Erlaubtheit des Freitods

---

18 Améry, Jean: Hand an sich legen. Diskurs über den Freitod, 1. Auflage, Stuttgart 1976, S. 68-69 (im Folgenden abgekürzt: Améry, Hand an sich legen).

19 Der Große Brockhaus. Handbuch des Wissens in zwanzig Bänden, 15. Auflage, 17. Band, Leipzig 1934, S. 268.

20 Durkheim, Emile: Der Selbstmord, Frankfurt a. M. 1983, S. 27.

oder aber strikt gegen den Selbstmord ist. Gegner der Selbstentleibung greifen bevorzugt auf das Wort „Selbstmord" zurück. Die „Befürworter" hingegen sprechen über den wertneutraleren „Freitod", oft auch von „Selbsttötung" oder „Suizid".

1. Das 18. Jahrhundert – eine Zeit der bürgerlichen Emanzipation und individuellen Freiheit

Einen ausführlichen Überblick über das 18. Jahrhundert zu geben, würde den Rahmen dieser Arbeit sprengen. Es sollen lediglich die wichtigsten und die für diese Untersuchung relevanten Gesichtspunkte herausgestellt werden. Selbstverständlich handelt es sich dabei nur um eine kleine Auswahl aus der Gesamtheit literaturhistorischer Studien.

Das 18. Jahrhundert gilt als Jahrhundert der Aufklärung. Denn die Bürger werden dazu aufgefordert, sich von traditionellen Ansichten zu befreien. Das Individuum soll seinen Verstand analytisch und kritisch einsetzen. Es soll zu praktischem, moralischem und unabhängigem Denken erzogen werden, um sich mit Hilfe der Vernunft aus „seiner selbst verschuldeten Unmündigkeit" zu befreien.[21] So wird die Aufklärung zu einer Epoche der bürgerlichen sowie geistigen Emanzipation und der Erneuerung, die sich auf alle Lebensbereiche bezieht: Gefordert wird religiöse Toleranz statt starren Festhaltens an alten Weltanschauungen, Kritik an kirchlichen und staatlichen Autoritäten, Bildung statt Aberglaube, Gleichheit statt Ständeordnung, Freiheit statt Absolutismus. Mit diesem neuen Weltbild ist der Optimismus verbunden, in der besten aller möglichen Welten zu leben (Leibniz)[22] und deswegen stehen die Werte des Diesseits im Mittelpunkt. Ein Ziel der Aufklärung besteht darin, den Menschen zu moralischem und gesellschaftlichem Handeln zu führen, dazu gehören unter anderem richtige Erziehungsgrundsätze der Eltern für ihre Kinder sowie eine vernünftige Lebens- und Berufspraxis.[23] Eine der

21 Kant, Immanuel: Was ist Aufklärung? Aufsätze zur Geschichte und Philosophie, hrsg. v. Jürgen Zehbe, Göttingen 1994, S.20.
22 Kaiser, Gerhard: Von der Aufklärung bis zum Sturm und Drang 1730-1785. Geschichte der deutschen Literatur, hrsg. v. Horst Rüdiger, Gütersloh 1966, S. 9-13 (im Folgenden abgekürzt: Kaiser, Aufklärung).
23 Jørgensen, Sven Aage/ Bohnen, Klaus/ Ohrgaard, Per: Aufklärung, Sturm und Drang, Frühe Klassik. 1740-1789. Geschichte der Deutschen Literatur, von den Anfängen bis zur Gegenwart, 6. Band, München 1990, S.

herausragendsten Entwicklungen dieses Jahrhunderts ist jedoch das neue Selbstverständnis des Individuums, das sich zu einem frei denkenden Subjekt emanzipiert hat, das über sich, sein Leben und – bis zu einem gewissen Maße – sogar über seinen Tod selbst entscheiden und richten kann.

In Deutschland „fluteten die befreiten und erregten Seelenkräfte des Subjektivismus in die literarische Revolution des Sturm und Drang", schreibt Martini. Die siebziger Jahre des 18. Jahrhunderts sind jedoch nicht als Gegensatz zur Aufklärung zu verstehen, sondern als deren Radikalisierung. Die Stürmer und Dränger halten weiter am klassenspezifischen emanzipatorischen Interesse der Epoche fest, sie kritisieren jedoch die Tatsache, dass diese Emanzipation nur schleppend voran getrieben wird und dass das Menschenbild im Wesentlichen auf Vernunft gründet.[24] Im Sturm und Drang aber steht der Mensch in seiner Ganzheit im Mittelpunkt. Dazu gehören vor allem seine Gefühle. Es kommt daher zu einer Rebellion des Gefühls gegen die Ratio, die sich gegen traditionelle Werte wie Bescheidenheit, Gehorsam, Gelehrsamkeit und „obrigkeitliche Willkür" sowie resignative „Selbstbeschränkung des Bürgertums" richtet.[25] Im Gegensatz zur Aufklärung wird sich die Jugend nun ihrer eigenen Kräfte bewusster und strebt nach vitaler Leidenschaft, genialem Überschwang, fruchtbarem Chaos, freier Willkür und schöpferischer Freiheit. Sie rebelliert gegen bürgerliche Moral, Ordnung, Gesellschaft.[26] Materielle Werte sind ihr nicht wichtig. Schließlich lässt sich die Bedeutung eines Jeden weder an Äußerlichkeiten bemessen, noch an seiner gesellschaftlichen Position, „sondern an der immanenten natürlichen Substanz seiner Person". Das Individuum ist einzig darauf aus, sein Privileg auf Selbstbestimmung zu verteidigen.[27] Politischen Organisationen gegenüber nehmen die Stürmer und Dränger ebenso eine

---

18.

24 Huyssen, Andreas: Drama des Sturm und Drang. Kommentar zu einer Epoche, München 1980, S. 48 (im Folgenden abgekürzt: Huyssen, Drama des Sturm und Drang).

25 Vgl. Mattenklott, Melancholie in der Dramatik des Sturm und Drang, S. 48.

26 Martini, Deutsche Literaturgeschichte, S. 217.

27 Sturm und Drang und Empfindsamkeit, hg. v. Ulrich Karthaus, Band 6, Stuttgart 1976, S. 30 u. S.12.

kritische Haltung ein wie gegenüber dem Staat.[28] Einen Beruf auszuüben, ist ihnen zuwider, weil er das Symbol für Spießigkeit und für Freiheitsverlust ist. Sie empfinden ihn als „Einengung der natürlichen Anlagen", vielmehr wollen sie sich dem praktischen Leben zuwenden.[29] Die Maxime des neuen Jahrzehnts lautet stark verkürzt: die „Befreiung von jeglicher Fessel". Die „bis zum Rausch gesteigerte Gefühlsintensität – mochte sie auch zerstörerisch wirken – erhoben sie zur Kraft und Waffe gegen die Macht reglementierender Traditionen."[30] Diese „Treue zum eigenen Anspruch auf ungehemmte Entfaltung der Person", wie es Gert Mattenklott formuliert, wird auch zu einem der zentralen Themen in der Literatur.[31]

Im Zuge dieser Emanzipationsbewegung erfährt der Brief, beziehungsweise der Briefroman in der Literatur eine neue Bedeutung, weil er eine offenere Darstellung der individuellen und bürgerlichen Gefühlskultur erlaubt. Er schafft eine neue Intimität zwischen Schreiber und Leser, der durch die besondere erzählerische Ich-Form unmittelbarer denn je am Schicksal des Protagonisten teilhaben kann. Goethes Jugendwerk markiert den Höhepunkt dieser Textgattung. In „Werther" findet eine Radikalisierung der monologischen Briefkorrespondenz statt. Im Mittelpunkt steht das geniale Individuum, das die Welt, seine Gedanken, Gefühle und auch den eigenen seelischen Zerfall aus einer rein subjektiven Sicht beschreibt.

Infolge des neuen Emanzipationsanspruchs entsteht ab 1755 zudem ein neues literarisches Genre, das sich vom klassischen Drama unterscheidet und die deutschsprachige Bühne erobert: das bürgerliche Trauerspiel. Während bis zur Mitte der fünfziger Jahre des 18. Jahrhunderts in der Tragödie die Ständeklausel eingehalten wird, agieren die dramatischen Helden nunmehr nicht mehr bei Hofe, sondern in einem bürgerlichen

---

28 Pascal, Roy: Der Sturm und Drang, 2. Auflage, Stuttgart 1977, S. 64-65.
29 Kließ, Werner: Sturm und Drang. Gerstenberg, Lenz, Klinger, Leisewitz, Wagner, Maler Müller, 2. Auflage, Velber bei Hannover 1970, S. 15-17 (im Folgenden abgekürzt: Kließ, Sturm und Drang).
30 Borries, Ernst und Erika von: Aufklärung und Empfindsamkeit, Sturm und Drang. Deutsche Literaturgeschichte, Band 2, München 1991, S. 192 (im Folgenden abgekürzt: Borries, Aufklärung und Empfindsamkeit).
31 Mattenklott, Melancholie in der Dramatik des Sturm und Drang, S. 18.

Umfeld. Die auf der Bühne inszenierten Suizide verstoßen weder gegen die moralischen Vorgaben der Frühaufklärung noch gegen christliche Werte. Doch am Ende der fünfziger Jahre verändert sich ganz allmählich die Einstellung zum Freitod. Die Gründe, weswegen sich jemand tötet, werden nun berücksichtigt. Damit sprechen die auf die Vernunft ausgerichteten Aufklärer den Suizidenten – wie bereits erwähnt natürlich nur in einem begrenzten Rahmen – das Recht auf Selbstbestimmung auch bezüglich seines eigenen Todes zu.[32] Das spitzt sich in den Trauerspielen der siebziger Jahre weiter zu. Die Stürmer und Dränger lassen ihre tragischen Helden entgegen aller moralischen und christlichen Normen Selbstmord begehen. Die Protagonisten setzen ihre individuellen Ansprüche mit aller Macht durch und leben ihr Selbstverfügungsrecht bis ins Extremste aus. „Die sehnsüchtige, hochgemute und rauschende Todesbegeisterung und Todessehnsucht ist der gerade Gegensatz zur Todesverlegenheit der Aufklärung und auch zu ihrer Überwindung", erklärt Walter Rehm.[33] Wahnsinn, Mord, Selbstmord sind die Grenzwerte radikaler Subjektivität, „die letzte Steigerung des exzentrischen Einzelgängers", führen Ernst und Erika Borries weiter aus.[34] „Die Vorstellung vom Menschen, der keinem Gesetz verpflichtet ist außer seiner eigenen Natur, kulminiert in dem Begriff vom Originalgenie", schreibt Werner Kließ.[35] Es ist ein Genie, das immerzu „zur schrankenlosen Selbstverwirklichung" drängt.[36] Der ästhetische Zentralbegriff Genie „zielt ab auf ein neues, ständische Grenzen und traditionelle Einschränkungen jeglicher Art radikal aufbrechendes Lebensverständnis".[37]

Die Auflehnung gegen alte Traditionen vollzieht sich auch auf inhaltlicher und formaler Ebene: Shakespeare wird zum Vorbild für die Drama-

32 Buhr, Studien zum Freitod, S. 23-24.
33 Rehm, Der Todesgedanke, S. 326. Vgl. zu diesem Thema auch Mann, Thomas: Goethes „Werther", in: Goethes „Werther". Kritik und Forschung, hg. v. Hans Peter Herrmann, Band 607, Darmstadt 1994, S. 88-101, S. 89 (im Folgenden abgekürzt: Mann, Goethes Werther): „Revolte gegen Konvention und bürgerliche Enge, alles trat zusammen, um den Geist gegen die Beschränkung der Individuation selbst anrennen und ein schwärmerisch grenzenloses Lebensverlangen die Gestalt der Todessehnsucht annehmen zu lassen."
34 Borries, Aufklärung und Empfindsamkeit, S. 298.
35 Kließ, Sturm und Drang, S. 15-19.
36 Kaiser, Aufklärung, S. 77.
37 Huyssen, Drama des Sturm und Drang, S. 58.

tiker. Aristoteles' Regelpoetik wird für die Stürmer und Dränger wie für ihren englischen Schriftstellerkollegen nunmehr als Einengung empfunden und so werden die drei Einheiten der Hohen Tragödie (Handlung, Ort und Zeit) aufgehoben. In ihren Stücken wird die Ständeklausel ebenfalls außer Kraft gesetzt.[38] Im Gegensatz zur antiken Tragödie stehen auch hier nicht mehr Fürsten auf der Bühne, sondern Helden mit gemischten Charakteren, die aus dem Bürgertum sowie niederem oder militärischem Adel stammen. Die Stücke handeln nicht mehr von Staatsaktionen. Es werden stattdessen Themen und Probleme aus dem Privatleben behandelt. Es geht um menschliche Schicksale, mit denen sich der Zuschauer identifizieren kann.[39] Dabei gilt die Familie als der Ort der Natürlichkeit, in der Liebe und Tugend vorherrschen, während der Hof eine gekünstelte Welt voller Intrigen und Lügen widerspiegelt.[40] Das Drama ist laut Andreas Huyssen „die herausragende Gattung der Sturm-und-Drang-Periode und eignet sich deshalb besser als Roman, Lyrik oder Tagesschriftstellerei, den Gesamtcharakter der Bewegung zur Sprache zu bringen".[41] Horst Albert Glaser präzisiert: „Das Drama, in dem Personen nicht nur deklamieren, sondern auch agieren können, bot den Raum, auf dem anderwärts frustrierte Energien sich tummeln konnten." Es ist die Handlung, auf die es den Autoren ankommt. Während der „ältere Begriff des Charakters für die historischen Stücke Shakespeares und die antike Tragödie reserviert wird", sollen die Helden nun durch bewusstes Handeln auf die Missstände der Gesellschaft aufmerksam machen. Aktiv widersetzen sie sich gegen Absolutismus, Staatsrecht, politische Tyrannei, bürgerliche Moral und väterliche Autorität. „Die Rebellion deklamiert sich, geht in Aktion über – und scheitert. Der Rest ist Melancholie", fasst Glaser zusammen.[42] Epochentypisch für die Charaktere der Dramenfiguren ist die bisher noch

38 D' Aprile, Iwan-Michelangelo/ Siebers, Winfried: Das 18. Jahrhundert. Zeitalter der Aufklärung, Berlin 2008, S. 159 (im Folgenden abgekürzt: D' Aprile/ Siebers, Das 18. Jahrhundert).
39 Scherer, Stefan: Einführung in die Dramen-Analyse. Einführungen Germanistik, hrsg. v. Gunter E. Grimm/ Klaus-Michael Bogdal, Darmstadt 2010, S. 76.
40 D' Aprile/ Siebers, Das 18. Jahrhundert, S. 148.
41 Huyssen, Drama des Sturm und Drang, S. 45.
42 Glaser, Horst Albert: Drama des Sturm und Drang, in: Deutsche Literatur. Eine Sozialgeschichte, zwischen Absolutismus und Aufklärung: Rationalismus, Empfindsamkeit, Sturm und Drang 1740-1786, hrsg. v. Horst Albert Glaser u. Ralph-Rainer Wuthenow, Band 4, Reinbek bei Hamburg 1980, S. 299-322, S. 299-300.

nie dagewesene Radikalität, mit der die Agierenden ihre Unabhängigkeit durchsetzen und ihre Empfindungen ungehemmt und rücksichtslos ausleben.[43] Die Folge eines solchen Verhaltens ist meist die „Desintegration von Subjektivität".[44] Viele dieser Kunstfiguren bezeichnet Andreas Huyssen als Außenseiter, die den zum Scheitern verurteilten Kampf gegen die Welt aufnehmen und mit aller Macht Normen durchbrechen, um sich ihre Individualität zu bewahren. Symptomatisch für die dramatischen Helden sind auch die scheinbar unterschiedlichen Emotionen, die sie in sich vereinen, wie sie Huyssen präzise benennt: „Es ist der Gegensatz von naturhafter Stärke und gesellschaftlich bedingter Schwäche, von Tatendurst und melancholischer Verzweiflung, von Selbstbewußtsein und Selbstaufgabe, von Affirmation und Negation des Ich. Dieser Gegensatz ist konstitutiv für die Epoche [...]".[45]

2. Melancholie im Sturm und Drang

Der medizinische Begriff Melancholie taucht erstmals im Corpus Hippocraticum auf. Er stammt aus der Antike und ist wörtlich mit „schwarzer Gallensaft" zu übersetzen.[46] In den alten Schriften wird die schädigende Schwarzgalligkeit ausschließlich als Krankheitsstoff gesehen, der für traurige und depressive Stimmungen sorgt. Erst im vierten Jahrhundert v. Chr. sieht Theophrast darin nicht nur ein rein pathologisches Phänomen.[47] Die Melancholie geht für ihn auch mit Genialität einher, obwohl sich der griechische Philosoph darüber im Klaren gewesen ist, dass sie auch eine zweite Seite hat: Der Trübsinn kann sich gefährlich auf die Seele des Menschen auswirken.

43 Buschmeier, Matthias/ Kauffmann, Kai: Einführung in die Literatur des Sturm und Drang und der Weimarer Klassik. Einführungen Germanistik, hrsg. v. Gunter E. Grimm/ Klaus-Michael Bogdal, Darmstadt 2010, S. 81.
44 Greis, Jutta: Drama Liebe. Zur Entstehungsgeschichte der modernen Liebe im Drama des 18. Jahrhunderts, Stuttgart 1991, S. 91 (im Folgenden abgekürzt: Greis, Drama).
45 Huyssen, Drama des Sturm und Drang, S. 77 u. S. 193-194.
46 Bader, Günter: Melancholie und Metapher. Eine Skizze, Tübingen 1990, S. 20. Vgl. zu diesem Thema auch: Lettgen, Daniel: „... und hat zu retten keine Kraft.". Kulturgeschichtliche, diskursgeschichtliche und kompositionsgeschichtliche Studien zur Melancholie der Musik, Mainz 2010, S. 35-53.
47 Lambrecht, Roland: Melancholie. Vom Leiden an der Welt und den Schmerzen der Reflexion, Reinbek bei Hamburg 1994, S. 13.

Im 18. Jahrhundert wird das Thema ähnlich kontrovers diskutiert.

„Während die Repräsentanten der Aufklärung die Melancholie kritisieren und als widervernünftige Schwärmerei oder weltabgewandte Traurigkeit diskreditieren, verehren die Anhänger der Empfindsamkeit in ihr eine edle Seelenstimmung, die nur den sensiblen Gefühlsmenschen auszeichne, der sich den gesellschaftlichen Verwendungsansprüchen weitgehend entziehe und ein erfülltes Dasein jenseits aller Verhaltensnormierung erträume"[48], resümiert Thorsten Valk. Der Emanzipationsanspruch des aufgeklärten Bürgers steht demnach im direkten Gegensatz zur schwermütigen Disposition des Melancholikers, dessen Verhalten von den Aufklärern als unvernünftig und wider den Verstand abgelehnt wird. Schließlich verstößt er gegen die propagierte Geselligkeit, Moral sowie Religion.[49] Er wird als Außenseiter, der sich wegen seiner düsteren Einstellung von der Welt und dem Leben absondert, verachtet.

Diese negative Haltung ändert sich im ausgehenden 18. Jahrhundert: In der Epoche des Sturm und Drang, in der nicht mehr ausschließlich die Ratio bestimmt, sondern Gefühle im Allgemeinen und die „eigene Schwermut als elegische Stimmung" im Besonderen kultiviert werden, erhält die Melancholie uneingeschränkte Freiheit und wird nunmehr meist positiv konnotiert. Der Trübsinn wird als literarisches Thema aufgegriffen und „von vielen als Ausweis einer besonderen Sensibilität geschätzt".[50] Die Menschen geben sich leidenschaftlicher denn je ihren düsteren Gedanken hin. Dies zeigt sich vor allem in den Dramen, in denen die Melancholie, der bereits seit der Antike „eine Beziehung zum außergewöhnlichen Menschen, zum Gelehrten und Künstler"[51] anhaftet, eng mit dem Genie-Begriff verknüpft wird. Darauf, dass die Melancholie in der Gestalt des Genies die Werke der Zeit beherrscht, hat Gert

48 Valk, Melancholie, S. 2.
49 Schings, Hans-Jürgen: Melancholie und Aufklärung. Melancholiker und ihre Kritiker in Erfahrungsseelenkunde und Literatur des 18. Jahrhunderts, 1. Auflage, Stuttgart 1977, S. 46-48 (im Folgenden abgekürzt: Schings, Melancholie und Aufklärung).
50 Valk, Melancholie, S. 9-10.
51 Schmitt, Wolfram: Melancholie und Suizid als literarisches Thema in der Goethezeit – Fiktion und Realität, in: Licht der Natur. Medizin in Fachliteratur und Dichtung, Festschrift für Rundolf Seil zum 60. Geburtstag, Göppingen 1991, S. 399-420, S. 400.

Mattenklott als einer der ersten hingewiesen.[52] Nur der Schwermütige findet Zugang zu den Schönheiten der Nacht, zu düsteren Themen, nur er ist empfänglich für zarte Gefühle und tiefe Emotionen. Ein wichtiges Merkmal des Melancholiekonzeptes der Epoche ist der empfindsame Kult um Tod und Jenseits. Kennzeichnend für diese überaus sentimentale Gefühlskultur ist auch die Tatsache, dass die finstere Seelenstimmung meist als lustvoller Zustand empfunden wird. Konträre Emotionen wie Wehmut und Wonne, Schmerz und Lust sind eng miteinander verbunden.[53] Die melancholischen Genies vereinen in sich widersprüchliche Gefühle: Es ist ein „Beieinander von Aktivität und Erleiden, manischer Besessenheit und dem Wissen um ihr Schicksal", fährt Gert Mattenklott fort.[54] Eine Folge dieser Stimmung, die wir heute großenteils als Depressivität bezeichnen würden, ist die Abwendung des Individuums von der Welt und der Realität. Es zieht sich in die Innerlichkeit und in die Natur zurück. Goethes Titelfigur ist demnach der Inbegriff des Melancholikers. Wenn der Autor seinen Protagonisten also von der „Krankheit zum Todte" reden lässt, dann bezieht er sich genau auf jene damalige Zeiterscheinung, der zufolge die melancholische Grundstimmung zur Erkrankung der Seele, zu einer jeden Lebenswillen untergrabenden Schwermut[55] und zu seinem Dasein abseits jeglicher Geselligkeit führt. Lepenies spricht auch von der „Einsamkeitsliebe des Zeitalters", die darauf zurückzuführen ist, dass sich der Bürger von der Macht lösen will und an der Ordnung verzweifelt, die nicht zu durchbrechen ist.[56] Der „Drang zur Einsamkeit und der damit gekoppelte Hang zur Misanthropie" sind typische Eigenschaften des trübsinnigen Helden. Schings nennt ihn deswegen einen „Gesellschaftsfeind par excellence".[57] Die Fixierung auf die Vergangenheit ist ebenso symptomatisch für den Melancholiker[58] wie die euphorische Vorstellung, dass ein Leben nach dem Tod existiert und dass man im Jenseits auf

52 Mattenklott, Melancholie in der Dramatik des Sturm und Drang, S. 11
53 Valk, Melancholie, S. 102.
54 Mattenklott, Melancholie in der Dramatik des Sturm und Drang, S. 44.
55 Valk, Melancholie, S. 3.
56 Lepenies, Melancholie, S. 86 u. 99.
57 Schings, Melancholie und Aufklärung, S. 46-48.
58 Huyssen, Drama des Sturm und Drang, S. 195-196.

verstorbene Verwandte und Freunde trifft.[59] Übliche Methoden, die im 18. Jahrhundert angewendet werden, um Betroffene von der Schwermut zu heilen, sind unter anderem Ortswechsel, Reisen, Produktivität und gesellschaftliche Einbeziehung. Im „Werther" zeigt Goethe all diese Möglichkeiten auf, durch die sich sein Titelheld Heilung erhofft.[60]

3. Freitod aus christlich-philosophischer Sicht

Seit jeher haben Menschen ihrem Leben freiwillig ein Ende gesetzt. Miriam Hefti-Schaffer bezeichnet die Selbstvernichtung als rein „menschliches Phänomen", da das Individuum im Gegensatz zum Tier das einzige Lebewesen ist, dass sich selbst und bewusst töten kann.[61] Suizidales Verhalten zieht sich unabhängig von Kultur und Konfession durch alle Jahrhunderte. 101 v. Chr. beschreibt Plutarch diverse historische Fälle von Selbstmorden während der Schlacht von Vercellae, bei der die Kimber von Marius besiegt worden sind. Es sind vornehmlich Frauen gewesen, die den freiwilligen Tod suchten, um sich nicht dem Feind zu unterwerfen. In der Literatur begegnen wir einem Selbstmörder erstmals in Homers „Odyssee". Darin wird die Selbsttötung Epikastes geschildert, die sich nach dem Beischlaf mit ihrem Sohn erhängt. Es ist die Scham, die Homers Heldin in den Tod stürzen lässt, sie opfert sich für die begangene Sünde.[62] Von „objektbezogener Aggression" werden laut Peter Dettmering hingegen sämtliche Selbstmörder in den Ödipus-Dramen angetrieben: „Auf dem Umweg über die Selbstzerstörung" wollen sie ihr Hassobjekt schädigen.[63]

Das Phänomen der Selbsttötung ist also so alt wie der Mensch selbst. Verändert hat sich im Laufe der Zeit lediglich die moralische Beurteilung. Ambivalent ist die Einstellung dazu in der Antike: Epikur etwa sieht in der Selbstdestruktion nichts Sündhaftes oder Frevelhaftes.

59 Valk, Melancholie, S. 102.
60 Scherler, „Wie froh bin ich, dass ich weg bin!", S. 27.
61 Hefti-Schaffer, Miriam: „Selbstmord: Ein menschliches Phänomen", Zürich 1986, S. 7 (im Folgenden abgekürzt: Hefti-Schaffer, Selbstmord).
62 Langenberg-Pelzer, Das Motiv des Selbstmords, S. 7-8.
63 Dettmering, Peter: Der Suizid in der Dichtung, in: Suizid. Ergebnisse und Therapie, hg. v. Christian Reimer, Berlin/Heidelberg/New York 1982, S. 63-68, S. 65.

Der griechische Philosoph gesteht dem Menschen das Recht zu, Hand an sich zu legen. Er rühmt den wohlüberlegten Selbstmord. Den Suizidenten trifft keine Schuld, wenn er den Tod wählt, um seinem irdischen Leiden zu entfliehen. Euripides und Sokrates stellen dem Individuum ebenfalls frei, sich das Leben zu nehmen. Platon und Aristoteles sind entschieden anderer Meinung. Sie sprechen sich vehement gegen die Selbsttötung aus.[64] Platon nimmt der Selbstaufgabe gegenüber eine ablehnende Haltung ein, weil der Suizident sich seinem Schicksal widersetze. Er macht allerdings Unterschiede, was die Motivation des Selbstmörders angeht: Die Ursachen sind für ihn ausschlaggebend: Nur demjenigen, der aus „Willensschwäche" und aus „unmännlicher Verzagtheit" seine Existenz vernichtet, gilt gesellschaftliche Verachtung. Anders sieht das bei Menschen aus, die sich beispielsweise wegen eines „schmerzlichen unabwendbaren Unglücks" oder „unter dem Zwang einer unentrinnbaren und unerträglichen Schande" umbringen.[65] Ausführlich geht Platon in seinem Werk „Phaidon" im Gespräch zwischen Kebes und Sokrates auf die Freitod-Thematik ein.[66] In Übereinstimmung mit Platons Meinung lehnt auch Aristoteles den Selbstmord ab. Unglückselige, die freiwillig in den Tod gehen, versteht er als Verbrecher gegen sich, andere Menschen und dem Staat. Aus seiner Sicht ist der Suizident nicht nur ein Sünder, sondern auch ein Feigling, der sich aus dem Leben schleicht.[67] Anders als Platon lehnt Aristoteles den Suizid jedoch nicht aus religiösen Gründen, sondern aus sozialethischen Motiven ab. Der Tenor ändert sich mit Zenon, dem Begründer der stoischen Schule: Nun wird der Selbstmord nicht mehr verdammt. Unter bestimmten Umständen kann der Freitod mitunter sogar als Tugend angesehen werden.[68] Die Stoiker rufen regelrecht zur Selbstvernichtung auf.[69] Seneca etwa befürwortet den

---

64 Hefti-Schaffer, Selbstmord, S. 12-13.
65 Platon: Gesetze, Band 2, Buch VII-XII, Leipzig 1916, S. 382.
66 Platon: Phaidon, Leipzig 1944, S. 34-35: Darin erklärt Platon, „daß man sich selbst nicht eher umbringen dürfe, als bis die Gottheit die Notwendigkeit" darin sieht. Dem Menschen sei es daher nicht gestattet, sich selbst aus seinem kerkerähnlichem Leben zu befreien.
67 Aristoteles: Nikomachische Ethik, Hamburg 1972, S. 127-128: „Darum straft ihn auch die Obrigkeit und haftet dem Selbstmörder, als einen Menschen, der sich am gemeinen Wesen versündigt hat, einen Makel an."
68 Langenberg-Pelzer, Das Motiv des Selbstmords, S. 8.
69 Alvarez, A.: Der grausame Gott. Eine Studie über den Selbstmord, Hamburg 1981, S. 67 (im Folgenden abgekürzt: Alvarez, Grausamer Gott).

selbstgewählten Tod, vor allem wenn die Betroffenen nachvollziehbare Gründe für ihre Tat haben.[70] Er selbst belässt es nicht bei seinen theoretischen Ausführungen – und nimmt sich aus Angst vor Neros Rache das Leben.[71]

Die christliche Kirche des Mittelalters setzt sich ebenfalls schon sehr früh mit der Selbsttötungsproblematik auseinander. Aurelius Augustinus lehnt als erster den Suizid vehement ab. Rigoros spricht der Theologe in seinem Werk „Vom Gottesstaat" dem Menschen das Recht ab, sich dem Leben durch Selbstmord zu entziehen. Ungeachtet seiner Motive verteufelt Augustinus den Suizidenten. Den Freitod bezeichnet er in seinem wegweisenden Werk als „abscheuliche Tat" und „verdammliches Verbrechen".[72] Mit seiner unerbittlichen Kritik läutet der Gelehrte ein neues Zeitalter in der Kirchenlehre ein: Der Selbstmord wird fortan als Machenschaft des Satans angesehen und beim Konzil von Arles 452 offiziell als Teufelswerk deklariert.[73] Doch worauf beruft sich Augustinus, wenn er den Suizid aus theologischer Sicht verdammt? Einen eindeutigen Hinweis hierfür dürfte er in der Bibel nicht gefunden haben. Denn die Selbsttötung wird in der Heiligen Schrift – im Gegensatz zum Koran – nicht ausdrücklich verboten. Es fehlt ein konkretes Argument gegen die Selbstentleibung.[74] Allenfalls das fünfte Gebot „Du sollst nicht töten" könnte die körperliche Selbstvernichtung inkludieren. Es ist jedoch eher eine Interpretationssache als ein eindeutiger Beweis.[75] Im

---

70 Seneca, Lucius Annaeus: Philosophische Schriften. Drittes Bändchen, Briefe an Lucilius, erster Teil: Brief 1-81, Leipzig 1924, S. 264-271: „Du weißt: das Leben ist nicht wert, immer festgehalten zu werden; denn nicht das Leben an sich ist ein Gut sondern nur das sittlich reine Leben. Daher lebt der Weise nicht, so lange er kann, sondern so lange die Pflicht es fordert. [...] Tritt ihm viel Belästigendes und seine Gemütsruhe Störendes entgegen, dann wirft er die Fessel von sich, und er tut das nicht bloß in der äußersten Not, sondern sobald das Schicksal anfängt ihm verdächtig zu werden, geht er gewissenhaft mit sich zu Rate, ob er sofort ein Ende machen soll."

71 Alvarez, Grausamer Gott, S. 67.

72 Augustinus, Aurelius: Vom Gottesstaat, Band 1, 2. Auflage, Zürich/München 1978, S. 31-45 (im Folgenden abgekürzt: Augustinus, Gottesstaat).

73 Langenberg-Pelzer, Das Motiv des Selbstmords, S. 12.

74 Vgl zu diesem Thema Schopenhauer, Arthur: Parerga und Paralipomena, II. Band, Zürich 1991, S. 275 (im Folgenden abgekürzt: Schopenhauer, Parerga und Paralipomena): „So viel ich sehe, sind es allein die monotheistischen, also jüdischen Religionen, deren Bekenner die Selbsttödtung als ein Verbrechen betrachten. Dies ist um so auffallender, als weder im alten, noch im neuen Testament irgendein Verbot, oder auch nur eine entschiedene Mißbilligung derselben zu finden ist."

75 Augustinus beruft sich bei seinen Anti-Selbstmord-Thesen aber gerade auf das fünfte Gebot. Augustinus, Gottesstaat, S. 37-38: „Nicht umsonst ist in den heiligen kanonischen Schriften nirgendwo eine göttliche Anweisung oder Erlaubnis zu finden, uns selbst das Leben zu nehmen, sei es, um Unsterblichkeit zu

Neuen Testament gibt es sogar zahlreiche Beispiele, in denen Christen nahe gelegt wird, ihr Leben aus freien Stücken aufzugeben. Häufig ist vom Opfern des irdischen Daseins die Rede, um ewiges Leben zu erlangen.[76] Augustinus Lehren setzen sich dennoch in der Geschichte der katholischen Kirche durch. Und so plädiert auch Thomas von Aquin, ein Hauptvertreter der Scholastik, für eine schärfste Verurteilung des Suizids. Er verbietet den Selbstmord und erklärt ihn zur Todsünde. In seiner „Summa Theologica" schreibt er nieder, welche drei Gründe gegen die Selbsttötung sprechen: Jedem Menschen verbiete als erstes die natürliche Pflicht zur Selbsterhaltung und Selbstliebe, eine solch frevelhafte Tat zu begehen. Das Individuum habe schließlich den „naturhaften Drang" sein Leben zu sichern sowie sich „allem Zerstörerischem nach Kräften" entgegenzustellen. Den Selbstmord bezeichnet er als „Sünde gegen sich selbst". Thomas von Aquins zweites Argument basiert auf den aristotelischen Ausführungen: Der Mensch habe als Gemeinschaftswesen nicht das Recht, seinem Schicksal durch Freitod vorauszugreifen. Andernfalls füge der Suizident „der Gemeinschaft, wenn er sich das Leben nimmt, einen Schaden zu". Ganz gleichgültig, welches Vergehens sich jemand schuldig gemacht hat, darf niemand über sich selbst richten. Doch der Kirchengelehrte beschränkt sich nicht nur auf den sozialethischen Aspekt, er zieht als drittes Argument auch Platons Grundsatz hinzu, demnach nur der Herr über das Dasein eines Jeden bestimmen darf.[77]

Augustinus' und Thomas von Aquins strenge Lehren gegen den Selbstmord bleiben in der christlich geprägten Welt bis zur Renaissance bestehen. Erst bei den Philosophen der Neuzeit kommt es zu einer

---

erlangen, sei es, um irgendwelche Übel zu verhüten oder zu vermeiden. Daß es uns vielmehr untersagt ist, ersieht man aus dem Gebot: ‚Du sollst nicht töten', zumal hier nicht hinzugefügt wird ‚deinen Nächsten', wie es doch beim Verbot des falschen Zeugnisses geschieht, wo es heißt: ‚Du sollst nicht falsch Zeugnis reden wider deinen Nächsten.'"

76 Minois, Georges: Geschichte des Selbstmords, Düsseldorf/Zürich 1996, S. 44 (im Folgenden abgekürzt: Minois, Geschichte des Selbstmords). Vgl. dazu Neue Jerusalemer Bibel, Johannes 12, 25, S. 1534-1535: „Wer an seinem Leben hängt, verliert es; wer aber sein Leben in dieser Welt geringachtet, wird es bewahren bis ins ewige Leben" heißt es etwa im Johannes-Evangelium.

77 Aquin, Thomas von: Recht und Gerechtigkeit. Theologische Summe II-II, Fragen 57-59, Nachfolgefassung von Band 18 der Deutschen Thomasausgabe, Bonn 1987, S. 94-95: „Der Übergang von diesem Leben in ein anderes glücklicheres fällt nicht in die Kompetenz der menschlichen Willensfreiheit, sondern hängt von der Macht Gottes ab."

kontroversen Selbsttötungsdiskussion. Michel Eyquem de Montaigne etwa verteidigt in seinen Essays den Selbstmord, indem er den selbsterwählten Tod als den schönsten deklariert[78], Spinoza jedoch spricht sich strikt dagegen aus, weil er den Suizid als unnatürliche Handlung wider die Vernunft empfindet.[79]

In der Aufklärung werden die extrem suizidfeindlichen Meinungen der Gelehrten allmählich moderater. Denn durch die neugewonnene Einstellung, dass der Mensch durch den Einsatz seines Verstand zur Freiheit gelangt, kommt er zu der Einsicht, dass das emanzipierte Individuum nicht nur frei über sein Leben entscheiden, sondern auch selbst über den Zeitpunkt seines Todes bestimmen darf. Das bedeutet jedoch nicht, dass Einigkeit unter den Philosophen besteht. Selbst in der Aufklärung beziehen die Wissenschaftler keine eindeutige Position zum Suizid: Montesquieu beispielsweise beruft sich explizit auf das Selbstbestimmungsrecht, das dem Menschen die Berechtigung gibt, seinem Leben jederzeit ein Ende zu setzen.[80] Jean Jacques Rousseau rechtfertigt die Selbstentleibung, wenn sie aus einem leidvollen Leben befreit.[81] Auch David Hume spricht sich für die freie Entscheidungskraft des Menschen aus, nach der jeder über sich selbst richten darf.[82] Zu den strikten Selbstmordgegnern der Epoche zählt Immanuel Kant. Obwohl er die Maxime der Aufklärung mit dem Leitspruch von der Befreiung aus der

---

78 Montaigne, Michel de: Die Essais und das Reisetagebuch, Leipzig 1932, S. 204: „Der freiwillige Tod ist der schönste. Das Leben steht nicht in unserer Macht, aber der Tod. Das Leben wäre ein Frondienst, wenn die Freiheit zu sterben nicht wäre."

79 Spinoza, Benedictus de: Die Ethik. Schriften und Briefe, hrsg. v. Friedrich Bülow, Stuttgart 1976, S. 209: „Da die Vernunft nichts wider die Natur fordert, so verlangt sie demnach selbst, daß ein jeglicher sich selber liebe, seinen Nutzen – nämlich was ihm wahrhaft nützlich sei – aufsuche und alles das anstrebe, was den Menschen wahrhaft zu größerer Vollkommenheit führt, und überhaupt, daß jedermann, so viel an ihm liegt, sein Sein zu erhalten bestrebt sei."

80 Montesquieu: Persische Briefe, Wiesbaden 1947, S. 147: „Wenn ich von Schmerz, Elend, Verachtung überwältigt werde, warum will man mich daran hindern, daß ich meiner Pein ein Ende setze, und mich grausam eines Mittels berauben, das ich in Händen habe? [...] Das Leben wurde mir als eine Gunst verliehen; ich kann es also zurückgeben, wenn es keine mehr ist."

81 Rousseau, Jean Jacques: Julie, oder Die neue Heloise oder Briefe zweier Liebenden in einem Städtchen am Fuße der Alpen, erster bis dritter Theil, Leipzig 1844, S. 295: „Wer sich nicht von einem schmerzhaften Leben durch einen schnellen Tod zu befreien weiß, gleicht dem, der lieber eine Wunde giftig werden lassen, als sie dem heilsamen Eisen des Wundarztes anvertrauen will."

82 Hume, David: Dialoge über natürliche Religion. Über Selbstmord und Unsterblichkeit der Seele, 2. Auflage, Leipzig 1894, S. 143: „Wäre die Verfügung über das menschliche Leben dem Allmächtigen als besonderer Wirkungsbereich vorbehalten, so dass es ein Eingriff in sein Recht wäre, wenn Menschen selbst über ihr Leben verfügten, so würde es in gleicher Weise verbrecherisch sein für die Erhaltung des Lebens thätig zu sein als für die Zerstörung."

selbstverschuldeten Unmündigkeit prägt und sich damit für die Unabhängigkeit des Individuums einsetzt, lehnt er die Selbstentleibung dennoch als „abscheuliche" Tat ab.[83]

Als Selbstmordapologeten des 19. Jahrhunderts können Arthur Schopenhauer und Friedrich Nietzsche bezeichnet werden. Schopenhauer befürwortet in seinem Werk „Parerga und Paralipomena" den frühen, selbstgewählten Tod. Für ihn gibt es „keinen haltbaren moralischen Grund", irdisches Leid nicht durch Suizid zu beenden.[84] Nietzsche glorifiziert in „Also sprach Zarathustra" ebenfalls die Selbsttötung, die im Gegensatz zum natürlichen Tod, nicht herangeschlichen kommt wie ein Dieb.[85] Obwohl Jean Améry nicht als Verteidiger des Selbstmordes verstanden werden will, setzt auch er sich für die Freiheit des Menschen ein, selbst über den Zeitpunkt seines Todes bestimmen zu dürfen. Denn der Suizident gehört sich selbst, er darf sich selber gehorchen, schreibt Améry in seinem Werk „Hand an sich legen", und deswegen darf jeder seinen Tod sterben, „den eigenen, den nicht der Herr ihm erst zu geben braucht". Laut Améry wird der Todsuchende auch nicht unbedingt als pathologisch krank angesehen.[86]

4. Kurzer Exkurs: Die Begriffe Freitod, Selbstmord, Suizid und ihre sprachgeschichtliche Wurzel

Im Altdeutschen wird das Phänomen der Selbsttötung erstmals zwischen 822 und 840 im Heliand am Beispiel des Selbstmords von Judas Ischarioth beschrieben. Um 863 macht Otfrid von Weißenburg Judas'

---

83 Kant, Immanuel: Die Metaphysik der Sitten in zwei Theilen, Teil II, metaphysische Anfangsgründe der Tugendlehre, Königsberg 1797, S. 72-73: „Die Selbstentleibung ist ein Verbrechen (Mord)." Und: „Das Subject der Sittlichkeit in seiner eigenen Person vernichten, ist eben so viel, als die Sittlichkeit selbst ihrer Existenz nach, so viel an ihm ist, aus der Welt vertilgen, welche noch Zweck an sich selbst ist; mithin über sich als bloßes Mittel zu ihm beliebigen Zweck zu disponiren, heißt die Menschheit in seiner Person (homo noumenon) abwürdigen, der doch der Mensch (homo phaenomenon) zur Erhaltung anvertraut war."
84 Schopenhauer, Parerga und Paralipomena, S. 276: „Im Ganzen wird man finden, daß, sobald es dahin gekommen ist, daß die Schrecknisse des Lebens die Schrecknisse des Todes überwiegen, der Mensch seinem Leben ein Ende macht."
85 Nietzsche, Friedrich: Also sprach Zarathustra, München 1976, S. 74: „Meinen Tod lobe ich euch, den freien Tod, der mir kommt, weil ich will."
86 Améry, Hand an sich legen, S. 92 u. S. 33: „Wer abspringt, ist nicht notwendigerweise dem Wahnsinn verfallen, ist nicht einmal unter allen Umständen ‚gestört' oder ‚verstört'. Der Hang zum Freitod ist keine Krankheit, von der man geheilt werden muß wie von den Masern."

freiwilligen Tod ebenfalls zum Thema seines „Liber Evangeliorum".
Über das gewaltsame, selbstverschuldete Sterben oder über Selbstmord-
versuche berichten auch Heinrich von Veldeke (1170), Hartmann von
Aue (vor 1210) und Gottfried von Straßburg (um 1210). Letzterer prägt
den Ausdruck „sich selbst das Leben nehmen". Das Verb „sel morden"
taucht erstmals 1514 in Thomas Murners „Ein andächtig geistliche
Badenfahrt" auf. 1527 führt Martin Luther die Formulierung „selbs
morder" ein. Diesen Ausdruck bezeichnet Karl Baumann als so genannte
Vorstufe zum Wort „Selbstmord".[87] Denn die eigentliche Substan-
tivierung findet laut Raphael Weichbrodt erst im 13. Jahrhundert durch
Berthold von Regensburg statt.[88] Karl Baumann hingegen datiert die
Verwendung des Begriffes „Selbstmord" auf das Jahr 1643: Johann
Conrad Dannhawer erwähnt diese Bezeichnung in zwei seiner Predig-
ten.[89] Der darin enthaltene juristisch negativ besetzte Ausdruck „Mord"
gibt Aufschluss über die moralische Beurteilung der Selbstentleibung.

Im Gegensatz zum Wort „Selbstmord" steht der „Freitod", der auf Arthur
Schopenhauer und Friedrich Nietzsche zurückgeht: Die beiden Philosophen vertreten eine ethisch völlig neue Sichtweise und lassen die
Selbsttötung nicht nur positiver erscheinen, sie verklären sie regelrecht,
wie bereits erwähnt. Befürworter der Selbstentleibung sprechen nun nicht
mehr vom Selbstmord, sondern vom „Freitod" – ein positiver Begriff, der
eine wörtliche Übersetzung des lateinischen Terminus „mors voluntaria"
ist.[90] Friedrich Nietzsche ist sozusagen der Urheber dieser Umbenennung.
Mit ihm ist „eine romantisch-dionysische Todesbegeisterung"
ausgebrochen, schreibt Baumann. In seinem Werk „Also sprach
Zarathustra" (1883) benutzt Nietzsche nicht mehr das pejorative Wort
„Selbstmord", sondern die Umschreibung „vom freien Tode". Damit
prägt der Philosoph den Ausdruck „Freitod".[91]

87 Baumann, Karl: Selbstmord und Freitod in sprachlicher und geistesgeschichtlicher Beleuchtung, Gießen
   1934, S. 1-3 (im Folgenden abgekürzt: Bauman, Selbstmord).
88 Weichbrodt, Raphael: Der Selbstmord, Basel 1937, S. 13 (im Folgenden abgekürzt: Weichbrodt,
   Selbstmord).
89 Baumann, Selbstmord, S. 7.
90 Weichbrodt, Selbstmord, S. 13.
91 Baumann, Selbstmord, S. 12-13.

Wertneutraler klingt das autodestruktive Verhalten mit der Umschreibung „Suizid": Das Wort stammt vom lateinischen „sua manu cadere".[92] Erstmals taucht es um 1636 im Werk „Religio medici" von Thomas Browne auf.[93]

In der vorliegenden Arbeit werden die Begriffe Freitod, Selbstmord, Suizid ebenso benutzt wie Selbstentleibung, Selbstdestruktion, Selbstvernichtung und weitere Synonyme, allerdings ohne moralische Wertung.

II. Direkter Freitod

1. Johann Wolfgang von Goethe:

„Die Leiden des jungen Werthers" – Freitod aus Lebensekel

Mit leidenschaftlichem Feuer trägt Werther seine Todessehnsucht vor. Schonungslos offen präsentiert er sein Leiden und wie er von innen heraus zerfleischt wird. Damit unterscheidet er sich von allen bisherigen literarischen Selbstmördern. Er ist nicht vergleichbar mit den Helden der Tragödien. In England etwa richtet der Suizid zwischen 1580 und 1625 im Theater zwar „wahre Blutbäder an", wie Minois überspitzt formuliert, doch handelt es sich bei den Selbstmördern nicht um Lebensmüde oder Todessehnsüchtige. Liebe, Ehre, Reue, mittelalterliche Verzweiflung oder Bankrott motivieren dort die Autodestruktion.[94] Um nur einige der berühmtesten Selbstentleibungen auf deutschen Bühnen zu erwähnen, seien Lohensteins „Epicharis" (1665), Gottscheds „Sterbender Cato" (1732) und Lessings „Miß Sara Sampson" (1755) sowie „Emilia Galotti" (1772) genannt.[95] Bei Lohenstein wird „der Untergang des Helden gern als heroische Aufgipfelung des Vorgangs durch pathetische Selbstmordszene gegeben"[96], erklärt Wolfgang Monath. Die Selbsttötung

92 Mösgen, Peter: Selbstmord oder Freitod? Das Phänomen des Suizides aus christlich-philosophischer Sicht, Eichstätt 1997, S. 17.
93 Minois, Geschichte des Selbstmords, S. 267.
94 Ebd., S. 160-161.
95 Die in diesen Stücken inszenierten Freitode sind in der Sekundärliteratur oft kontrovers diskutiert worden, an dieser Stelle werden die Gründe, die zur suizidalen Tat führen, jedoch nur komprimiert wiedergegeben.
96 Monath, Motiv der Selbsttötung, S. 94.

in Gottscheds „Sterbender Cato" oder in Lessings bürgerlichen Trauerspielen „Miß Sara Sampson" sowie „Emilia Galotti" wird ebenfalls nicht aus einer selbststrafenden Veranlagung heraus begangen. Gottscheds Held leidet nicht an der „Krankheit zum Todte". Die Selbstvernichtung ist ein Opfer im Namen eines höheren Wertes: Cato, der stolze Feldherr, kämpft für die Freiheit Roms und wählt nach der Niederlage den Tod, um der Versklavung durch Cäsar zu entkommen.[97] Lessings Held Mellefont wird nicht von suizidalen Kräften zerbrochen. Seine Selbstentleibung geschieht als „Sühnemaßnahme".[98] Er fühlt sich verantwortlich für den Tod Saras und richtet sich angesichts dieser großen Schuld aus Verzweiflung selbst.[99] Emilia Galottis Niedergang ist das Zeichen einer „bedauerlichen Bereitwilligkeit zum Weihopfer."[100] Sie gibt sich hin, um durch ihr „Selbstopfer" die Liebe des Vaters zu erhalten.[101] Odoardo willigt ein, ihren Tod zu vollstrecken, weil er dadurch Emilias gefährdete Tugend retten möchte.[102] Werthers Existenz hingegen wird nicht von einem äußeren Konflikt bedroht. Sein Martyrium und das Verlangen zu sterben, wurzeln nicht in einem verletzten Ehrgefühl, einem plötzlich aufkeimenden Problem oder einer enttäuschten Liebe. Seine dunklen Gedanken entspringen von Anfang an einem selbstzerstörerischen Trieb, der sich im Romanverlauf intensiviert und von dem sich der Protagonist bis in den Selbstmord treiben lässt. Zahlreiche Zeichen und Metaphern im Text deuten immerzu auf den Freitod. Diese Hinweise zu finden, sie zu deuten, miteinander zu verknüpfen und in einen Gesamtzusammenhang zu bringen, soll nun im Mittelpunkt der folgenden Kapitel stehen. Daraus ergibt sich, wie bereits in der Einleitung ausgeführt, meine Hauptthese, dass Goethe die

97 Buhr, Studien zum Freitod, S. 86.
98 Komfort-Hein, Susanne: „Sie sei wer sie sei". Das bürgerliche Trauerspiel um Individualität, Pfaffenweiler 1995, S. 119. Vgl. auch Greis, Drama, S. 57.
99 Weber, Peter: Das Menschenbild des bürgerlichen Trauerspiels. Entstehung und Funktion von Lessings „Miß Sara Sampson", Berlin 1970, S. 58.
100 Sanna, Simonetta: Lessings „Emilia Galotti". Die Figuren des Dramas im Spannungsfeld von Moral und Politik, Tübingen 1988, S. 22.
101 Buhr, Studien zum Freitod, S. 226 u. S. 273: „So wird der Freitod zur Konfliktlösung in einem bürgerlichen Trauerspiel benutzt, dessen Inhalt auf einem heroisch-antiken Stoff basiert. Ferner bildet eine sittliche Problematik den alleinigen Bezugspunkt des Todes der Titelfigur."
102 Müller, Joachim: Wirklichkeit und Klassik. Beiträge zur deutschen Literaturgeschichte von Lessing bis Heine, Leipzig 1955, S. 56.

selbstzerstörerische Entfaltung seiner Romanfigur nach einem Modell entworfen hat: „Werthers innerseelischem Zerstörungsprozess". Die einzelnen Stadien der stufenweise Entwicklung teilen sich wie folgt auf:

1. Erstes Abschied nehmen
2. Theoretische Beschäftigung mit dem Suizid
3. Konkretisierung der Selbstmordphantasien
4. Selbsterkenntnis
5. Generalprobe vor dem Finale
6. Verlust der Daseinsberechtigung
7. Schmerzhafte Konfrontation mit der Vergangenheit
8. Emotionaler Selbstmord
9. Realitätsverlust
10. Todesfreude

1.1 Werthers innerseelischer Zerstörungsprozess

1.1.1 Forschungsstand zum Romananfang

Etliche Werther-Interpretationen beschäftigen sich mit den Selbstmord-anspielungen. Wann und wo finden sich erste Belege für die Todessehn-sucht des Helden? Diese Frage ist bislang nicht zufriedenstellend beantwortet worden, da die „Beweisführung" lückenhaft bleibt. Das liegt unter anderem daran, dass viele Literaturwissenschaftler in ihren Unter-suchungen gar nicht oder nur oberflächlich auf den Romananfang (4. bis 12. Mai) eingehen. Damit sind eine Vielzahl der darin verschlüsselten Suizidindikatoren übersehen worden.

Einige Forscher datieren erste Freitodandeutungen beispielsweise erst auf den 22. Mai.[103] Edgar Hein findet ein Indiz für die „in der Person

---

103 Vgl. dazu Borries, Aufklärung und Empfindsamkeit, S. 297. Vgl. dazu auch Flaschka, Horst: Goethes „Werther". Werkkontextuelle Deskription und Analyse, München 1987, S. 227. Vgl. dazu auch Marx, Friedhelm: Erlesene Helden. Don Sylvio, Werther, Wilhelm Meister und die Literatur. Beiträge zur Neueren Literaturgeschichte, dritte Folge, Band 139, Heidelberg 1995, S. 143 (im Folgenden abgekürzt: Marx, Erlesene Helden). Vgl. dazu Karthaus, Ulrich: Sturm und Drang. Epoche – Werke – Wirkung, Arbeitsbücher zur Literaturgeschichte, München 2007, S. 185. Vgl. dazu auch Durzak, Manfred: Der Todes-Diskurs in Goethes Werther, in: Literatur im Zeugenstand. Beiträge zur deutschsprachigen Literatur- und Kulturgeschichte, Festschrift zum 65. Geburtstag von Hubert Orlowski, hg. v. Edward Bialek / Manfred Durzak / Marek Zybura, Frankfurt a. M. 2002, S. 677-690, S. 682.

Werthers angelegte Tragik" erst im Brief vom 21. Juni. Ihm zufolge verschlechtert sich der Zustand des Protagonisten nach der Kündigung bei Hofe zusehends bis hin zur „selbstzerstörerischen Manie". Von da an werde der Held von „pathologischem Welthaß" angetrieben.[104] Für Reinhard Assling beginnt der „Abstieg zum Tode" ebenfalls mit der gescheiterten Gesandtschaftskarriere.[105] In Jasmin Hermann-Huwes Arbeit fehlen jegliche Hinweise auf Werthers selbstvernichtende Sehnsüchte zu Romanbeginn. Die Briefe bis zur Begegnung mit Lotte haben laut Hermann-Huwe einen rein „berichtenden Charakter". Erst nach dem Kennenlernen der beiden stellt sie depressive, melancholische und unglückliche Züge an Werther fest.[106]

Valk hingegen erkennt schon in den frühen Mai-Briefen die pathogene Konstitution der Titelfigur. Er attestiert, dass Werther an der, typisch für das Jahrhundert, weit verbreiteten Melancholie leidet – mit all ihren Symptomen: seelischer Unausgeglichenheit, häufigen Stimmungsschwankungen, überspannter Empfindsamkeit, Lethargie, Vereinsamung und Neigung zum Suizid. Doch seine Interpretation bleibt an der Oberfläche, die Deutung einzelner präsuizidaler Elemente findet bei ihm nicht statt.[107] Ähnlich verfuhr schon Thomas Mann, der Goethes Romanhelden vom ersten Augenblick an als Gescheiterten sieht und dessen frühes Todessehnen hervorhebt, aber auch er zitiert keine aussagekräftigen Textstellen um seine These zu untermauern.[108] Gerhard Fricke vergleicht die tragische Figur zwar mit „einer hochgezüchteten, betäubenden Blüte, die keine Frucht mehr bringt, deren Schönheit krankhaft ist und schon in der Wurzel zum Tode bestimmt"[109], Belege für seine Theorie führt er

104 Hein, S. 45 u. S. 56.
105 Assling, Reinhard: Werthers Leiden. Die ästhetische Rebellion der Innerlichkeit, Europäische Hochschulschriften, Reihe I, Deutsche Sprache und Literatur, Bd./Vol. 437, Frankfurt a. M. 1981, S. 176.
106 Hermann-Huwe, Jasmin: „Pathologie und Passion" in Goethes Roman „Die Leiden des jungen Werther", Reihe I, Band 1595, Frankfurt a. M. 1997, S. 94.
107 Valk, Melancholie, S. 61.
108 Mann, Goethes Werther: „Werther hat keinerlei Sendung auf Erden außer seinem Leiden am Leben, dem traurigen Scharfblick für seine Unvollkommenheiten, dem hamletischen Erkenntnisekel, der ihn würgt; und so muß er zugrunde gehen", resümiert Thomas Mann allgemein über den Zustand des Helden. Die unglückliche Liebe bezeichnet er als reine „Verkleidung, die sein [d.i. Werther] Todessehnen annimmt", S. 95.
109 Fricke, Gerhard: Studien und Interpretationen. Ausgewählte Schriften zur deutschen Dichtung, Frankfurt a. M. 1956, S. 141.

allerdings nicht an. Norbert Miller konstatiert in seinen „Untersuchungen an Romananfängen des 18. Jahrhunderts" lediglich, dass Werthers Augenmerk auf eine „durchschnittliche, erzählbare Wirklichkeit" gerichtet ist, „die zu genießen nicht überschwängliche Lust, mehr eine schwere und drückende Aufgabe ist."[110] Woran er diese „Unlust" ausmacht, erklärt er nicht. Hans Reiss leitet von den ersten Sätzen zwar eine tragische Grundstimmung ab, die die gesamte Erzählung begleitet. Reiss spricht weiter vom „Samen einer Krankheit zum Tode", die Werther in sich trägt und die „bei genauerer Untersuchung schon erkennbar ist, noch bevor sie nach außen bricht". In seiner Analyse wird den zahlreichen Todesmetaphern und Jenseitssymbolen der ersten drei Briefe aber keine Beachtung geschenkt.[111] Ähnlich geht Karl Vietor vor, der Werthers Geschichte mit der einer Tragödie vergleicht: „Alles ist streng zusammengefaßt im dynamischen Prozeß der unaufhaltsam wachsenden Zerstörung eines Ich durch unaufhaltsam wachsendes Sichzusammenziehen."[112] Einen konkreten Beweis für die destruktive Veranlagung des Helden zu Romanbeginn bleibt aber auch er schuldig.

1.1.1.1 Erstes Abschied nehmen: „Wie froh bin ich, daß ich weg bin"

„Wie froh bin ich, daß ich weg bin!"[113] Dieser erste Satz vermag auf den ersten Blick Freude über einen Neuanfang vermitteln zu wollen. Doch muss auch diese Aussage im Gesamtzusammenhang gesehen werden, da fast alles in Goethes Roman einen doppel- oder gar mehrdeutigen Charakter hat. Der Autor verwendet schließlich immer wieder Symbole, Bilder und ganze Sätze um auf etwas anderes zu verweisen. Der Eingangspassus ist daher nicht als reine Glücksbekundung zu interpretieren. Hinter diesem Ausruf verbergen sich gleich mehrere Motive. Eines davon ist der Protest des empfindsamen Individuums gegen die

---

110 Miller, Norbert: Der empfindsame Erzähler. Untersuchungen an Romananfängen des 18. Jahrhunderts, Literatur als Kunst, eine Schriftenreihe, München 1968, S. 152.

111 Reiss, Hans: Goethes Romane, Bern 1963, S. 18-22 (im Folgenden abgekürzt: Reiss, Goethes Romane).

112 Vietor, Karl: Der junge Goethe. Wissenschaft und Bildung, Bern/München 1950, S. 149 (im Folgenden abgekürzt: Vietor, Der junge Goethe).

113 Goethe, Johann Wolfgang von: Die Leiden des jungen Werthers. Paralleldruck der Fassungen von 1774 und 1787, hg. v. Matthias Luserke, Stuttgart 1999, S. 8 (im Folgenden werden Zitate unter Verwendung der Sigle „W" im Text und auch in den Fußnoten nachgewiesen. Alle Zitate stammen – bis auf das Kapitel „Identifikation mit dem Bauernburschen" – aus der Erstfassung.).

Welt, die ihm keine Möglichkeit bietet, sich frei zu entfalten. Als Konsequenz verlässt der Held die alte Heimat, um woanders neu anzufangen. In
diesem Satz schwingt gleichzeitig ein Aufbegehren gegen die Fesseln
bürgerlicher Konventionen mit, die der schwärmerische Intellektuelle
kompromisslos sprengen möchte (Werther kann und will beispielsweise
die Rollenerwartungen der Mutter nicht erfüllen). Zwei weitere Motive,
die durch den ersten Satz angeschlagen werden, sind die Angst vor engen
Bindungen und die Flucht vor Verantwortung, wie die Freundschaft zu
Leonore zeigt.

Doch damit erschließt sich noch nicht die ganze Bedeutung des ersten
Satzes: Denn er kann auch als ein erstes Abschied nehmen vom Diesseits
betrachtet werden. Genauer genommen bedeutet es ein Lebewohl auf
Raten. Werther hat seine Freundin Leonore, seine Mutter und seinen
besten Freund Wilhelm verlassen. Zu den beiden Frauen bricht er
jeglichen Kontakt ab, er wird sie nie wieder sehen. Mit der Mutter
korrespondiert er nur noch über Wilhelm. Aber auch mit dem Freund, mit
dem er nur noch auf schriftlicher Ebene kommuniziert, fühlt er sich nicht
verbunden. Der Briefpartner bedeutet für Werther „nicht viel mehr als
der Adressat eines nach außen gestülpten Selbstgesprächs", schreibt Peter
Pütz.[114] Werthers Unbehagen an den bürgerlichen Verhältnissen, seine
zwischenmenschliche Isolation und auch das Motiv der Flucht machen
sich somit schon in den ersten Zeilen bemerkbar. Ohnehin nimmt das
Thema des ständigen Fortgehens einen großen Raum im Roman ein.
Werther ist unentwegt auf der Flucht, später auch vor Lotte und dem
Gesandten. Am Ende flieht er in den Tod.[115]

Die Bereitschaft des Protagonisten, sich von allem zu lösen, sich zurück-
zuziehen und Abschied zu nehmen, hebt aber vor allem den Wesenszug
hervor, der Werther schon früh als schwermütigen Einzelgänger

---

114 Pütz, Peter: Werthers Leiden an der Literatur, in: Goethe's Narrative Fiction. The Irvine Goethe Symposium,
hg. v. William J. Lillyman, Berlin/New York 1983, S. 55-68, S. 57 (im Folgenden abgekürzt: Pütz, Werthers
Leiden).
115 Müller-Salget, Klaus: Zur Struktur von Goethes „Werther", in: Goethes „Werther". Kritik und Forschung,
hg. v. Hans Peter Herrmann, Band 607, Darmstadt 1994, S. 317-337, S. 317-318 (im Folgenden abgekürzt:
Herrmann, Struktur von Goethes Werther).

ausweist. Goethes Held erfüllt damit das Melancholie- und Genieverständnis der Zeit: Er steht schon zu Beginn des Romans außerhalb privater Geselligkeit. Sein Verhalten zeigt, dass autonome Subjektivität und Sozialisation nicht miteinander vereinbar sind. Das Genie ist sich selbst aufgrund einer stark ausgeprägten Individualität genug – zumindest anfangs. Gerhard Kaiser bezeichnet den Helden gar als starken Menschen, weil Werthers Herz sich selbst und der Welt mit der höchsten Forderung entgegentritt.[116] Hinsichtlich seines Außenseitertums verhält sich der Protagonist wie viele andere Figuren in Goethes Jugendwerk. Er kann sich wegen seiner Andersartigkeit wie Clavigo oder Ferdinando in „Stella" nicht der Umwelt anpassen und somit nur schwer zwischenmenschliche Beziehungen aufbauen.[117] Von „Daseinsoptimismus", der sich erst „im Verlauf der Handlung Zug um Zug als Selbsttäuschung erweisen" wird,[118] wie Thomas Horré folgert, kann bei Goethes Protagonisten daher keine Rede sein. Seine innerliche Zerrissenheit[119], seine Melancholie, die Flucht vor der Gesellschaft und Einsamkeitsliebe sind erste Symptome, die eindeutig dagegen sprechen.

Wie sehr Werther bereits zu diesem Zeitpunkt am Sein leidet, artikuliert sich nicht zuletzt durch die Todessehnsucht, die schon am 4. Mai einen großen Raum einnimmt. Drei Mal wird er in diesem Brief seinen Wunsch zu sterben – mal mehr, mal weniger erkennbar – äußern. Leidenschaftlich spricht er von „paradisischer Gegend", in der er sich geborgen fühlt. Er, dessen „schauderndes Herz" ihm oft zu schaffen macht, kommt in der Natur zur Ruhe. Werthers Reaktion, sich von der Gesellschaft abzuwenden sowie der damit verbundene Rückzug in die Natur, die im Sturm und Drang als „dynamische Selbstverwirklichung der göttlichen Kraft" verstanden wird,[120] ist symptomatisch für das sozial ausgeschlossene Individuum. Der Rebell Werther flieht aus der Stadt, in der das Leben von Regeln und Moral bestimmt wird. Die Natur hingegen

116 Kaiser, Aufklärung, S. 90.
117 Fleck, Christina Juliane: Genie und Wahrheit. Der Geniegedanke im Sturm und Drang, Marburg 2006, S. 157 (im Folgenden abgekürzt: Fleck, Genie und Wahrheit).
118 Horré, Werther-Roman, S. 47.
119 Schröder, Schatten der Revolution, S. 45.
120 Kaiser, Aufklärung, S. 76.

ist – ganz im Sinne Rousseaus – ein Gegenbegriff zur Zivilisation. In der Natur glaubt Werther seine Gefühle frei ausleben zu können, in ihr erhofft er sich Harmonie. In ihr sieht er zudem die „Gegenwart des Allmächtigen" (W 12). Zumindest im ersten Buch lässt er sich davon begeistern, dass er überall die Nähe Gottes fühlt. In dieser pantheistischen Sichtweise kommen Werthers stark individualisierte Vorstellungen über Natur und Religion zum Ausdruck. Es zeigt, dass sich sein Verständnis von Glauben sehr von der christlichen Lehre unterscheidet. Auch in dieser Hinsicht wird der Protagonist von Goethe also als Nonkonformist mit unorthodoxen Ansichten dargestellt.

Im Textverlauf und mit zunehmenden Leidensdruck verändert sich seine Beziehung zur Natur und damit auch zu Gott. Zu Beginn des Romans jedoch geht Werthers Liebe zur Natur so weit, dass er sich sogar darin verlieren möchte: „Jeder Baum, jede Hecke ist ein Straus von Blüten, und man möchte zur Mayenkäfer werden, um in dem Meer von Wohlgerüchen herumschweben, und alle seine Nahrung darinne finden zu können." (W 10) Dem Motiv des Sichauflösenwollens in der Natur liegt eine Ambivalenz zwischen Leben und Tod zugrunde, es ist ebenso Glücks- wie Sterbemoment: Denn einerseits drückt dieser Wunsch den Enthusiasmus des Helden aus, der nahezu exaltiert für die Landschaften um ihn herum schwärmt. Dieser Überschwang kann schließlich als epochentypische Begeisterung für die göttliche Natur ausgelegt werden. Sie steht ja für das Ursprüngliche, das Wahrhafte und für einen lebenden Organismus, in dem sich das Sturm-und-Drang-Genie hineinsehnt. Mit ihr zu verschmelzen, wird daher als großes Glücksgefühl empfunden. Doch darf auch die Zweideutigkeit dieser Sehnsucht nicht übersehen werden. Aus dem Kontext dieser Analyse betrachtet, besteht kein Zweifel, dass das Verlangen nach Einswerdung mit der Natur auf sinnbildlicher Ebene auch ein weiterer Ausdruck für Werthers Todessehnsucht ist. Somit taucht der Suizidwunsch hier erstmals als Metapher auf.

Im selben Brief schwärmt Goethes Held vom Garten eines verstorbenen Grafen. Hierhin zieht sich der Melancholiker immer wieder zurück, dort hat er schon „manche Thräne" vergossen. Spätestens an dieser Stelle zerbricht das Bild der heilen Welt, von der Werther sich selbst und den Freund überzeugen will. Wieso sollte er in der neuen Heimat so häufig geweint haben, wenn er doch glücklich ist? Die Antwort ist einfach: Ihn plagen auch in der Fremde innerseelische Qualen. Die Flucht in eine andere Stadt bringt ihm nicht das ersehnte Glück. Verzweifelt geht er auf die Suche nach Linderung und hofft, in der Abgeschiedenheit des Gartens das zu finden, wonach er sucht. Mit dieser bewussten Hinwendung zur Einsamkeit hebt Goethe erneut den melancholischen Charakter seines Helden hervor. Der Schwermütige zieht sich in die selbsterwählte Isolation zurück und läuft dabei Gefahr, sich in seinem krankhaften Subjektivismus zu verlieren. Der Autor hat mit diesem Rückzug aus der Gesellschaft zudem erneut auf Werthers Weltentsagung und damit im übertragenen Sinne zum zweiten Mal auf den bevorstehenden Suizid aufmerksam gemacht.

Erst als Werther detaillierter vom Grafengarten berichtet, leuchten seine Jenseitsprojektionen intensiver. Hingezogen fühlt er sich dort stets von ganz bestimmten Örtlichkeiten, dem „verfallnen Cabinetgen" etwa, ein Untergangssmotiv, das ebenso wie das Bild des überwucherten Gartens auf die Endlichkeit, auf Zerstörung hinweisen soll.[121] Betrachtet man Werthers Beschreibung der ihn umgebenden Idylle genauer, dann erinnert der Ort an den Garten Eden:[122] Er liegt weit oben auf den Bergen – nahe dem Himmel – und ist von unbeschreiblicher Schönheit.[123] So verwundert es nicht, dass sich Goethes Romangestalt gerade an diesem verwunschenen Platz geborgen fühlt. Voraussagend verspricht Werther

---

121 Bei Horst S. und Ingrid Daemmrich wird die Symbolik des Gartens in literarischen Texten wie folgt erklärt: „Das Motiv unterstreicht Vorstellungen des Verfalls und der Vergänglichkeit des Lebens durch Darstellungen des malerischen, aber verfallenen, überwucherten Gartens." Daemmrich, Horst S. und Ingrid: Themen und Motive in der Literatur. Ein Handbuch, Tübingen 1987, S. 154-155 (im Folgenden abgekürzt: Daemmrich, Themen und Motive).

122 Fischer, Peter: Familienauftritte. Goethes Phantasiewelt und die Konstruktion des Werther-Romans, in: „Wie froh bin ich, daß ich weg bin!". Goethes Roman „Die Leiden des jungen Werther" in literaturpsychologischer Sicht, hg. v. Helmut Schmiedt, Würzburg 1989, S. 189-220, S. 198 (im Folgenden abgekürzt: Fischer, Familienauftritte).

123 W 10.

seinem Freund Wilhelm am Ende des Briefes: „Bald werd ich Herr vom Garten seyn." (W 10) Wenn der Garten symbolisch für das Paradies steht und der Todeswillige sich danach sehnt, ihn bald zu besitzen, ist dies die dritte Ankündigung des Selbstmords.

Auch am 10. Mai setzt der Autor diesen leitmotivischen Gedanken der Selbstauflösung fort. Der Einsame schreibt von einer „wunderbaren Heiterkeit", die ihm der „süße Frühlingsmorgen" bereitet. Doch der optimistische Ton täuscht nicht über Werthers düstere Grundhaltung hinweg. Denn auf dem scheinbaren Höhepunkt seiner Glückseligkeit[124] weiß er seine Freude nicht anders auszudrücken als mit der Erkenntnis, dieser Schönheit nicht gewachsen zu sein: „Aber ich gehe darüber zu Grunde, ich erliege unter der Gewalt der Herrlichkeit dieser Erscheinungen." (W 12) Selbst wenn Werther glaubt, glücklich zu sein, wird dieses Gefühl stets vom Tod überschattet. Die oben beschriebene Idylle ist ein Trugbild. Die Wahrheit ist, dass er schon zu diesem Zeitpunkt – ohne eine ernst zu nehmende Option auf Rettung – in seiner krankhaften Selbstfixierung verstrickt ist und dass all seine Talente versiegt sind. Letzteres, dass er noch nicht einmal in der Lage ist, künstlerisch tätig zu sein, zeigt sich bei seinen laienhaften Zeichenversuchen, die alle von Misserfolg gekrönt sind. Somit erliegt der melancholische, geniale Künstler beziehungsweise erliegen seine künstlerischen Ambitionen dem pathologischen Überreichtum seines Seelenlebens. Goethe demonstriert damit die unheilvolle Verschmelzung von jugendlicher Schöpfungslust und destruktiver innerer Kräfte.

Mit einem schaurigen Schauplatz setzt der darauffolgende Brief ein: „Ich weis nicht, ob so täuschende Geister um diese Gegend schweben, oder ob die warme himmlische Phantasie in meinem Herzen ist, die mir alles rings umher so paradisisch macht" (W 12), überlegt Werther am 12. Mai. Er empfindet diesen düsteren Platz nicht als unangenehm. Was objektiv als unheimlich empfunden werden könnte, versetzt ihn in Entzücken. Es

---

124 Ebd., 10, 12: „Ich bin so allein und freue mich so meines Lebens, in dieser Gegend, die für solche Seelen geschaffen ist, wie die meine. Ich bin so glücklich, mein Bester, so ganz in dem Gefühl von ruhigem Daseyn versunken, daß meine Kunst darunter leidet."

ist seine Todesbezogenheit – durch die Adjektive himmlisch und paradiesisch hervorgehoben –, die ihn immer wieder zu diesem Ort führt. Die Ambivalenz dieses Platzes wird durch die Brunnen-Symbolik bekräftigt. Auch an dieser Stelle muss nochmals erwähnt werden, dass der Brunnen für sich allein genommen keineswegs als unheilvolles Bild gedeutet werden würde. Als Teil eines kunstvollen Motivgeflechts aber ergibt sich ein anderer Sinn: Diesbezüglich liegt beispielsweise Kai Schröder mit seiner Interpretation richtig, derzufolge der Brunnen bei genauer Betrachtung, der Beschreibung einer Gruft ähnelt.[125] Die Wasserquelle liegt weit abseits „vor dem Orte". Um sie herum ist Stille – wie auf einem Friedhof, der meist von großen, kühlenden Bäumen gesäumt ist. Wer den Brunnen erreichen möchte, muss eine kleine Treppe abwärts – in die Tiefe – nehmen.[126] Aus dieser Assoziation lässt sich eine weitere Interpretation ableiten: Der oben beschriebene Weg ist der Weg ins Grab, von dem Werther, sinnbildlich gesehen, magisch angezogen wird. Wie eine Todesvorfeier, wie den Besuch seiner eigenen Ruhestätte, zelebriert der Unglückliche den regelmäßigen Gang dorthin.

Goethe hat die Selbstmordabsicht seines Helden in diesen drei Briefen mit metaphorischen Qualitäten versehen. Die Entschlüsselung der einzelnen Sinnbilder belegt Werthers melancholische Disposition und sein erstes Abschied nehmen vom Leben. Er begegnet uns also zu Beginn nicht „mit der Gelassenheit von Freundschaft und Bildung" und er verliert sich auch nicht erst in dem „dramatischen Strudel seiner Liebe", wie es etwa Gert Mattenklott feststellt.[127] Der Held steht zu Romanbeginn am Anfang eines innerseelischen Zerstörungsprozesses. Mit dem Eingangssatz wird sein unaufhaltsamer Verfall initiiert. Kurz vor seinem

---

125 Vgl. Schröder, Schatten der Revolution, S. 83.

126 W 12, 14: „Du gehst einen kleinen Hügel hinunter, und findest dich vor einem Gewölbe, da wohl zwanzig Stufen hinab gehen, wo unten das klarste Wasser aus Marmorfelsen quillt. Das Mäuergen, das oben umher die Einfassung macht, die hohen Bäume, die den Platz rings umher bedecken, die Kühle des Orts, das hat alles so was anzügliches, was schauerliches."

127 Mattenklott, Gert: Der Briefroman, in: Zwischen Absolutismus und Aufklärung: Rationalismus, Empfindsamkeit, Sturm und Drang, 1740-1786, Band 4, hg. v. Ralph-Rainer Wuthenow, Reinbek bei Hamburg 1980, S. 185-203, S. 196. Vgl. dazu auch Engel, Ingrid: Werther und die Wertheriaden. Ein Beitrag zur Wirkungsgeschichte, Saarbrücker Beiträge zur Literaturwissenschaft, Band 13, Sankt Ingbert 1986, S. 51 (im Folgenden abgekürzt: Engel, Werther und die Wertheriaden). Vgl. dazu auch Giesberg, Dagmar: „Je comprends les Werther". Goethes Briefroman im Werk Flauberts, Epistemata, Würzburger wissenschaftliche Schriften, Reihe Literaturwissenschaft, Band 467-2003, Würzburg 2003, S. 73.

Suizid benutzt der Unglückliche eine syntaktisch und semiotisch ähnliche Phrase: „O wie wohl ist mir's, daß ich entschlossen bin." (W 234) Die beiden Sätze verklammern rahmenhaft den ersten Brief mit einem seiner letzten. Sie markieren Anfang und Ende einer destruktiven Entfaltung.

1.1.1.2 Theoretische Beschäftigung mit dem Suizid: „Das süsse Gefühl von Freyheit"

Aus den ersten Seiten geht Werther als Gescheiterter hervor: Er hat als Freund, als Sohn und auch als Künstler versagt. All diese Fehlschläge sind charakteristisch für das Genie, für das es keinen Ort und keine Möglichkeit gibt, sich zu frei zu entwickeln – weder in der Familie noch in der Gesellschaft im Allgemeinen oder in der Kunst. Das Versagen ist eben auch die Kehrseite einer stark ausgeprägten Individualität, die einerseits zu Höherem beflügelt, andererseits einschränkt sowie vereinsamen lässt und dadurch Leiden verursacht.[128] Denn durch seinen überspannten Anspruch, sich ausschließlich von seinem Gefühl leiten zu lassen, schließt sich Werther selbst von einer Welt aus, in der der Bürger nach aufklärerischem Ideal vernunftorientiert und pflichtbewusst handelt.

Am 13. Mai führt Goethe das Motiv des Scheiterns weiter aus. Weder die Zeichnerei noch die Literatur können Werther inspirieren. Nur der „Wiegengesang" Homers vermag ihn zu besänftigen. Dieses Buch ist das einzige, wofür sich der tragische Held lange Zeit interessiert, weil er sich in die von Homer geschilderte Idylle hineinfühlt. Diese beschriebene Welt spiegelt das einfache natürliche Leben wider und somit wird sie Werther Zuflucht vor der Realität, in der er stets heimatlos bleibt. Am Ende dieses Briefes bringt der Autor pointiert zur Sprache, wie es um seine Romangestalt steht: „So unstet hast Du nichts gesehn als dieses Herz" (W 14), lässt er Werther bekunden. Dass diese Gefühlslage keine Momentaufnahme, sondern ein Dauerzustand ist, bekräftigt der tragische Held durch folgende Aussage: „Lieber! Brauch ich Dir das zu sagen, der Du so oft die Last getragen hast, mich vom Kummer zur Ausschweifung, und von süsser Melancholie zur verderblichen Leidenschaft übergehn zu

---

128 Fleck, Genie und Wahrheit, S. 155-157.

sehn."(W 14) Goethe geht an dieser Stelle explizit auf das Thema Melancholie ein. Werther leidet an der im 18. Jahrhundert weit verbreiteten „Schwarzgalligkeit". Typische Symptome hierfür sind unter anderem die übertriebene Fixierung auf sich selbst, die den Protagonisten im Romanverlauf zu einer „ruinösen Egomanie" führt. Denn bei Goethes Helden schlägt die Schwermut sehr schnell in eine tödliche Gefahr für sein Seelenleben um, wie Thorsten Valk konstatiert.[129] Wilhelm ist in der Vergangenheit immer wieder Zeuge seiner emotionalen Berg- und Talfahrten gewesen. Eine permanente seelische Unausgeglichenheit gehört ebenso zum Wesen des Melancholikers wie die Unfähigkeit, zwischenmenschliche Beziehungen aufzubauen. Diese Schwäche spricht Werther am 15. Mai wieder an. Da bedauert er, dass er zu niemandem Zugang findet.

Die ohnehin düstere Atmosphäre verdunkelt sich im Briefverlauf des 17. Mai noch weiter. Angesichts der zerplatzten Träume gewährt der Unglückliche Einblicke in sein Innerstes: „Es ist ein einförmig Ding um's Menschengeschlecht. Die meisten verarbeiten den grösten Theil der Zeit, um zu leben, und das Bisgen, das ihnen von Freyheit übrig bleibt, ängstigt sie so, daß sie alle Mittel aufsuchen, um's los zu werden."(W 18) Dieses Zitat unterstreicht mit aller Deutlichkeit Werthers sozialkritischen und melancholischen Charakter. Der Held beanstandet den vernunftorientierten Menschen, dessen beengtes Leben einzig auf Existenzsicherung aus ist und der in seiner Freizeit nichts mit sich anzufangen weiß. Er selbst hingegen sieht sich als empfindsames Subjekt, das sich durch großen Seelenreichtum auszeichnet. Gleichzeitig beklagt er aber gerade diesen inneren Überschuss, weil er ihn daran hindert, seine künstlerischen Talente umzusetzen: „Nur muß mir nicht einfallen, daß noch so viele andere Kräfte in mir ruhen, die alle ungenutzt vermodern, und die ich sorgfältig verbergen muß. Ach das engt all das Herz so ein" (W 18). Werther ficht also auch in dieser Hinsicht – wie er bereits zu Beginn des Romans zugibt – einen Kampf mit sich aus: Er wird aufge-

---

129 Valk, Thorsten: Poetische Pathographie. Goethes „Werther" im Kontext zeitgenössischer Melancholie-Diskurse, in: Goethe-Jahrbuch 2002, 119. Band, hg. v. Jochen Golz / Edith Zehm, Weimar 2002, S. 14-22, S. 15-17 (im Folgenden abgekürzt: Valk, Poetische Pathographie).

44

zehrt von schöpferischer Leidenschaft, Kreativität und der niederschmetternden Erkenntnis seines Versagens. Und so kreisen seine Gedanken wieder um den Tod, wie der Brief vom 17. Mai hervorheben soll. Goethe flicht zwei Sterbefälle ein, von denen der Held berichtet: Werther erinnert sich wehmütig an seine verstorbene Jugendfreundin und erzählt vom Amtmann, der seine Frau verlor.

Diese vernichtende Grundstimmung schwingt sich dithyrambisch im Brief vom 22. Mai hinauf und regt Werthers Reflexionen über die sinnentleerte Welt an: „Wenn ich die Einschränkung so ansehe, in welche die thätigen und forschenden Kräfte des Menschen eingesperrt sind, wenn ich sehe, wie alle Würksamkeit dahinaus läuft, sich die Befriedigung von Bedürfnissen zu verschaffen, die wieder keinen Zweck haben, als unsere arme Existenz zu verlängern, und dann, daß alle Beruhigung über gewisse Punkte des Nachforschens nur eine träumende Resignation ist, da man sich die Wände, zwischen denen man gefangen sizt, mit bunten Gestalten und lichten Aussichten bemahlt. Das alles, Wilhelm, macht mich stumm." (W 20-22) Hierin zeigt sich erneut Werthers Ablehnung gegen jegliche Fremdbestimmung. Das Gefühl des Gefangenseins kommt an dieser Stelle ebenfalls zum Vorschein. Er sieht in der Gesellschaft keine Möglichkeit zur Selbstverwirklichung. Seine Reaktion auf all das ist: „Ich kehre in mich selbst zurück, und finde eine Welt!" (W 22) Der Held stellt damit seine Individualität radikal in den Vordergrund und begibt sich noch tiefer in die selbstauferlegte Isolation. Dies ist ein Schritt, der den innerseelischen Zerstörungsprozess beschleunigt und Gefahren birgt. Jean-Jacques Anstett bezeichnet Werthers Weltentsagung als „pathologische Introversion". Das Problematische daran ist nicht nur, dass sich Goethes Titelfigur weiter von allen weltltichen Dingen entfremdet, sondern dass er sich damit seinem schwachen Ich ausliefert. Im Laufe der Handlung wird ihm das selbst immer bewusster.[130] Einzig die Perspektive, diesem Elend entfliehen zu können, gibt ihm dann noch Hoffnung: „Und dann, so

---

[130] Anstett, Jean-Jacques: Werthers religiöse Krise, in: Goethes „Werther". Kritik und Forschung, hg. v. Hans Peter Herrmann, Darmstadt 1994, S. 163-173, S. 164.

eingeschränkt er ist, hält er doch immer im Herzen das süsse Gefühl von Freyheit, und daß er diesen Kerker verlassen kann, wann er will." (W 22) Überdeutlich spricht er am Ende des siebten Briefes das aus, was er zuvor nur angedeutet hat: Werther zieht in der Theorie die Selbsttötung als Lösung all seiner Probleme in Betracht. Mehr noch: Er tröstet sich mit dem Gedanken, seinen Aufenthalt auf Erden jederzeit und vor allen Dingen selbstbestimmend durch Selbstmord beenden zu können. Der Gedanke an Suizid löst in ihm daher keine negativen Gefühle aus, schließlich empfindet er es als „süsses Gefühl von Freyheit" und als sein (letztes) Recht auf Autonomie, dem Leben entfliehen zu können.

Die Todessehnsucht lenkt ihn auch bei der Standortbestimmung seiner Wohnstätte: Die Hütte befindet sich in Wahlheim, einem Ort abseits des chaotischen Stadtlebens: „Die Lage an einem Hügel ist sehr interessant, und wenn man oben auf dem Fußpfade zum Dorfe heraus geht, übersieht man mit Einem das ganze Thal." (W 24) Werther fühlt sich an diesem Ort – nahe dem Himmel – genau wie im Garten des verstorbenen Grafen geborgen. Ein Bild voll düsterer Jenseitssymbolik baut sich vor den Augen des Lesers auf, als er am 26. Mai sein Zuhause näher beschreibt. Um solch eine Atmosphäre zu schaffen, lenkt Goethe die Aufmerksamkeit des Lesers mit einer auffällig wirkenden Metapherwahl in die gewünschte Richtung: In dieser paradiesisch anmutenden Idylle fühlt sich Werther vor allem von zwei Linden angezogen, „die mit ihren ausgebreiteten Aesten den kleinen Platz vor der Kirche bedecken" (W 24). Erst im Rückblick enthüllen die Bäume und der Ort ihre tiefere Bedeutung. Denn ohne es zu wissen, hat der Held damit seine letzte Ruhestätte bestimmt. Geradezu verklärt berichtet er von diesem Fleckchen Erde. „Vertraulich" und „heimlich" nennt er den einsamen Ort, der sofort an die friedliche Atmosphäre eines Friedhofes erinnert. Am Ende lässt der Autor seinen Helden genau unter jenen zwei Linden begraben. Den einst so geliebten Platz funktioniert Goethe zum Schluss zum Mortuarium um. Die Bäume sind, Edgar Hein zufolge, ein Symbol für Werthers „letzte Einkehr, des Todes".[131] Gewiss ist nicht zu bestreiten, dass die scheinbar unauffälligen Linden bei genauerer Betrachtung in ihrer Symbolik eine Verbindung zum Tod haben. Doch kommt ihnen vielmehr die Funktion der Todesboten zu. Denn sie werden im Roman immer wieder eingesetzt, um auf ein bevorstehendes Unheil zu verweisen, wie sie es auch in der Parallelgeschichte mit der Schulmeistertochter ankündigen (mehr dazu ab Kapitel 1.2.2). Die Linden sind in diesem Brief überdies nicht die einzigen: Am 26. Mai erwähnt der Protagonist einen Pflug, auf den er sich setzt, um zu zeichnen. Das auf den ersten Blick nebensächliche Requisit ist jedoch alles andere als zufällig gewählt. Dem „Instrument des Grabens" schreibt Jörg Löffler eine metaphorische Bedeutung zu: „Vom ‚Graben' ist es dann nicht weit bis zum ‚Grab'. Kein bloßes Wortspiel, denn die Semantik des Textes beutet diesen Zusammenhang selbst aus."[132]

In diesem Abschnitt konnte nachgewiesen werden, dass sich Werthers Todessehnsucht schon vor der Begegnung mit Lotte an zahlreichen Stellen des Romans festmachen lässt. Mittels einer Vielzahl von Bildern (paradiesähnlicher Garten) und Todesboten – sowie Symbolen (die Linden, der Pflug) bereitet er den Leser schon zu Beginn auf die unvermeidbare Katastrophe vor. Der Autor offenbart zudem, dass Werther bereits zu diesem Zeitpunkt den Selbstmord als Lösung seiner Probleme zumindest theoretisch in Betracht zieht. Als er die Amtmannstochter kennenlernt, ist er also längst gefangen in einer für ihn überwiegend trostlosen und düsteren Welt. Das „süsse Gefühl von Freyheit", sich seiner Qualen zu befreien, erweist sich dabei für ihn als einzig ernstzunehmende Alternative.

---

131 Hein, Johann Wolfgang Goethe. Die Leiden des jungen Werther, München 1991, S. 50 (im Folgenden abgekürzt: Hein, Goethe).
132 Löffler, Unlesbarkeit, S. 52.

1.1.1.3 Konkretisierung der Selbstmordphantasien: „Mir eine Kugel vor'n Kopf schiessen"

Die Begegnung mit Lotte verändert Werthers bisher theoretische Beschäftigung mit dem Freitod. Denn der Unglückliche fühlt sich insbesondere nach ihrer Abweisung dazu berechtigt, sich ausschließlich auf seinen Seelenschmerz zu konzentrieren.[133] Der Text entfaltet nach diesem Einschnitt ein dichtes Netzwerk zukunftsweisender Zeichen. Werthers Selbstmordphantasien verdichten sich, bis sie zu einem konkreten Gedanken heranreifen. Paul Mog bezeichnet das Klammern an Lotte als die „einzige verbliebene Quelle der Selbstlegitimation", ohne die „seine Existenz der Notwendigkeit und Wesensidentität beraubt" wird und ins Bodenlose stürzt.[134]

Dabei ist es kein Zufall, dass der Protagonist gerade die Amtmannstochter als Objekt seiner Begierde aussucht. Es ist nicht Leonore oder ihre Schwester, an die er sich hängt. Diese beiden „freien" Frauen interessieren ihn nicht. Der Held entscheidet sich ganz bewusst für Alberts Verlobte. Thomas Mann schreibt es Werthers „Todesinstinkt" zu, „der ihn auf eine aussichtslose, verderbliche Liebe verfallen läßt".[135] Doch es würde zu kurz greifen, nur ein Motiv für Werthers Wahl anzuführen. Der tragische Held fühlt sich von Lotte gleich aus mehreren Gründen angezogen: Zum einen, weil er in ihr ein ideales Menschenbild vereint sieht und weil er sich ihr geistig und seelisch verwandt fühlt. Zum anderen bedeutet das Buhlen um die Verlobte (später Ehefrau) eines anderen Mannes aber auch Rebellion. Der Individualist lehnt sich somit ganz bewusst gegen die gängigen Moralvorstellungen, gegen die Tugend und Sitte auf.

Seine masochistische Tendenz mag ebenfalls ein Grund dafür sein, dass er sich in die Amtmannstochter verliebt. Schließlich schafft Unerreich-

133 Borries, Aufklärung und Empfindsamkeit, S. 300.
134 Mog, Paul: Ratio und Gefühlskultur. Studien zu Psychogenese und Literatur im 18. Jahrhundert, Studien zur deutschen Literatur, Band 48, Tübingen 1976, S. 136.
135 Mann, Goethes Werther, S. 97. Vgl. auch Pütz, Werthers Leiden, S. 67. Vgl. auch Kaiser, Aufklärung, S. 90.

barkeit und die Unmöglichkeit einer Beziehung Kummer. Und der tragische Held gibt sich offensichtlich gerne diesem Gefühl hin. Er pflegt seinen Liebesschmerz ebenso wie sein süßes Leiden an der Vergänglichkeit. Dieser Eindruck wird bestätigt, wenn man die selbstzerfleischenden Aussagen Werthers genauer betrachtet wie beispielsweise seinen Ausbruch am 30. August, nachdem er Lotte besucht hat und anschließend in die Natur flüchtet: „Einen gähen Berg zu klettern, ist dann meine Freude, durch einen unwegsamen Wald einen Pfad durchzuarbeiten, durch die Hekken die mich verlezzen, durch die Dornen, die mich zerreissen!" Und nur wenige Sätze weiter heißt es: „O Wilhelm! Die einsame Wohnung einer Zelle, das härne Gewand und der Stachelgürtel, wären Labsale, nach denen meine Seele schmachtet." (W 114). Der Held scheint zweifelsohne wollüstige Befriedigung dabei zu empfinden, sich selbst körperlich und geistig zu quälen.

Es gibt noch eine letzte aber durchaus gewagte These, die aus dieser Untersuchung resultiert und Werthers Entscheidung für Lotte näher beleuchtet. Goethe betont im Text stets die Unnahbarkeit der jungen Frau, die sich nicht zuletzt durch die Namen artikuliert, die er für sie wählt: Ehrfürchtig lässt er seinen Protagonisten von ihr als einem Engel sprechen, später vergleicht Werther sie sogar mit einer Heiligen und einem Propheten. Er stellt sie damit auf ein Podest, idealisiert sie. Man könnte es sogar Vergöttlichung nennen. Diese Bezeichnungen für Lotte unterstreichen einerseits die unüberwindbare Distanz zur Liebsten. Der Held stilisiert Lotte aber auch andererseits zu einem himmlischen Geschöpf hoch.[136] Die Amtmannstochter wirkt durch diese transzendenten Merkmale wie ein überirdisches Wesen. Goethe suggeriert dadurch schon sehr früh, dass seine Romanfigur eine Vereinigung mit Lotte anstrebt, die nicht ausschließlich auf irdischem Glück basieren muss, sondern über den Tod hinaus möglich ist. Werther widerspricht damit deutlich der in der Aufklärung propagierten Maxime, derzufoge der Lebenssinn im Diesseits gesehen worden ist. Der Held gibt

---

136 W 34: „So viel Einfalt bey so viel Verstand, so viel Güte bey so viel Festigkeit, und die Ruhe der Seele bey dem wahren Leben und der Thätigkeit. –"

sich damit ein weiteres Mal als weltabgewandter Melancholiker zu erkennen, dessen euphorische Jenseitsvorstellungen ihn auf ein Wiedersehen mit der Liebsten im Himmel hoffen lassen. All diese Anspielungen können daher im weitesten Sinne als Werthers Todessehnsucht ausgelegt werden.

Die Freundschaft zwischen Lotte und Werther entpuppt sich stets als ambivalent: Sie ist beglückend und unheilbringend zugleich. Dass auf dieser aussichtslosen Liaison vom ersten Augenblick „der Schatten des Todes"[137] liegt, bekräftigt Goethe ein weiteres Mal während der Tanz-szene. Zum Glücksgefühl mischt sich unmittelbar das Gefühl des Todes. Der Protagonist malt sich aus, wie er „zu Grunde gehen" würde, falls er seine Liebste mit einem anderen teilen müsste.[138] Die Szene, in der Werther die Amtmannstochter erstmals erblickt, birgt zudem ein vorausweisendes und doppeldeutiges Symbol: Dem Helden fallen sofort Lottes „blaßrothe Schleifen" ins Auge. Diese Farbe dürfte vom Autor nicht zufällig gewählt worden sein. Rot steht schließlich oft sinnbildlich für Blut sowie Tod,[139] aber auch für Leidenschaft, Wollust, Verführung, Sexualität und Erotik. Von letzterem Thema wird auch die Gewitterszene bestimmt. Das Unwetter kann als erotische Leidenschaft des Helden gedeutet werden: Sowie der Sturm wütet, tobt es auch in Werther. Das Gewitter symbolisiert den besinnungslosen Gefühlsrausch, in den der Protagonist durch die Bekanntschaft mit Lotte versetzt wird. Er genießt den ekstatischen Zustand. Verstärkt werden die starken Emotionen durch das Stichwort „Klopstock", das Lotte, kurz nachdem sich das Gewitter verzogen hat, erwähnt. Beiden kommt die Ode „Die Frühlingsfeier" in den Sinn. Es erfasst sie ein Feuer von schwärmerischer und gefühlstiefer Begeisterung. Werther will diese gemeinsame und ähnlich empfundene Erinnerung als Ausdruck ihrer Seelenverwandtschaft

---

137 Mann, Goethes Werther, S. 98.
138 W 46: „Das liebenswürdigste Geschöpf in den Armen zu haben, und mit ihr herum zu fliegen wie Wetter, daß alles rings umher vergieng und – Wilhelm, um ehrlich zu seyn, that ich aber doch den Schwur, daß ein Mädchen, das ich liebte, auf das ich Ansprüche hätte, mir nie mit einem andern walzen sollte, als mit mir, und wenn ich drüber zu Grunde gehen müßte, du verstehst mich."
139 Lehnert, Gertrud: Rosa Schleifen, blaue Fräcke. Zur Verbürgerlichung der Mode im 18. Jahrhundert, in: Der Deutschunterricht. Beiträge zu seiner Praxis und wissenschaftlichen Grundlegung, Jg. LX/Heft 4/2008, hg. v. Anne Fleig / Birgit Nübel, Hannover 2008, S. 21-30, S. 23.

(miss)interpretieren. Und so wird der Eindruck erweckt, die Begegnung mit Lotte könnte ihm zu einer positiven Wende verhelfen. Oberflächlich betrachtet scheinen die folgenden Briefe tatsächlich einen optimistischen Helden vorzuführen. Erst auf den zweiten Blick ist zu erkennen, dass die dunklen Vorahnungen des Todesfreudigen weiter fortbestehen. Nur fünf Tage nach dem Kennenlernen stößt der Leser erneut auf Hinweise, die das tödliche Ende antizipieren: „Ich lebe so glükliche Tage, wie sie Gott seinen Heiligen ausspart, und mit mir mag werden was will; so darf ich nicht sagen, daß ich die Freuden, die reinsten Freuden des Lebens nicht genossen habe" (W 54), notiert Werther in der ersten Briefzeile vom 21. Juni. Die Formulierung „Mit mir mag werden was will" zeugt von seiner Vorahnung. In dieser Aussage manifestiert sich gleichzeitig seine Furchtlosigkeit vor dem Tod. Er scheut die Grenzüberschreitung nicht, weil er bereits in den Genuss der „reinsten Freuden des Lebens" gekommen ist.

Der Brief vom 21. Juni wird ausschließlich vom transzendentalen Fernweh des Protagonisten bestimmt, auf die Goethe unter anderem durch die Doppeldeutigkeit der Ortsbeschreibungen verweist. Als Werther etwa von seiner neuen Heimat spricht, fällt auf, dass er dabei die Nähe des Ortes zum Himmel hervorhebt: „Hätte ich gedacht, als ich mir Wahlheim zum Zwekke meiner Spaziergänge wählte, daß es so nahe am Himmel läge!" (W 54) Im darauffolgenden Satz akzentuiert er dies erneut: „Wie oft habe ich das Jagdhaus, das nun alle meine Wünsche einschließt, auf meinen weiten Wandrungen bald vom Berge, bald in der Ebne über den Fluß gesehn." (W 54) Kurz danach erwähnt er ein drittes Mal seine besondere Beziehung für Erhebungen: „Es ist wunderbar, wie ich hierher kam und vom Hügel in das schöne Thal schaute, wie es mich rings umher anzog." (W 56) Hier lassen sich also gleich mehrere Textelemente auf engstem Raum wiederfinden, die auf Werthers Vorliebe für Anhöhen und damit zum Himmel (Jenseits) indizieren. Am Ende der überprononcierten Zurschaustellung dieser Vorliebe steht erneut der Wunsch sich in der

Natur auflösen zu wollen.[140] Ein ambivalentes Motiv, das – wie bereits erörtert – nicht nur auf Werthers Naturbegeisterung, sondern auch auf sein Verlangen zu sterben verweist. Dies wiederum belegt, dass das Todesbegehren in Werther weiter fortbesteht, obwohl die Bekanntschaft mit Lotte anfangs Glücksgefühle ausgelöst hat. Er wird von Passus zu Passus intensiver – und das obwohl der Konflikt zwischen ihm und Lotte durch Alberts Ankunft noch nicht seinen Höhepunkt erreicht hat. Das liegt daran, dass sich Werthers Destruktionstrieb unabhängig von äußeren Umständen entwickelt. Nicht Probleme nähren seine Entleibungsgedanken, es sind einzig und allein die suizidale Veranlagung und der daraus resultierende Lebenswiderwille, die ihn ganz allmählich aufzehren: „Und ach, wenn wir hinzueilen, wenn das Dort nun Hier wird, ist alles vor wie nach, und wir stehen in unserer Armuth, in unserer Eingeschränktheit, und unsere Seele lechzt nach entschlüpftem Labsale." (W 56) Der leidenschaftliche Gefühlsausbruch macht evident, wie sinnlos, restriktiv und abstoßend sich für den Helden das Sein erweist. Seinen inneren Frieden, sein Seelenheil würde ein solch unruhiger „Vagabund" nur „in seiner Hütte, an der Brust seiner Gattin, in dem Kreise seiner Kinder und der Geschäfte zu ihrer Erhaltung"[141] finden, einer Lebensalternative also, die sich ihm nicht bietet.

Von vorausdeutender Signifikanz ist der Anfang des Briefes vom 29. Juni. Detailliert beschreibt Goethe in diesem Abschnitt, wie der Neu-Wahlheimer mit Lottes Geschwistern spielt: „Vorgestern kam der Medikus hier aus der Stadt hinaus zum Amtmanne und fand mich auf der Erde unter Lottens Kindern, wie einige auf mir herumkrabelten, andere mich nekten und wie ich sie küzzelte, und ein grosses Geschrey mit ihnen verführte." (W 58) Wenn man diese Episode einzeln analysiert, könnte sie als Beleg für Werthers Kinderliebe gedeutet werden. Der Held sieht in den Kindern schließlich – ganz im Sinne Rousseaus – die reine, unverfälschte und unverdorbene Natur. Doch aus der Struktur des Textes

---

140 W 56: „Dort das Wäldchen! Ach könntest du dich in seine Schatten mischen! Dort die Spizze des Bergs! Ach könntest du von da die weite Gegend überschauen! Die in einander gekettete Hügel und vertrauliche Thäler! O könnte ich mich in ihnen verliehren!"
141 Ebd., 56.

ergibt sich auch eine andere Deutung: Die scheinbar beiläufig erwähnte Geschichte entpuppt sich – rückblickend betrachtet – als Antizipation der Schluss- beziehungsweise der Todesszene. Denn am Ende des Romans zeichnet Goethe ein beinahe identisches Bild. Nach Werthers Selbstmord eilen der Medikus, der Amtmann und dessen Sprösslinge zum Sterbenden. Wie einst in glücklichen Tagen beugen sich die Kinder über ihn, liebkosen ihn: „Seine ältsten Söhne kamen bald nach ihm zu Fusse, sie fielen neben dem Bette nieder im Ausdruk des unbändigsten Schmerzens, küßten ihm die Hände und den Mund, und der ältste, den er immer am meisten geliebt, hing an seinen Lippen, bis er verschieden war und man den Knaben mit Gewalt wegriß."(W 274)

In dramatischer Verdichtung wiederholt sich das Thema „Sterben" ab Anfang Juli. Die Art und Weise, wie Werther von seinem Herzen spricht, „das übler dran ist als manches, das auf dem Siechbette verschmachtet" (W 60), hat allegorischen Charakter. Im „Wörterbuch zu Goethes Werther" wird das „Siechbett" mit „Krankenlager eines Unheilbaren" übersetzt.[142] Der Held ist demnach einer, der von der „Krankheit zum Todte" gezeichnet und nicht mehr zu retten ist. Im Brief vom 1. Juli kommt auch das lange Leiden der Frau von M. zur Sprache, die „ihrem Ende naht" (am 6. Juli wird sie als die „sterbende Freundin" erwähnt, am 11. Juli als Frau, der man „das Leben abgesprochen hatte"), und das junger Leute, „die unvermuthet gestorben" sind. Durch die vielen moribunden Menschen um ihn herum beeinflusst, lässt sich Werther zu einem leidenschaftlichen Monolog über die üble Laune hinreißen. „Wir Menschen beklagen uns oft [...] daß der guten Tage so wenig sind, und der schlimmen so viel, und wie mich dün(k)t, meist mit Unrecht. Wenn wir immer ein offenes Herz hätten das Gute zu geniessen, das uns Gott für jeden Tag bereitet, wir würden alsdenn auch Kraft genug haben, das Uebel zu tragen, wenn es kommt." (W 64) Das Paradoxe daran ist, dass er, der Gefühlsmensch, der sich nur von seinem Herzen leiten lassen will, erstmals an den Verstand appelliert und wie ein vernunftorientierter

---

142 Wörterbuch zu Goethes Werther. Begründet von Erna Merker, Deutsche Akademie der Wissenschaften zu Berlin, Institut für deutsche Sprache und Literatur, Berlin 1966, S. 418 (im Folgenden abgekürzt: Wörterbuch zu Goethes Werther).

Mensch argumentiert. Doch sind seine Ausführungen nur theoretischer Natur und entsprechen naturgemäß nicht dem Charakter des Melancholikers. Es stellt sich also die Frage, warum er diese Rede hält. Vielleicht will er sich selbst von seinen Worten überzeugen. Es ist jedoch nur ein halbherziger Versuch. Denn er wird und will sich zu keinem Zeitpunkt daran halten. Werther lässt sich zwar zwischenzeitlich von seinem Kummer ablenken und für etwas anderes begeistern, er schwärmt etwa von der Natur, liebt Klopstock, himmelt Lotte an, doch können ihn diese Alternativen nicht dauerhaft erheitern oder zerstreuen. Denn er zieht es nie ernsthaft in Erwägung, das Übel, das in seinem Fall all die fehlgeschlagenen Hoffnungen und Enttäuschungen sind, zu ertragen. Dafür müsste er seinen allzu hohen Anspruch an sich selbst aufgeben. Er müsste Kompromisse eingehen, statt kompromisslos auf sein Selbstbestimmungsrecht als Individuum zu bestehen. Sein irdisches Leid zelebriert der Schwermütige stattdessen wie einen Kult. Lustvoll gibt er sich abwechselnd seinen enthusiastischen und lamoryanten Stimmungen hin.

„Du vermagst nichts auf deine Freunde, als ihnen ihre Freude zu lassen und ihr Glük zu vermehren, indem du es mit ihnen geniessest. Vermagst du, wenn ihre innre Seele von einer ängstigenden Leidenschaft gequält, vom Kummer zerrüttet ist, ihnen einen Tropfen Linderung zu geben?" (W 68) Werther richtet diese Worte zwar an Herrn Schmidt (Brief vom 1. Juli), in erster Linie aber spricht er von seiner eigenen Seele, die „von einer ängstigenden Leidenschaft gequält, vom Kummer zerrüttet ist". Er sieht voraus, dass er ein „untergehendes Geschöpf" ist, das bald „da liegt in dem erbärmlichen Ermatten, und das Aug gefühllos gen Himmel sieht" (W 68). Der Held nutzt das Gespräch, um der Amtmannstochter seine Ängste, seine Schwäche, seinen Existenzwiderwillen und das daraus resultierende Todesgefühl offen zu legen. Nichtsdestoweniger demonstriert diese Passage, dass er trotz tiefen Seelenschmerzes noch nicht in Apathie versunken ist: „Und wie sie mich auf dem Wege schalt, über den zu warmen Antheil an allem! und daß ich drüber zu Grunde gehen würde!" (W 68), beschreibt Werther Lottes Reaktion auf seine

Worte. Die sensible Freundin bemerkt die Gefahr, in der sich ihr Gegenüber befindet. „O der Engel! Um deinetwillen muß ich leben!" (W 68) Mit diesem Ausruf des Entzückens endet der Brief vom 1. Juli. Werther ist berührt über Lottes Sorge. Vielleicht möchte er sich mit der Hoffnung trösten, dass sie seine Worte verstanden hat und ihn retten wird, so wie sie anderen hilft. Damit ist sie ihm – für einen kurzen Augenblick zumindest – zur Heilerin und Heiligen geworden.[143]

Werther wird in den Briefen vom 1. Juli bis zum 13. Juli getragen von der Idee, in Lotte seine Seelenrettung gefunden zu haben. In dieser kurzen Zeit erlebt er Augenblicke höchsten Aufschwungs. Doch bereits am 16. Juli schlägt die Stimmung erneut um. Er schwankt scheinbar ohne Grund zwischen Lebensfreude und Herzschmerz. Die beiden unterschiedlichen Gefühle können oberflächlich gesehen auch als gängige Symptome einer unglücklichen Leidenschaft interpretiert werden. Doch folgt man dem Duktus dieser Interpretation, liegt der Schluss nahe, dass diese Veränderungen nur eines bedeuten können: Die suizidale Entwicklung des am Leben Leidenden schreitet auch ohne einen bestimmten Anlass fort.

Es fällt auf, dass sich die Beziehung zur Amtmannstochter parallel dazu ganz allmählich verändert. Während er zuvor die Anwesenheit seiner Angebeteten als Bereicherung empfunden hat, wirkt sich ihre Nähe nicht mehr ausschließlich beseelend auf ihn aus. In seinem anfangs begeisterten Ton über Lotte mischt sich nun auch der Schmerz: „O und ihre Unschuld, ihre unbefangene Seele fühlt nicht, wie sehr mich die kleinen Vertraulichkeiten peinigen." (W 76, 78) Die Verbindung zu ihr steht jetzt im Zusammenhang mit Kummer und Pein. Der Held versinkt erneut in Düsternis und so kehren die selbstvernichtenden Gedanken mit einer bis dahin nicht dagewesenen Vehemenz zurück. Am Ende des Briefes vom 16. Juli gesteht Werther seinem Freund Wilhelm, dass er sich „eine Kugel vor'n Kopf schiessen möchte" (W 78). Erstmals nehmen seine bisher theoretischen Selbstmordphantasien konkrete Züge an. Dieses Mal

---

143 W 70, 72: „Und als Lotte herauf kam, hätte ich mich gern vor ihr niedergeworfen wie vor einem Propheten, der die Schulden einer Nation weggeweiht hat."

malt er sich seinen Suizid exakt aus: Er will sich mit einer Pistole umbringen – so wie der Melancholiker am Ende tatsächlich aus dem Leben scheiden wird.

Dass der tragische Held trotz der Freundschaft mit Lotte weiter in seinem krankhaften Subjektivismus gefangen bleibt, wird unter anderem durch das erneute Herausstellen seiner „künstlerischen Impotenz"[144] (24. Juli) dokumentiert. Werther kann und will nicht zeichnen. Alle drei Versuche, seine Herzensdame zu porträtieren, schlagen fehl, und so muss er sich mit einem simplen Schattenriss zufrieden geben. Und auch die Ablehnung des Protagonisten zu arbeiten (20. Juli) ist ein Symptom seiner extremen Selbstfixierung. Denn das eigenwillige und nach Auto-nomie strebende Genie möchte sich nur mit sich selbst beschäftigen und lehnt aus diesem Grund jegliche Fremdbestimmung ab. Auch Lotte kann ihn demnach nicht positiv beeinflussen. Schlimmer noch: Sie steigert im Handlungsverlauf Werthers fortschreitendes Leid. Dass die Gewissheit darüber am Ende des Briefes vom 26. Juli vorhanden ist, wird im Gleichnis mit dem Magnetenberg erkennbar: „Meine Großmutter hatte ein Mährgen vom Magnetenberg. Die Schiffe die zu nahe kamen, wurden auf einmal alles Eisenwerks beraubt, die Nägel flogen dem Berge zu, und die armen Elenden scheiterten zwischen den übereinander stürzenden Brettern." (W 84) Werther diagnostiziert, dass er an Lotte wie „ein armer Elender" zugrunde gehen wird.

Werthers Hinwendung zu Lotte ist auch in einem psychoanalytischem Blickwinkel immer wieder beleuchtet worden. Es soll an dieser Stelle jedoch nur kurz auf eine Theorie eingegangen werden, die einen weiteren wichtigen Erklärungsansatz liefert, weshalb sich der Protagonist in die fürsorgliche junge Frau verliebt. Literaturpsychologische Studien zu Goethes Briefroman wie beispielsweise die von Elisabeth Auer, Gustav Hans Graber, Helmut Schmiedt und Peter Fischer interpretieren die Figur der Amtmannstochter als stellvertretende Mutter.[145] Als solche symbo-lisiert sie den Beginn und auch das Ende des Lebens, denn zu ihr kehrt

144 Marhold, Hartmut: Prometheus und Werther, in: Literatur in Wissenschaft und Unterricht, Band XVI, hg. v. Paul G. Buchloh / Dietrich Jäger / Horst Kruse / Peter Nicolaisen, Würzburg 1983, S. 97-108, S. 99.

alles Lebendige zurück.[146] Das inzestuöse Begehren ist demnach auch ein Sterbemotiv: Denn Werthers Verlangen, sich mit Lotte (Mutter) zu vereinen, ist der Wunsch, zum Ursprung heimzukehren – so wie ein Kind zurück in den Mutterschoß will. Sinnbildlich steht dies für Werthers Todessehnsucht.[147]

1.1.1.4 Selbsterkenntnis: „Adieu. Ich seh all dieses Elends kein Ende als das Grab"

„Albert ist angekommen, und ich werde gehen [...]." (W 84) Auf diese doppeldeutige Weise teilt Werther am 30. Juli die Ankunft des Rivalen mit. In diesem Satz greift der Autor das Motiv des Fortgehens aus dem Eingangspassus des Romans auf. Nachdem Werther seine alte Heimat verlassen und mit der Vergangenheit abgeschlossen hat, will er sich nun auch von seinem neuen Zufluchtsort abwenden. Das ist ebenfalls als ein Lebewohl auf Raten zu verstehen.

Mit dem Eintreffen des Verlobten potenziert sich Werthers innere Zerrissenheit. Allein Alberts Ausgeglichenheit konfrontiert ihn mit den eigenen Schwächen. „Seine gelassne Aussenseite, sticht gegen die Unru-he meines Charakters sehr lebhaft ab, die sich nicht verbergen läßt", (W 84) beklagt er am 30. Juli. Ziellos irrt er durch die Wälder und kann seine Gefühle vor Lotte kaum verheimlichen. Doch statt um die Liebste zu kämpfen oder sie aufzugeben, wie ihm Wilhelm rät, entscheidet er, sich „zwischen dem Entweder Oder durchzustehlen" (W 88). Mit Hilfe eines Bildes versucht er dem Freund zu erklären, in welch trostloser Lage er sich befindet: „Und kannst du von dem Unglüklichen, dessen Leben

145 Vgl. Auer, Elisabeth: „Selbstmord begehen zu wollen ist wie ein Gedicht zu schreiben". Eine psychoanalytische Studie zu Goethes Briefroman „Die Leiden des jungen Werther", Edsbruk 1999, S. 187-196. Graber, Gustav Hans: Goethes Werther. Versuch einer tiefenpsychologischen Pathographie, in: „Wie froh bin ich, daß ich weg bin!". Goethes Roman „Die Leiden des jungen Werther" in literaturpsychologischer Sicht, hg. v. Helmut Schmiedt, Würzburg 1989, S. 69-84, S. 73. Schmiedt, Helmut: Woran scheitert Werther?, in: „Wie froh bin ich, daß ich weg bin!". Goethes Roman „Die Leiden des jungen Werther" in literaturpsychologischer Sicht, hg. v. Helmut Schmiedt, Würzburg 1989, S. 147-172, S. 156-157. Fischer, Familienauftritte, S. 199.

146 Vgl. Eissler, K. R.: Goethe. Eine psychoanalytische Studie, 1775-1786, Band 2, München 1985, S. 994.

147 Vgl. auch Reinhart Meyer-Kalkus' Deutung einer Mutter-Imago, in: Meyer-Kalkus, Reinhart: Werthers Krankheit zum Tode. Pathologie und Familie in der Empfindsamkeit, in: „Wie froh bin ich, daß ich weg bin!". Goethes Roman „Die Leiden des jungen Werther" in literaturpsychologischer Sicht, hg. v. Helmut Schmiedt, Würzburg 1989, S. 85-146, S. 114.

unter einer schleichenden Krankheit unaufhaltsam allmählich abstirbt, kannst du von ihm verlangen, er solle durch einen Dolchstos der Quaal auf einmal ein Ende machen? Und raubt das Uebel, das ihm die Kräfte wegzehrt, ihm nicht auch zugleich den Muth, sich davon zu befreyen?" (W 88) Selbstanalytisch vergleicht Werther seinen Zustand mit einer unheilbaren, terminalen Krankheit. Warum er diesem Elend (noch) kein Ende setzt, darüber gibt er ebenfalls Auskunft: weil ihm in dieser Lebensphase (noch) der Mut dazu fehlt. Dieser Vergleich deckt erneut auf, dass die Selbsttötung stets Thema für ihn ist. Wie sehr ihn der Freitod beschäftigt, wird in der fulminanten Szene vom 12. August wieder offenkundig. Zuvor wartet der Text aber mit einem Sinnbild auf, das der atmosphärischen Ausgestaltung der folgenden Handlungen dient: „Ich gehe so neben ihm [d.i. Albert] hin, und pflükke Blumen am Wege, füge sie sehr sorgfältig in einen Straus und – werfe sie in den vorüberfliessenden Strohm, und sehe ihnen nach, wie sie leise hinunterwallen." (W 90) Die Allegorie der hinunterwallenden Blüten lohnt das nähere Hinsehen. Denn wie die „zwei Linden" wollen auch die Blumen als Todesboten gedeutet sein. Die Blüten stehen für das Leben. Sie sind in der Erde verwurzelt. Doch statt in prachtvoller Schönheit zu blühen, bis sie verwelken (sterben), werden sie gewaltsam abgebrochen und ins Wasser weggeworfen, wo sie dahinschwimmen, bis sie nicht mehr zu sehen sind. Werther wird damit sinnbildlich Zeuge seines eigenen, langsamen und schmerzvollen Dahinscheidens.

Mittels eines Geflechts aus düsteren Bildern und Selbstmordphantasien hat Goethe die perfekte Kulisse für den nächsten Schauplatz geschaffen, in dem die Selbstmordthematik ihren Höhepunkt erreicht. Der Autor bringt dies am 12. August im berühmten Streitgespräch zwischen Werther und Albert zum Ausdruck. Auf sechs Seiten arrangiert der Autor eine Szene voller Leidenschaft, aufbrausender Emotionen und Tragik. Die Atmosphäre, in der die beiden Männer agieren, ist gefühlsgeladen, man könnte sie gar als explosiv bezeichnen. Goethes Hauptfigur redet ununterbrochen, argumentiert, verteidigt, beteiligt sich erstmals lebhaft an einem Gespräch, als ob es dabei um Leben und Tod gehen würde. Und genau darum dreht sich alles – um Werthers „vorgeahnten Selbstmord".[148] Theatralisch und antizipatorisch spielt der Protagonist seine Selbstvernichtung vor, indem er sich die Mündung einer Pistole an die Stirn über sein rechtes Auge drückt. Hieraus entspinnt sich eine Diskussion über den Freitod, der die allgemeinen Moralvorstellungen der Epoche wiedergibt. Kontradiktorisch stehen sich Albert und Werther entgegen: Lottes Verlobter als Vertreter der aufklärerisch-vernünftigen Seite,[149] der sich vehement gegen die lasterhafte Handlung ausspricht, auf der einen, Werther, einen unerbittlichen Apologeten des Freitodes, auf der anderen Seite. Auch diesbezüglich unterscheidet sich Goethes Romanheld von seinen literarischen Vorgängern. In keinem Trauerspiel (ausgenommen Gleims Adaption von Lessings *Philotas*) findet sich solch eine übersteigerte Verteidigung der Selbsttötung wieder.[150] Werther aber legt voller Emphase seine unnachgiebige Position dar. Stolz spricht der Todesbegeisterte von seinen Leidenschaften, die dem Wahnsinn oft nahe gewesen sind. Stolz ist der Held vor allem deswegen, weil für ihn gerade solch tiefe Gefühle einen „ausserordentlichen Menschen" ausmachen. Für Albert aber ist der Freitod ein Zeichen von Schwäche. Werther versucht ihm dennoch die Beweggründe für den Selbstmord begreiflich zu machen. „Die menschliche Natur [...] hat ihre Gränzen, sie kann Freude, Leid, Schmerzen, bis auf einen gewissen Grad ertragen und geht zu Grunde, sobald der überstiegen ist." (W 98) Leidenschaftlich legt er seinem Gegenüber dar, was einen Menschen zur Selbstvernichtung bewegt. Dabei nutzt er erneut das Bild eines unheilbar Kranken: „Du giebst mir zu wir nennen das eine Krankheit zum Todte, wodurch die Natur so angegriffen wird, daß theils ihre Kräfte verzehrt, theils so ausser Würkung gesezt werden, daß sie sich nicht wieder aufzuhelfen, durch keine glükliche Revolution, den gewöhnlichen Umlauf des Lebens wieder herzustellen fähig ist." (W 98) Diese Erkrankung macht ihn

---

148 Feise, Ernst: Goethes Werther als nervöser Charakter, in: „Wie froh bin ich, daß ich weg bin!". Goethes Roman „Die Leiden des jungen Werther" in literaturpsychologischer Sicht, hg. v. Helmut Schmiedt, Würzburg 1989, S. 35-68, S. 58.
149 Buhr, Studien zum Freitod, S. 255.
150 Vgl. ebd., S. 267: „Kein Protagonist hält eine apologetische Rede für das Recht auf freie Selbstverfügung mittels des Freitodes: Allenfalls wird kurz die Tat abgewägt, ohne dessen moralische Implikationen [...] breiter zu referieren."

lethargisch und unempfänglich für Reize von außen und treibt den Depressiven unaufhaltsam in die Katastrophe. Darüber ist sich auch Werther nun bewusst. Daher gleicht sein Monolog über und für den Suizid einer Selbstanalyse, der er sich unterzieht und die letztendlich zur Selbsterkenntnis führt. Der Unglückliche hat nun einen Namen für seine Seelenqualen gefunden: die Krankheit zum Tode, die jedoch nicht erst jetzt, wie beispielsweise Klaus. F. Gille[151] behauptet, zum Ausbruch gekommen ist.

Es ist eine Krankheit, die von stetig wachsender Todessehnsucht geprägt ist und unabwendbar ins Grab führt. Das hat der Held bis zu diesem Zeitpunkt zwar stets geahnt, doch jetzt ist es für ihn traurige Gewissheit geworden. Angesichts dieser Selbsterkenntnis schwingt er sich zu einem ekstatischen Plädoyer auf. Der Unglückliche wird nicht müde vom freiwilligen Sterben zu sprechen.[152] Im Crescendo der Leidenschaft offenbart sich Werthers Faszination für den Suizid. In diesem Zusammenhang erzählt er die Geschichte eines jungen Mädchens, das sich aus enttäuschter Liebe umbringt. Auffällig dabei ist, wie mitfühlend er über sie und ihren Zustand spricht.[153] Dass die Unglückliche keine andere Alternative als die des Sterbens gewählt hat, ist für den tragischen Helden nur logische Konsequenz.[154] Er berichtet enthusiastisch über die Seelenverwandte, das spiegelt sich auch in seiner Sprache wider. Der Protagonist benutzt lange, verschachtelte Sätze, die voller Emotionen, Begeisterung und Poesie sind. Der Held solidarisiert sich mit der Suizidentin. Für Günter Niggl geht diese übersteigerte Identifikation mit der Selbstmörderin sogar so weit, dass er zu dem Schluss kommt, dass

---

151 Gille, Klaus F.: Zwischen Kulturrevolution und Nationalliteratur. Gesammelte Aufsätze zu Goethe und seiner Zeit, Berlin 1998, S. 18.
152 W 98: „Sieh den Menschen an in seiner Eingeschränktheit, wie Eindrükke auf ihn würken, Ideen sich bey ihm fest sezzen, bis endlich eine wachsende Leidenschaft ihn aller ruhigen Sinneskraft beraubt, und ihn zu Grunde richtet."
153 Ebd., S. 102: „Erstarrt; ohne Sinn [...] alles ist Finsterniß um sie her; keine Aussicht, kein Trost, keine Ahndung [...] sie fühlt sich allein, verlassen von aller Welt, – und blind, in die Enge gepreßt von der entsezlichen Noth ihres Herzens stürzt sie sich hinunter, um in einem rings umfangenen Tode alle ihre Quaalen zu erstikken."
154 Ebd., S. 102: „Sieh, Albert, das ist die Geschichte so manches Menschen, und sag, ist das nicht der Fall der Krankheit? Die Natur findet keinen Ausweg aus dem Labyrinthe der verworrenen und widersprechenden Kräfte, und der Mensch muß sterben."

60

sie Werthers Phantasie entsprungen ist.[155] Andere hingegen wie beispielsweise Ernst Beutler deuten das tragische Ende der Verzweifelten als Vorwegnahme des Werther'schen Schicksals.[156] Doch Niggls und Beutlers Thesen müssen sich nicht unbedingt gegenseitig ausschließen. Denn die Geschichte könnte von Werther tatsächlich erfunden worden sein, um seine innerseelischen Qualen sowie sein suizidales Verlangen zu exponieren, dessen ungeachtet antizipiert diese Erzählung sein Ende.

Defätistisch stellt sich Goethes Held am 22. August seinem tristen Dasein. Zutiefst unglücklich stimmt ihn die Tatsache, dass ihm die innere Unruhe zum Nichtstun verdammt. Er erfreut sich weder an der Natur, noch an der Literatur. Werther ist hoffnungslos, ohne Perspektive. Für einen kurzen Moment glaubt er zwar, dass ihn die Ausübung eines Amtes bei einem Gesandten retten könnte. In diesem Zusammenhang fällt ihm die Fabel vom Pferd ein, „das, seiner Freyheit ungedultig, sich Sattel und Zeug auflegen läßt, und zu Schanden geritten wird" (W 110). Hierin zeigt sich erneut die Frustration des Protagonisten über die gesellschaftlichen Verhältnisse und Regeln, nach denen sich die Menschen einer Arbeit unterordnen müssen und gerade dadurch an der ungehemmten Entfaltung ihrer Persönlichkeit behindert werden. Auch sein Widerwille gegen den Adel, in dessen Kreisen er durch seinen Beruf hineingezwängt werden würde, tritt damit zum Vorschein. Denn er verabscheut – als typischer Sturm-und-Drang-Vertreter – den Snobismus der Aristokratie zutiefst.

Aus all diesen Gründen verwirft Werther (zunächst) den Gedanken, zu arbeiten, weil er sich dadurch eingeengt fühlen würde und weil er weiß, dass auch dies nicht zum erhofften Glück führen wird: „Ist nicht vielleicht das Sehnen in mir nach Veränderung des Zustands eine innre unbehagliche Ungedult, die mich überall hin verfolgen wird?" (W 110) Im Zuge seiner Selbstanalyse begreift er, dass ihn weder ein Ortswechsel noch irgendetwas anderes retten kann. Mit der selbstkritischen Einsicht

155 Niggl, Günter: Erzählspiegel in Goethes Werther, in: Exempla. Studien zur Bedeutung und Funktion exemplarischen Erzählens, hg. v. Bernd Engler / Kurt Müller, Berlin 1995, S. 199-214, S. 201.
156 Beutler, Ernst: Wertherfragen, in: Goethes „Werther". Kritik und Forschung, hg. v. Hans Peter Herrmann, Band 607, Darmstadt 1994, S. 102-127, S. 109.

verengt sich Werthers Leben zu einem quälenden Gefängnis. Schließlich weiß er nun, worauf alles hinausläuft. Da ist nur noch Lotte, an die er sich krankhaft klammert. Am 28. August, seinem Geburtstag, bringt er ein weiteres Mal zu Papier, wie ausweglos seine Situation und dass seine Krankheit nicht zu heilen ist. Doch spricht nicht Verzweiflung aus seinen Zeilen. Werther scheint – seiner selbststrafenden Tendenz entsprechend – den Schmerz der Aussichts- und Perspektivlosigkeit regelrecht auszukosten. Er kultiviert seine innerseelischen Qualen. Von symbolischem Charakter ist das Geschenk, das er an seinem Ehrentag erhält: Lottes blassrote Schleifen. Wie wertvolle Reliquien liebkost er die Bänder. Dieser Akt hat etwas Zeremonielles, so als ob Werther mit Küssen seine Entscheidung besiegeln möchte: Er will mit der Vergangenheit beziehungsweise mit dem Leben abschließen und den Bund mit dem Tod eingehen.[157]

Parallel zu dieser Erkenntnis wächst seine übersteigerte Fixierung auf Lotte, die seinen Abstieg beschleunigt. Ruhelos wirkt er im Brief vom 30. August. Sein Herz pocht in „wilden Schlägen". Er ist verwirrt, weint viel. Nervosität treibt ihn immerzu fort in die Weite. Wie ein gehetztes Tier rennt er durch die Nacht, klettert auf Berge. Linderung verschafft ihm in diesen Momenten wieder einmal nur die Selbstverletzung. Diese autodestruktiven Handlungen sind nicht nur ein Beleg für seine masochistische Neigung, sie sind ebenfalls als ein Freitodversuch im weitesten Sinne zu deuten. Am Ende dieser selbstkritischen Phase fasst Werther noch einmal zusammen, wohin es ihn unaufhaltsam treibt: „Adieu. Ich seh all dieses Elends kein Ende als das Grab."(W 114)

1.1.1.5 Generalprobe vor dem Finale: „Das war eine Nacht! Wilhelm, nun übersteh ich alles"

„Ich muß fort!" (W 116), verkündet der verzweifelte Held am 3. September. Wieder läutet Goethe eine neue Lebensphase mit dem Motiv des

---

157 W 112: „Ich küsse diese Schleife tausendmal, und mit jedem Athemzuge schlürfe ich die Erinnerung jener Seligkeiten ein, mit denen mich jene wenige, glückliche, unwiederbringliche Tage überfüllten. Wilhelm, es ist so, und ich murre nicht, die Blüthen des Lebens sind nur Erscheinungen! wie viele gehn vorüber, ohne eine Spur hinter sich zu lassen, wie wenige sezzen Frucht an, und wie wenige dieser Früchte werden reif."

Fortwollens an. Die Tatsache, dass der Autor seinen Protagonisten diese Ankündigung in dem nur aus sechs Sätzen bestehenden Brief insgesamt drei Mal wiederholen lässt, legt den Schluss nahe, dass es ihm um mehr geht, als nur Werthers Abschied aus Wahlheim darzustellen.

Vordergründig steht der Umzug in eine andere Stadt an, in der Werther doch noch den Gesandtschaftsdienst antreten will. Damit verstößt er gegen seine eigenen Prinzipien, denen zufolge er sich durch keinerlei ökonomische Leistungen für die Gesellschaft in seiner Persönlichkeitsentwicklung behindern lassen will. Doch bisher hat der Held keinen Bereich gefunden, in dem er sich in schöpferischer Weise hat verwirklichen können – nicht einmal in der Liebe. Er ist also im übertragenen Sinne immer noch ein Ortloser und so gibt er in der Hoffnung, doch irgendwo heimisch zu werden, die Aufsässigkeit gegen das Erwerbsleben auf. Goethe „verschreibt" seinem schwermütigen Helden damit also – wie zu jener Zeit üblich, um Betroffene von der Melancholie zu heilen – einen Ortswechsel, eine Reise, Produktivität und gesellschaftliche Einbeziehung in und durch den Gesandtschaftsdienst.

Aber hinter Werthers Entschluss, Wahlheim zu verlassen, verbirgt sich auch eine andere Motivation. Es fällt auf, dass er die Szene vom 10. September – obwohl der Rastlose zurückkehren wird – wie ein endgültiges Lebwohl konstruiert hat. Werthers Sprache klingt definitiv, ohne Hoffnung auf eine weitere Begegnung mit der Liebsten. „Ich werde sie nicht wiedersehn. [...] Ach sie schläft ruhig und denkt nicht, daß sie mich nie wieder sehen wird. Ich habe mich losgerissen, bin stark genug gewesen, in einem Gespräche von zwey Stunden mein Vorhaben nicht zu verrathen." (W 116) Mit seinem „Vorhaben" meint Werther in diesem Fall zwar den bevorstehenden Ortswechsel, doch haftet diesem Abschied – wenn der Text rückblickend betrachtet wird – auch etwas Doppeldeutiges an. Ein Blick auf den Romanausgang zeigt, dass diese erste und die letzte Abschiedsszene ähnlich arrangiert sind. Als der Held Lotte tatsächlich zum letzten Mal trifft, sagt er sich von ihr los, ohne seine Selbstmord-Absicht („Vorhaben") zu verraten. Die Episode vom

10. September kann deswegen als Antizipation des suizidalen Finale gedeutet werden. Werther führt mit der Abreise zum Gesandten sozusagen eine Generalprobe vor der „Premiere" durch, um sicher zu gehen, dass er auch stark genug für den schwersten Gang seines Lebens sein wird. Bekräftigt wird diese These durch den Eingangssatz im Brief des 10. September: „Das war eine Nacht! Wilhelm, nun übersteh ich alles." (W 116) Nachdem der Protagonist also durch die Hölle des „inszenierten Abschied-Nehmens" gegangen ist, fürchtet er sich nicht mehr vor der Zukunft.

Die vorerst letzte Begegnung zwischen dem jungen Helden und Lotte findet im einst so geliebten Garten statt. Viele Werther-Forscher kommen erst jetzt explizit auf die Ambivalenz dieses Ortes zu sprechen: Der Platz habe seine Kulisse geändert, er sei nun mit einem Friedhof vergleichbar und weise alle Merkmale eines Grabes auf, interpretiert etwa Friedhelm Marx.[158] Dieser Interpretation kann ich mich nur zum Teil anschließen. Richtig ist, dass die düsteren Elemente des Gartens nun offensichtlicher als zu Beginn akzentuiert werden. Im Kapitel „Erstes Abschied nehmen" ist schließlich belegt worden, dass Goethe die Darstellung der paradies-ähnlichen Landschaft von Anfang an dazu genutzt hat, um auf die Todessehnsucht seines Protagonisten zu verweisen. Diese Anspielungen haben sich im Brief vom 10. September lediglich konkretisiert und verdichtet. Gelungen ist das dem Autor dadurch, dass er den Helden seine Umwelt nun nuancierter wahrnehmen lässt. Der Leser kennt den Garten zwar seit der ersten Seite des Romans, an dieser Stelle aber erhält er von Werther eine detailliertere Beschreibung.[159] Erstmals betont der Held dezidiert das Gewaltige der schattenwerfenden Bäumen, die Finsternis des Waldes und das Schaurige des Platzes.

Es wird allmählich dunkel, als sich Werther, Lotte und Albert begegnen; der Mond geht hinter dem buschigen Hügel auf, bis die Freunde von

---

158 Marx, Erlesene Helden, S. 119.

159 W 116, 118: „Erst hast du zwischen den Castanienbäumen die weite Aussicht – Ach ich erinnere mich, ich habe dir, denk ich, schon viel geschrieben davon, wie hohe Buchenwände einen endlich einschliessen und durch ein daran stoßendes Bosquett die Allee immer düstrer wird, bis zuletzt alles sich in ein geschlossenes Plätzgen endigt, das alle Schauer der Einsamkeit umschweben."

tiefer Düsternis eingeschlossen werden. Das Dämmerungsmotiv verleiht der unheilschwangeren Atmosphäre mehr Kraft.[160] Es herrscht absolute Stille. Kein Ton dringt zu den Freunden durch. Sowohl die Gesten und Gespräche als auch die Requisiten dieser Szene sind von symbolträchtigem Charakter. So leitet sie der kurze gemeinsame Spaziergang geradewegs zum verfallenen Kabinett, wo die drei Platz nehmen. Der tragische Held ist aufgewühlt, geht unruhig umher. Er befindet sich zudem in einem ängstlichen Zustand. Das Gespräch zwischen Lotte und Werther wird von schweren Themen beherrscht. Angeregt durch diese bedrückende Stimmung, beginnt die Amtmannstochter ein Gespräch über das Sterben und das Jenseits. In diesem Zusammenhang stellt sie dem Protagonisten eine Frage, die der Verzweifelte nur missverstehen kann: „Werther, sollen wir uns wieder finden? und wieder erkennen? Was ahnden sie, was sagen sie?" (W 118) Er, der sich schon lange mit Todesgedanken trägt, lässt sich daraufhin zu einem euphorischen Versprechen hinreißen: „Wir werden uns wieder sehn! Hier und dort wieder sehn!" (W 118) Die Unterhaltung setzt sich in diesem Duktus weiter fort. En Detail berichtet Lotte dem verliebten Jüngling vom Dahinscheiden ihrer Mutter und vom großen Kummer, der ihr Verlust ausgelöst hat. Der Abschied fällt unter diesen Voraussetzungen doppelt schwer. Als sich Lotte von Werther regelrecht losreißen muss, wiederholt der Unglückliche nochmals sein Versprechen. „Wir werden uns wiedersehn [...] wir werden uns finden, unter allen Gestalten werden wir uns erkennen." (W 124) Auch an dieser Stelle erweist sich der Protagonist als Urbild des todesfreudigen Melancholikers, der sich von der Vorstellung berauschen lässt, im Jenseits auf verstorbene Verwandte und Freunde zu treffen. Es zeigt aber auch, wie egozentrisch Goethes Held ist, weil er alles auf sich selbst bezieht.

Die Szene endet mit theatralischer Tragik: Wehmütig lässt Goethe seinen Helden der von dannen ziehenden Lotte hinterherschauen, um ihn dann völlig aufgelöst und weinend auf den Boden sinken zu lassen. Der

---

160 Daemmrich, Themen und Motive, S. 81: „Die Dämmerung beeinflußt den Orientierungssinn des Subjekts (Erzähler, Beobachter). Flächenmerkmale verfließen und der Abstand zum Entfernten nimmt ab. Daher kann das Fernliegende, sei es Alter oder Tod, unmittelbar zur Erfahrung werden."

Protagonist streckt sich auf die kalte Erde nieder – eine symbolische Handlung, die Werthers Tod vorwegnehmen soll. Er stirbt, nachdem er sich von der Liebsten verabschiedet hat. Damit hat er in seiner General-probe all das erlebt, was folgen wird.

1.1.1.6 Verlust der Daseinsberechtigung: „Wie ausgetroknet meine Sinnen werden, nicht Einen Augenblick der Fülle des Herzens"

Die Zeit fernab von Lotte und Wahlheim (ab dem 20. Oktober) ist wichtig für das Verständnis der Titelfigur, weil der Autor diesen Lebens-abschnitt zur ostentativen Zurschaustellung der Werther'schen Krankheit einsetzt. Er will den Helden losgelöst von seinem vermeintlichen Problem der unglücklichen Liebe vorstellen. Denn jetzt, da sich seine Welt nicht mehr nur um Lotte dreht, zeigt sich die ganze Bandbreite seiner emotional labilen Persönlichkeit. Es wird mit aller Deutlichkeit darauf hingewiesen, dass Werthers Lebensuntüchtigkeit und sein menschliches Scheitern völlig unabhängig von der Amtmannstochter sind.

Das Leiden des Protagonisten setzt sich bereits kurz nach der Ankunft in der neuen Heimat weiter fort. Sehr früh zeichnet sich ab, dass auch diese neue Lebensphase unter keinem guten Stern steht.[161] Er beklagt, wie so oft in der Vergangenheit, dass ihm seine Begabungen nicht zu Quellen des Glücks werden, sondern ihn aufzehren. Wieder hebt Goethe damit den Gefühlsüberschwang seines Helden hervor. Es ist ein destruktiver Überreichtum seiner seelischen Eindrücke, die nicht zu erhofftem schöpferischen Künstlertum beflügeln, sondern zur Tatenlosigkeit verdammen: „Was! Da wo andre, mit ihrem Bißgen Kraft und Talent, vor mir in behaglicher Selbstgefälligkeit herum schwadroniren, verzweifl' ich an meiner Kraft, an meinen Gaben." (W 126) Vergeblich sucht er nach einer Ablenkung. Für einen kurzen Zeitraum macht er sich vor,

---

161 W 126: „Ich merke, ich merke, das Schiksal hat mir harte Prüfungen zugedacht", resümiert der Empfindsame am 20. Oktober. „O ein Bißgen leichteres Blut würde mich zum glüklichsten Menschen unter der Sonne machen."

Zerstreuung brächte ihm Erleichterung.[162] Doch schon zwei Monate später, am 24. Dezember, schlägt seine scheinbar hoffnungsvolle Gestimmtheit wieder um. Alles um Werther versinkt erneut in eine Welt voll Trauer, Melancholie und Todesahnungen. An Heiligabend bringt er seinen Schmerz zu Papier. Angewidert berichtet er von seinem Vorgesetzten, für den er tiefe Verachtung empfindet, weil er all das verkörpert, was Werther ohnehin ablehnt: Der penible Gesandte ist aus seiner Sicht ein Vernunftmensch ohne eigene Identität und der Inbegriff für Spießigkeit und geistlose Pedanterie. Werthers Abscheu richtet sich auch gegen seine neue Stellung, in der sich der Protagonist wie ein Gefangener „auf der Galeere" fühlt, und gegen den Hochmut seiner Mitmenschen: „Und das glänzende Elend die Langeweile unter dem garstigen Volke das sich hier neben einander sieht. Die Rangsucht unter ihnen, wie sie nur wachen und aufpassen, einander ein Schrittgen abzugewinnen, die elendesten erbärmlichsten Leidenschaften, ganz ohne Rökgen!" (W 132) Im Brief vom 8. Januar kritisiert er nochmals den Adel aufs Schärfste. Als typischer Vertreter des Sturm und Drang gibt er deutlich zu verstehen, wie verachtenswert für ihn die Welt der Aristokratie, die Etikette bei Hofe und die damit verbundenen Konventionen sind. Er, der als autonomes Subjekt stets mit den erstarrten Standesschranken in Konflikt geraten ist, sprengt auch in dieser Lebensphase alle Regeln der Sozialität, weil er sich mit seinen überspannten Ideen nicht anpassen kann und will. Somit wird der schwärmerische Gefühlsmensch erneut zum Außenseiter, der sich selbst den Weg ins Leben verweigert und damit zum Scheitern verurteilt ist.

Angesichts dieser Erkenntnis, dass er auch beim Gesandten nicht zur ersehnten Selbstverwirklichung hat gelangen können, hat er am 20. Januar das Bedürfnis, sich Lotte mitzuteilen. Vor ihr breitet er das ganze Ausmaß seines Elends aus. „Wie ausgetroknet meine Sinnen werden, nicht Einen Augenblick der Fülle des Herzens, nicht Eine selige thränenreiche Stunde. Nichts! Nichts!" (W 136) Er vergleicht sich mit

---

162 Ebd., S. 126: „Seit ich unter dem Volke so alle Tage herumgetrieben werde, und sehe was sie thun und wie sie's treiben, steh ich viel besser mit mir selbst."

einer Marionette, die fremdgesteuert wird und willenlos ist. Nichts bereitet ihm mehr Freude, er nimmt an nichts mehr Anteil. Der Unglückliche wirkt apathischer, hoffnungs- und perspektivloser denn je. Der Brief vom 20. Februar markiert den Höhepunkt dieser depressiven Phase. Werther erfährt von Lottes Hochzeit – und sieht sich nach der fehlgeschlagenen Gesandtschaftskarriere nun auch endgültig in der Liebe als Gescheiterten. Diese beiden Niederlagen treiben ihn dazu an, ein weiteres Mal alle Brücken hinter sich abzubrechen. Kurzerhand kündigt er. Auch die Beziehungen zum Grafen von C. und dem jungen Fräulein von B. werden abgebrochen. Er fühlt sich von ihnen hintergangen. Diese beiden missglückten Freundschaften runden das triste Kapitel der Gesandtschaftsepisode ab. Der Protagonist steht nun ohne Arbeit, ohne Freunde, ohne Lotte da. Er hat aus seiner eigenen Sicht jegliche Daseinsberechtigung verloren und so bündeln sich all diese Frustrationen wieder zu einem einzigen Wunsch: zu sterben.

Am 15. März verspürt er das Verlangen, sich ein Messer ins Herz bohren zu wollen. Nur einen Tag später gesteht er Wilhelm, dass er schon hundertmal zu einem Messer gegriffen habe, um seinem „gedrängten Herzen Luft zu machen". Ein Gleichnis soll dem Freund veranschaulichen, wie sehr er sich nach dem Tod sehnt: „Man erzählt von einer edlen Art Pferde, die, wenn sie schröklich erhizt und aufgejagt sind, sich selbst aus Instinkt eine Ader aufbeissen, um sich zum Athem zu helfen. So ist mir's oft, ich möchte mir eine Ader öfnen, die mir die ewige Freyheit schaffte." (W 150) Das Wort „Freyheit" will an dieser Stelle in seiner ganzen semantischen Ausdehnung und im Sinne des Sturm und Drangs verstanden werden: Freiheit bedeutet das Fehlen von Zwängen, Regeln und Konventionen. Es beinhaltet, den Anspruch des empfindsamen Individuums auf Selbstbestimmung, Unabhängigkeit und auf eine autonome Entwicklung. Es verweist auf das leidenschaftliche Streben des Genies nach absoluter Freiheit des Herzens und des Gefühls (emotio statt ratio). In letzter Konsequenz impliziert Freiheit auch das Recht auf Selbsttötung. Durch den Tod erhofft sich Werther also, zur langersehnten Freiheit zu gelangen, die ihn von allen irdischen Fesseln erlöst.

1.1.1.7 Schmerzhafte Konfrontation mit der Vergangenheit: „Jezt kam ich zurük aus der weiten Welt – O mein Freund, mit wie viel fehlgeschlagenen Hofnungen, mit wie viel zerstörten Planen"

„Morgen geh ich von hier ab [...]." (W 152) Mit dem Motiv des Fortgehens endet die Etappe beim Gesandten und damit beginnt am 5. Mai Werthers „Ausflug" in die Vergangenheit. Dem Besuch seiner alten Heimat misst Goethe eine besondere Bedeutung zu. Das kennzeichnet er dadurch, dass er den Protagonisten von der Reise als „Wallfahrt" sprechen lässt, die er, Werther, „mit aller Andacht eines Pilgrims" (W 152) angetreten ist. Der Rückblick in die Kindheit ist vom Autor deswegen in den Text eingebaut worden, weil er Aufschluss über den Ursprung der Werther'schen Leiden gibt. Diese für die Gesamtinterpretation so wichtige Passage liefert den Beweis, dass das Verhalten des tragischen Helden schon seit frühester Kindheit von der Todessehnsucht bestimmt worden ist und dass seine Krankheit nicht erst mit dem Romananfang beginnt – wie beispielsweise Heiko Buhr konstatiert. Seiner Meinung nach hat Werther „den gesunden Zustand [...] in einer vor dem Romangeschehen liegenden Zeit durchlebt, nämlich mit seiner Jugendfreundin, bei der er alle seine Kräfte entfalten konnte".[163]

Von allegorischem Charakter ist der Platz, an dem Werther in der alten Heimat als erstes Halt macht: „Da stand ich nun unter der Linde, die ehedessen als Knabe das Ziel und die Gränze meiner Spaziergänge gewesen." (W 152) Der Autor setzt diese Symbolik ein, um zu zeigen, dass der Protagonist bereits als kleiner Junge eine besondere Beziehung zu eben jenem Baum gepflegt hat, der innerhalb des Handlungsgerüstes immer wieder als Todesbote fungiert. Die magische Anziehungskraft, die die Linde auf den Knaben ausübte, soll den Leser auf die Todessehnsucht aufmerksam machen. Dies wird durch Werthers Vorliebe für Anhöhen nochmals bekräftigt: „Ich sah das Gebürge vor mir liegen, das so tausendmal der Gegenstand meiner Wünsche gewesen war." Goethes

163 Buhr, Studien zum Freitod, S. 255.

Held sucht häufig die Nähe zum Himmel. Hier fühlt er sich wohl. Hier kann er seinen Gedanken nachgehen, in denen schon zu diesem Zeitpunkt der Wunsch, sich in der Natur auflösen zu wollen, eine große Rolle spielt: „Stundenlang konnte ich hier sizzen, und mich hinüber sehnen, mit inniger Seele mich in denen Wäldern, denen Thälern verliehren, die sich meinen Augen so freundlich dämmernd darstellten – und wenn ich denn nun die bestimmte Zeit wieder zurük mußte, mit welchem Widerwillen verließ ich nicht den lieben Plaz!" (W 154) Die Natur ist das Einzige, das ihm ein Gefühl von Freiheit vermittelt. Doch wie zu Romanbeginn mischen sich auch hier in das schöne Bild der Natur dunkle Töne. Die Begeisterung über die Schönheiten der Landschaften wird überschattet vom latenten Todestrieb und dem Lebensekel, der ihm die Rückkehr aus der Einsamkeit in den Alltag erschwert. Die zitierten Textpassagen belegen seine destruktive Disposition ebenso wie die Rastlosigkeit, die innere Zerrissenheit und Leere, unter denen Werther schon sehr früh gelitten hat. Diese Symptome verweisen zudem auf das melancholische Gemüt des jungen Werther. „Ich erinnerte mich der Unruhe, der Thränen, der Dumpfheit des Sinnes, der Herzensangst, die ich in dem Loche [d.i. Schule] ausgestanden hatte" (W 154), beschreibt der Held seine damalige Gefühlslage. Emotionales Chaos, Schwermut und Ängste haben seinen Alltag seit jeher bestimmt und ihm das Leben nur schwer erträglich gemacht. Dadurch hat sich das empfindungsmächtige Subjekt stets ausgegrenzt und nie zur Gesellschaft dazugehörig gefühlt. All diese Emotionen machen in ihrer exponierten Eskalation später seinen Untergang aus.

Als Knabe aber ist ihm – trotz aller negativen Vorzeichen – noch die Hoffnung auf eine bessere Zukunft geblieben: „Damals sehnt ich mich in glüklicher Unwissenheit hinaus in die unbekannte Welt, wo ich für mein Herz alle die Nahrung, alle den Genuß hoffte, dessen Ermangeln ich so oft in meinem Busen fühlte." (W 152) Um so schmerzhafter trifft ihn nun die bittere Wahrheit. Zurück zum Ausgangspunkt des Leidens, muss er feststellen, dass er in jederlei Hinsicht gescheitert ist: „Jezt kam ich zurük aus der weiten Welt – O mein Freund, mit wie viel fehlgeschlagenen

Hofnungen, mit wie viel zerstörten Planen!" (W 152, 154) Die Konfrontation der Vergangenheit mit der Gegenwart hat ihm dies mit schonungsloser Brutalität noch einmal vor Augen geführt.

1.1.1.8 Emotionaler Selbstmord: „Und das Herz ist jezo todt"

Verzweifelt verlässt Werther den Gesandten. Eine Zeitlang irrt er ohne Perspektive herum, überlegt sogar, in den Krieg zu ziehen (25. Mai). Klaus Müller-Salgets legt diese Überlegung als eine „Variante der Selbstvernichtung" aus.[164] Derzufolge ist es Werthers Todestrieb zuzuschreiben, im Kampf fallen zu wollen. Doch der Held verwirft diesen Plan. Er entscheidet sich gegen einen überstürzten Tod. Sein letzter Gang soll wohl überlegt sein und so kehrt er erneut nach Wahlheim zurück.

Der endgültige Entschluss zu sterben, geht mit einer unübersehbaren Wesensveränderung einher. Werther hat seinen Homer gegen die dunklen Verse Ossians eingetauscht (12. Oktober 1772). Der Held verschließt sich nun endgültig der Welt. Selbst die Plätze, an denen er einst glücklich gewesen ist, können in ihm nichts mehr bewegen.[165] Am 19. Oktober beklagt er die „entsezliche Lükke", die er in seinem Herzen fühlt. Goethe zieht einen Vergleich heran, um die innere Leere des Protagonisten zu veranschaulichen: „Mir [d.i. Werther] ist's, wie's einem Geiste seyn müßte, der in das versengte verstörte Schloß zurückkehrte, das er als blühender Fürst einst gebaut und mit allen Gaben der Herrlichkeit ausgestattet, sterbend seinem geliebten Sohne hoffnungsvoll hinterlassen." (W 162) Werther fühlt sich wie ein Geist, wie ein Toter, aus dem jegliches Leben gewichen ist. Auf emotionaler Ebene ist er längst gestorben.

---

164 Müller-Salget, Struktur von Goethes Werther, S. 331. Vgl. auch Renner, Karl R.: „ ... laß das Büchlein deinen Freund seyn". Goethes Roman Die Leiden des jungen Werthers und die Diätetik der Aufklärung, in: Zur Sozialgeschichte der deutschen Literatur von der Aufklärung bis zur Jahrhundertwende, hg. v. Günter Häntzschel / John Ormrod / Karl. N. Renner, Tübingen 1985, S. 1-20, S. 12. Vgl. auch Valk, Poetische Pathographie, S. 19.

165 W 162 : „Alles, alles ist vorüber gegangen! Kein Wink der vorigen Welt, kein Pulsschlag meines damaligen Gefühls."

Die nächsten Briefe dokumentieren nicht nur den Lebensüberdruss des Protagonisten[166], sondern gehen immer konkreter auf dessen Todesphantasien ein. Ein Gespräch über das Sterben zwischen Lotte und einer Freundin wird in einer düsteren Ausmalung zum vorausdeutenden Element. Werther hört, wie die Frauen über den Tod zweier Bekannter sprechen. Da drängt sich ihm der Gedanke seines eigenen Ablebens auf. Sein extremer und realitätsabgewandter Subjektivismus verleitet ihn zu narzisstischen Reflexionen: Er stellt sich vor, wie Lotte und Albert auf seinen Tod reagieren würden. Er versucht vorzuempfinden, wie sein Dahinscheiden auf andere wirken könnte. Dadurch minimiert sich der Schrecken vor der Tat, und er freundet sich immer mehr mit dieser Idee an. So wird der Schrei nach Selbstauslöschung von Brief zu Brief immer lauter. Am 27. Oktober eröffnet der vom Leben Enttäuschte den Brief mit dem Verlangen nach Erlösung: „Ich möchte mir oft die Brust zerreissen und das Gehirn einstoßen, daß man einander so wenig seyn kann." (W 178) Auch das übernächste Dokument (3. November) setzt mit dem Wunsch zu sterben ein: „Weis Gott, ich lege mich so oft zu Bette mit dem Wunsche, ja manchmal mit der Hofnung, nicht wieder zu erwachen, und Morgens schlag ich die Augen auf, sehe die Sonne wieder, und bin elend." (W 180) Werther lebt nur noch, weil er hofft, das Schicksal nähme ihm die Verantwortung ab, sich selbst zu richten. Er, der auf emotionaler Ebene längst vom irdischen Leben Abschied genommen hat, sehnt sich jetzt nach körperlicher Vernichtung.

Textpassagen, die die These des emotionalen Selbstmords untermauern, finden sich im Brief vom 3. November mehrfach. Hierin spricht Werther explizit von seinem toten Herz: „Und das Herz ist jezo todt, aus ihm fließen keine Entzükkungen mehr, meine Augen sind trokken, und meine Sinnen, die nicht mehr von erquikkenden Thränen gelabt werden, ziehen ängstlich meine Stirne zusammen." (W 180) Der Held beklagt weiterhin, dass er seines Lebens größte Wonne verloren hat, nämlich die „heilige, belebende Kraft", mit der er Welten um sich schuf. Auch die Beziehung

---

166 Ebd., S. 176: „Ja es wird mir gewiß, Lieber! gewiß und immer gewisser, daß an dem Daseyn eines Geschöpfs so wenig gelegen ist, ganz wenig", schreibt Werther am 26. Oktober.

zur Natur ist zerstört. Er hat keinen Zugang mehr zu ihr, sie löst keinerlei Gefühle in ihm aus. Stattdessen empfindet er die einst so geliebte Landschaft nur noch als starres „lakirt Bildgen" (W 182). Alles in ihm ist erloschen. Bestätigt wird dies noch einmal am Ende des Briefes, in dem der Autor den Helden mit einem „versiegten Brunn" und „verlechten Eymer" vergleicht. Im „Wörterbuch zu Goethes Werther" wird der „versiegte Brunn" als „Sinnbild erloschener Lebenskraft" interpretiert.[167] Dem emotionalen Tod soll nun – möglichst schnell – der körperliche folgen. Um seinen physischen Zerfall zu beschleunigen, gibt er sich regelmäßig Alkoholräuschen hin (8. November). Der exzessive Weinkonsum kann – ähnlich wie sein Vorhaben in den Krieg zu ziehen – ebenfalls als eine Suizidvariante ausgelegt werden.

1.1.1.9 Realitätsverlust: „Meine Sinnen verwirren sich"

Gegen Ende des zweiten Buches verändert sich Werthers Geisteszustand und auch die Beziehung zu Lotte. Ab dem 24. November fällt auf, dass er verstärkt die übernatürlichen Eigenschaften der Amtmannstochter hervorhebt. Er fokussiert seinen Blick auf die Wesensmerkmale, die sie mit einer Himmelsgestalt, einem Engel gleichsetzen.[168] Ehrfürchtig schaut er ihr beim Klavierspielen zu und wie sie dabei engelsgleich ein Lied anstimmt. Er sieht ihren „süssen Mund" und ihre Lippen, „auf denen die Geister des Himmels schweben" (W 188). Die Verehrung für Lotte geht so weit, dass er sich ihr, wie vor einer Heiligen, vor die Füße werfen möchte. Dieses Verlagern der Figur Lottes in den Bereich des Transzendenten dient – wie in den vorausgegangen Kapiteln bereits erwähnt – der Legitimation des bevorstehenden Suizids. Die Aussicht, sich im Jenseits mit der Liebsten zu vereinen, motiviert Werther, sein Vorhaben in die Tat umzusetzen. Damit erteilt er sich selbst die Berechtigung zu sterben.

---

167 Wörterbuch zu Goethes Werther, S. 66.
168 W 186: „Und ich sah nicht mehr in ihr die liebliche Schönheit, nicht mehr das Leuchten des treflichen Geistes; das war all vor meinen Augen verschwunden. Ein weit herrlicherer Blik würkte auf mich, voll Ausdruk des innigsten Antheils des süßten Mitleidens."

Die Todessehnsucht hat mittlerweile so sehr Macht von ihm ergriffen, dass sie auf Kosten seines Realitätssinns geht, wie Werther selbst bestätigt: „Und mit mir ist's aus! Meine Sinnen verwirren sich. Schon acht Tage habe ich keine Besinnungskraft, meine Augen sind voll Thränen." (W 202) Seine entrückte Sichtweise lässt sich auch in seiner Beziehung zur Religion erkennen und zeigt zudem ein weiteres Mal, wie egozentrisch das Verhalten des tragischen Helden ist, da er selbst die Bibel in seinem Sinne umformt. Um den bevorstehenden Selbstmord zu rechtfertigen, ersetzt er den im ersten Buch vorherrschenden Pantheismus durch eine noch extremer individualisierte Religion, die dermaßen von der christlichen Lehre abweicht, dass sie blasphemisch anmutet: Denn Werther sieht sich als Nachfolger Jesu Christi, vergleicht sein tragisches Schicksal mit dem des Heilands und bezeichnet Gott als „seinen" Vater. In seiner großen Verzweiflung wendet sich der „Sohn" mit seiner Selbstmordabsicht deswegen direkt an den Allmächtigen, den Vater (30. November), den er darum bittet, ihn von seinen irdischen Qualen zu befreien.

In diesem Stadium seiner innerseelischen Entwicklung weicht die Apathie erneut der Rastlosigkeit. Werther kommt nicht mehr zur Ruhe, er wünscht sich unentwegt, sich „in der Fülle des Unendlichen zu verliehren" (W 198). Auf den hoffnungslos krankhaften Geisteszustand des Protagonisten weist Goethe nicht nur durch Werther selbst hin. Am Ende des zweiten Buches flicht der Autor einen Herausgeber ein, der bestätigt, dass Werthers Verstand zerstört ist. Erst am 20. Dezember meldet sich Werther wieder selbst zu Wort. In dieser Phase ist die Entscheidung gefallen, den Zeitpunkt seines Todes festzulegen. Er hat keinen Vorwand mehr, ihn zu verschieben. Dass er sich der Unwiderruflichkeit seines Vorhabens nunmehr sicher ist, beweist dieser Brief vom 20. Dezember, dem Sonntag vor Weihnachten. Hierin nimmt Werther definitiv Abschied von seinen Liebsten: „Meiner Mutter sollst Du sagen: daß sie für ihren Sohn beten soll und daß ich sie um Vergebung bitte, wegen all des Verdrusses, den ich ihr gemacht habe. Das war nun mein Schiksal, die zu betrüben, denen ich Freude schuldig war. Leb wohl, mein Theuerster. Allen Segen des Himmels über Dich! Leb wohl," (W 222) Am selben Tag sucht er Lotte auf, um sich von ihr zu verabschieden.

1.1.1.10 Todesfreude: „Nah am Grabe ward mir's heller"

Am 21. Dezember schreibt Werther den Abschiedsbrief für die Amtmannstochter. Die vorletzte Begegnung mit Lotte wird in ihm ein neues Lebens- und Todesgefühl freisetzen.

In einer „schröcklichen Nacht" durchlebt er zunächst alle Qualen der vergangenen Wochen.[169] In der Einsamkeit seines Zimmers gibt er sich der schmerzenden Erkenntnis hin, dass er verloren ist. Auf Knien bittet er Gott um Hilfe. Weinend denkt er über sein sinnentleertes Leben nach. Er ficht einen letzten Kampf mit sich aus, bis die „schrökliche Nacht" in eine „wohlthätige Nacht" (W 230) umschlägt. Nach dieser gedanklichen Zäsur verändert sich seine Beziehung zum Tod und auch zum Selbstmord. Er bringt sich nicht aus Verzweiflung um, wie er betont, sondern „es ist Gewißheit, daß ich ausgetragen habe, und daß ich mich opfere für Dich, ja Lotte, warum sollt ich's verschweigen: eins von uns dreyen muß hinweg, und das will ich seyn." (W 230) Wieder zeigt sich an dieser Stelle Werthers entrückte Auffassung von Religion, die nichts mit dem christlichem Glauben gemein hat: Immer wieder macht sich der Egozentriker Zitate Jesu zu eigen, um sein eigenes Leiden zu rechtfertigen. Analog zum Heiland stellt er seinen Tod als Opfertod dar.[170] So wie Gottessohn für die Menschheit gelitten hat und gestorben ist, so selbstlos will auch Werther für Lotte sein Leben aufgeben.[171]

Der Brief endet mit einer visionären Friedhofsszene, die jedoch nichts Erschreckendes, sondern etwas Beruhigendes hat: „Wenn du hinauf

---

169 Ebd., S. 230: „Wie ich mich gestern von Dir riß, in der fürchterlichen Empörung meiner Sinnen, wie sich all all das nach meinem Herzen drängte, und mein hoffnungsloses, freudloses Daseyn neben Dir, in gräßlicher Kälte mich anpakte."

170 Vgl. dazu Schöffler, Herbert: Die Leiden des jungen Werther. Ihr geistesgeschichtlicher Hintergrund, Frankfurt a. M. 1938, S. 15-17 (im Folgenden abgekürzt: Schöffler, Werther).

171 W 272: „Ich schaudere nicht den kalten schröklichen Kelch zu fassen, aus dem ich den Taumel des Todes trinken soll! Du reichtest mir ihn, und ich zage nicht. All! All! so sind all die Wünsche und Hoffnungen meines Lebens erfüllt! So kalt, so starr an der ehernen Pforte des Todes anzuklopfen."

steigst auf den Berg, an einem schönen Sommerabende, dann erinnere Dich meiner, wie ich so oft das Thal herauf kam, und dann blikke nach dem Kirchhofe hinüber nach meinem Grabe, wie der Wind das hohe Gras im Schein der sinkenden Sonne, hin und her wiegt." (W 230) Diese Vorstellung versüßt Werther das Fortgehen: „Ich will, ich muß! O wie wohl ist mir's, daß ich entschlossen bin." (W 234)

Goethes Held kann nun seine letzte Reise antreten. Die letzte Begegnung zwischen Werther und Lotte konzipiert der Autor als fulminantes Finale. Die Szene beginnt mit dem überraschenden Besuch Werthers bei Lotte. Die Situation zwischen den Freunden ist angespannt, weil beide ahnen, dass sie einander nicht mehr wiedersehen werden. Passend zur düsteren Stimmung rezitiert der Held Ossians dunkle Verse, die Todes- und Grabesstimmung verbreiten und somit Werthers und Lottes Gefühle intensivieren. Die Verse des düsteren Barden über dampfende Nebel, Geister, Wehklagen eines sich zu Tode jammernden Mädchens, Grabsteine, kalte Erde und über das langsam absterbende Leben sind der Wiegengesang für die geschundene Seele des Protagonisten. Beinahe enthusiastisch trägt er seiner Liebsten die finstere Lektüre vor – so als ob er sich damit auf sein bevorstehendes Ende einstimmen will.[172] Voraussagend liest Werther ihr sein eigenes Schicksal vor: „Aber die Zeit meines Welkens ist nah, nah der Sturm, der meine Blätter herabstört! Morgen wird der Wandrer kommen, kommen der mich sah in meiner Schönheit, rings wird sein Aug im Felde mich suchen, und wird mich nicht finden." (W 252) Mit diesem zukunftsdeutenden Satz beendet er die Lektüre, um dann vor Lotte niederzuknien. Der Höhepunkt dieser Szene ist erreicht, als Werther die Kontrolle über sich und seine Gefühle verliert. Leidenschaftlich schlingt er seine Arme um die Liebste, drückt sie an sich und bedeckt sie mit „wüthenden Küssen". Es ist ein bisher nicht dagewesener Ausbruch. All seine Emotionen konnte er in der Vergangenheit unterdrücken. Doch nun hat er nichts mehr zu verlieren. Jetzt, da der Suizid kurz bevor steht, lebt er für einen kurzen Augenblick

---

172 Ebd., 242: „Ich sizze in meinem Jammer, ich harre auf den Morgen in meinen Thränen. Wühlet das Grab, ihr Freunde der Todten, aber schließt es nicht, bis ich komme. Mein Leben schwindet wie ein Traum, wie sollt ich zurük bleiben."

all das aus, was schon lange in ihm brodelt. Aus diesem Grund fürchtet er sich auch nicht vor den Konsequenzen, die nun auf die Tat folgen: Lotte weist ihn zurück. Mit dieser Reaktion muss Werther gerechnet haben. Er hat daher bewusst den dramatischen Abschied gesucht. Das ist ein beabsichtigter Verstoß des Nonkonformisten gegen die moralischen Regeln. Er widersetzt sich damit dem aufgeklärten Vernunftgedanken und lässt seinem leidenschaftlichen, empfindsamen Herz freien Lauf. Mit dem Gefühlsausbruch hat er Lotte jedoch nicht nur als möglich Geliebte verloren, er zerstört damit auch jegliche freundschaftliche Bande. Nach der Entgleisung ist ein Wiedersehen unmöglich. Anschließend treibt es Werther hinaus in die Dunkelheit. Obwohl es eine finstere, feuchte Nacht ist, zieht es ihn hinaus. Nur wenige Stunden vor seinem Selbstmord möchte er dem Himmel so nahe wie möglich sein.

Am nächsten Morgen trifft der Held seine „Vorbereitungen" für den Tod – die letzten Stunden zelebriert er wie eine feierliche Zeremonie. Statt früh aufzustehen, schläft er lange aus. Er möchte für seinen „großen" Tag ausgeruht sein. Danach lässt er sich von seinem Diener einen Kaffee bringen. Mit der wohligen Gewissheit, dem langersehnten Ende nahe zu sein, setzt er sich an sein Pult, um Lotte zu schreiben. Detailliert denkt er über das nach, was vor ihm liegt: „Steh ich nicht da in meiner ganzen Kraft, und Morgen lieg ich ausgestreckt und schlaff am Boden. Sterben! Was heist das? [...] Todt, Lotte! Eingescharrt der kalten Erde, so eng, so finster!" (W 256) In dieser Situation denkt er an die Beerdigung einer Freundin, wie er ihrer Leiche gefolgt ist, wie er an ihrem Grab gestanden hat, wie der Sarg heruntergelassen worden ist. Er erinnert sich an das schnurrende Geräusch der Seile, die den Sarg hinab befördert haben und das dumpfe Geräusch der Erde, die darauf geschaufelt worden ist. Dabei überkommt ihn derselbe Schauer von damals, nur noch intensiver, weil er weiß, dass mit ihm bald dasselbe geschehen wird.

Kurz vor dem Ende ruft sich Werther die letzte Begegnung mit Lotte ins Gedächtnis. Er sieht vor seinem geistigen Auge die Umarmung mit Lotte und den Kuss, den er als Lottes Liebeserwiderung missinterpretiert.

Diese Zurechtlegung ist eine weitere Rechtfertigung für seine bevorstehende Tat. Denn sie impliziert erneut die Hoffnung auf eine Erfüllung im Jenseits. Da Lotte ihn liebt, wie er glaubt, und Albert nur auf Erden ihr Mann ist, steht für sie einer Vereinigung nach dem Tod nichts im Wege. Er verletzt damit zwar alle moralischen Gesetze, indem er Lotte als die Seinige ansieht, doch der Tod wird ihm angesichts dieser Aussicht zur Erlösung.

Seine Ausführungen offenbaren zudem ein weiteres Mal, wie sehr der Ich-Mensch Werther die Religion beziehungsweise die Beziehung zu Gott in seinem Sinne umdeutet: Der Protagonist malt sich das Jenseits in einer Vision aus, in der er sich selbst an der Seite des Herrn sieht, der ihn trösten wird, bis er die Liebste wiedersieht: „Ich gehe voran! Geh zu meinem Vater, zu deinem Vater, dem will ich's klagen und er wird mich trösten biß du kommst, und ich fliege dir entgegen und fasse dich und bleibe bey dir vor dem Angesichte des Unendlichen in ewigen Umarmungen." (W 258, 260) Die „ewigen Umarmungen" stehen „für den empfindsamen Totenkult, der eine Vereinigung der Lebenden und ihrer lieben Toten zum Ziel hat".[173] Diese Vorstellung ist für Werther die einzig verbliebene Quelle des Glücks. Sie macht ihm Mut, den Schlussstrich zu ziehen. Sie verändert seine Sicht der Dinge: „Nah am Grabe ward mir's heller. Wir werden seyn, wir werden uns wieder sehn! Deine Mutter sehn! ich werde sie sehen, werde sie finden, ach und vor ihr all mein Herz ausschütten. Deine Mutter. Dein Ebenbild." (W 260) Er tröstet sich auch mit dem Gedanken, im Jenseits Lottes Mutter zu begegnen. Diese Hoffnung lässt zwei Interpretationsmöglichkeiten zu: Einerseits könnte die Verstorbene, die ihrer Tochter wie ein Ebenbild gleicht, hier sozusagen als Ersatz für Lotte fungieren. Werther idealisiert und verherrlicht die Tote ähnlich wie die Amtmannstochter. Er stellt beide auf ein Podest, sie werden für ihn zum Inbegriff von Perfektion und Mütterlichkeit – und so verschmelzen sie in seiner Phantasie zu einer Person. Lotte und ihre Mutter werden eins. Im übertragenen Sinne ist die

---

173 Gratzke, Michael: Liebesschmerz und Textlust. Figuren der Liebe und des Masochismus in der Literatur, Epistemata, Würzburger wissenschaftliche Schriften, Reihe Literaturwissenschaft, Band 304-2000, Würzburg 2000, S. 129.

Liebste also schon tot. Diese Aussicht, dass Lotte bereits im Jenseits auf ihn wartet, erleichtert ihm den Übergang. Andererseits könnte die Vereinigung mit der Verstorbenen aus tiefenpsychologischer Sicht erneut ein Indiz für Werthers Ödipuskomplex sein. Er sehnt sich zurück zum Ursprung – in den Schoß der Mutter (s.o., Kapitel 1.1.1.3).

Der gräfliche Garten, den Goethe bereits zu Beginn in seinem Roman platziert hat, markiert Anfang und Ende des Romans. Nur wenige Stunden vor seinem Tod sucht Werther diesen für ihn paradiesähnlichen Ort trotz Unwetters auf. Hier hat er sich schließlich dem Himmel so nahe gefühlt und hier hat er dem Wunsch nach Selbstauflösung auch erstmals Ausdruck verliehen. Beseelt von diesem Ausflug kehrt er in sein Zimmer zurück – völlig in sich ruhend und entspannt. Die Rastlosigkeit und innere Zerrissenheit sind der Gelassenheit und Ausgeglichenheit gewichen. „Meine Sachen sind all in Ordnung. Lebt wohl! Wir sehen uns wieder und freudiger." (W 268), schreibt der entschlossene Held. Werther ist mit sich im Reinen. Denn nachdem die Selbstverwirklichung des Subjekts auf Erden gescheitert ist, hofft Werther nun im Jenseits auf die freie Entfaltung seiner Individualität. Der Suizid ist somit als letzte Rebellion der Gefühle und zugleich als Werthers letzte nonkonformistische Handlung zu bewerten.

Bevor er aber seine letzte Reise antritt, will er alle weltlichen Verpflichtungen erledigt wissen. Er ordnet Papiere, verschickt Briefe und beauftragt Wilhelm, seine Mutter zu trösten. Selbst Albert bittet er um Verzeihung. Als er alles zu Ende gebracht hat, lässt er Feuer im Kamin nachlegen und sich eine Flasche Wein servieren. Zum ersten Mal erlebt der Leser einen in sich ruhenden jungen Mann. Da ist kein abgehetztes Auf und Ab. Der Protagonist muss sich nicht mehr mit innerseelischen Kämpfen auseinandersetzen. Im Angesicht des Todes hat Werther zum langersehnten Frieden gefunden. So gelassen wie noch nie zuvor greift er zur Feder, um die letzten Empfindungen zu Papier zu bringen. Diese Zeilen zeugen von der neugewonnen Stärke: „Alles ist so still um mich her, und so ruhig meine Seele, ich danke dir Gott, der du diesen lezten

Augenblikken diese Wärme, diese Kraft schenkest." (W 270) Der Brief
führt zudem erneut Werthers fortgeschrittenen Realitätsverlust vor. Wie
tief er bereits in dieser Wahnwelt lebt, beweist die Art, wie er von der
Amtmannstochter spricht: Wie eine Reliquie verehrt er beispielsweise die
von ihr berührten Gegenstände.[174] Ihren Schattenriss huldigt er wie ein
religiöses Bildnis, mit ihrer blassroten Schleife will er sogar begraben
werden. Sein zerrütteter Geisteszustand kommt auch erneut durch
Werthers Gleichsetzung mit dem Leiden Jesus Christus zum Ausdruck.[175]
All diese Aspekte zusammengenommen sind für ihn wichtig, denn sie
geben ihm die nötige Kraft, seinen Entschluss in die Tat umzusetzen.

1.2 Formale, sprachliche und stilistische Akzentuierung des Freitod-Sujets

Neben der inhaltlichen Interpretation des Textes soll nun geklärt werden,
inwiefern formale Aspekte, sprachliche Bilder und stilistische Mittel das
Motiv des Freitods und die innerseelische Entwicklung stützen.

Der Schreibstil des Protagonisten etwa, der sich im Handlungsverlauf
parallel zu Werthers Zerstörungsprozess verändert, gibt Aufschluss über
seinen jeweiligen Zustand. Zunächst verfasst er ausführliche Briefe, die
seine Gefühls- und Gedankenwelt zur Schau stellen. Detailverliebt
beschreibt er seine Umgebung, die Natur und die Menschen, denen er
begegnet. Wie einem Tagebuch vertraut er sich Wilhelm an und lässt
damit Dritte beziehungsweise den Leser direkt Anteil nehmen an seinem
Alltag.[176] Doch je düsterer sein Zustand, desto knapper und nüchterner
werden die Briefe.[177] Gegen Ende des Romans bricht die epische Erzähl-
form ab. Die Sätze werden kürzer, teilweise abrupt beendet,[178] bis sie
vom Herausgeber ersetzt werden. Auf den letzten Seiten übernimmt
dieser es dann, den Leser darüber zu informieren, wie der Unglückliche
seine letzten Stunden verbringt, er flicht Werthers letzte Briefe ein,

174 W 272: „In diesen Kleidern, Lotte, will ich begraben seyn. Du hast sie berührt, geheiligt."
175 Blessin, Stefan: Die Romane Goethes, Königstein 1979, S. 71.
176 Vietor, Der junge Goethe, S. 149.
177 Vgl. z.B. W: Briefe vom 19. Oktober und 27. Oktober 1772
178 Reiss, Goethes Romane, S. 28-29.

informiert über dessen Selbstmord und Begräbnis. Formal weist der Text also eine Struktur auf, die sich analog zur inhaltlichen Entfaltung des Helden mitentwickelt.

Auch die rhetorischen Mittel, die der Autor in seinem Roman verwendet, haben Verweischarakter auf das Wesen des Helden. Während in der Aufklärung noch strenge sprachliche Regeln eingehalten werden, löst sich Goethe in seinem Roman davon. Er folgt keinem poetologischen Muster, sondern befreit sich von alten Traditionen. Werthers Ausführungen wirken dadurch spontan und authentisch. Bekräftigt wird dies auch durch die vielen Ausrufe, Parenthesen, Inversionen, Wiederholungen, Ausrufezeichen, Bindestriche und langen Konditionalsätze. Manchmal werden sogar ganze Satzteile ausgelassen. Die Art, sich so unkonventionell auszudrücken, soll auch auf formaler Ebene Werthers Nonkonformismus unterstreichen.

Ein weiterer formaler Aspekt sind die zahlreichen düsteren Motive und Themenkomplexe, denen im Roman Platz eingeräumt wird. Das Todesmotiv im Allgemeinen ist allgegenwärtig, wie der Autor beispielsweise durch mehrere sterbende Nebenfiguren dokumentiert. Im Roman werden das Ableben und das langsame Dahinscheiden von mehreren „Komparsen" erwähnt. Das schließt auch Todesfälle ein, die nicht im Laufe der Handlung selbst stattfinden, die jedoch im Roman zur Sprache kommen wie beispielsweise der Tod von Alberts Vater.[179] Der Rekurs auf die hohe Sterbefrequenz ist nur eins von vielen stilistischen Mitteln, die dem Leser den Selbstmord des Helden vor Augen führen sollen. Der Text ist von Anfang an durchsetzt mit unzähligen Andeutungen, die sich fortwährend intensivieren und von der ersten Seite an Jenseitsassoziationen evozieren. In der Rückschau sind diese Bilder als Hinweise auf die bevorstehende Selbstentleibung zu verstehen. Als „Suizidindikatoren" fungieren unter anderem die drei tragisch verlaufenden Parallelhandlungen (mehr dazu ab Kapitel 1.2.2), die in

---

179 W 36. Vgl. zu diesem Thema auch Wunderlich, Uli: Sarg und Hochzeitsbett so nahe verwandt! Todesbilder in Romanen der Aufklärung. Beiträge und Dokumente zu Johann Gottfried Schnabels Leben und Werk und zur Literatur und Geschichte des frühen 18. Jahrhunderts, St. Ingbert 1998, S. 167-168.

dieser Untersuchung zahlreich herausgearbeiteten Untergangs- und Todesmotive sowie Todesboten (u. a. das „verfallene Kabinettchen", die „blaßroten Schleifen", die „zwei Linden") und negativ konnotierte Begriffe. Die Worte „Grab", „Tod", „Gruft" und „Todten", das Adjektiv „tot" sowie die Verben „sterben" (in allen möglichen Deklinationen) und „modern" etwa werden im Text in regelmäßigen Abständen erwähnt. Auch den Begriff „Thränen" und das Motiv des Abschieds setzt der Autor wiederholt in den Briefen ein, um immerzu auf das Leid des Protagonisten und dessen bevorstehenden Abschied vom Leben hinzuarbeiten.

Um die Seelenpein des Helden hervorzuheben, arbeitet Goethe mit einer Vielzahl von Themenkomplexen, auf die er durch das Wiederholen bestimmter Wortgruppen verweist. Da wäre zum Beispiel das Notions-feld „Leiden", das sich aus zahlreichen Substantiven wie Elend, Krankheit, Jammer, Kummer, Last, Not, Übel, Pein, Qual, Schmerz und Unglück, Adjektiven wie elend, freudlos, düster, qualvoll und unglücklich, sowie Verben wie scheitern, quälen, verzweifeln und zerreißen zusammensetzt. Eine pessimistische Lebenseinstellung vermitteln im Text auch Begriffe wie Finsterniß der Seele, Einsamkeit, Langeweile, Melancholie, Verdruss, gedrängtes Herz, fehlgeschlagene Hoffnungen, Unruhe, Dumpfheit der Sinne, Herzensangst und stille Trauer.[180]

Auf die Todessehnsucht seiner Titelfigur weist der Autor ebenfalls mit unterschiedlichen Begriffen hin: So fällt zum Beispiel auf, dass die Sub-stantive „Himmel" und „Paradies" abwechselnd mit den Adjektiven „himmlisch" und „paradiesisch" regelmäßig vorkommen. Die prononcierte Verwendung dieser Worte soll Werthers Sehnen nach dem Jenseits (dem Himmel/Paradies) akzentuieren. Um Werthers Wunsch nach Selbstauflösung zu unterstreichen, rekurriert Goethe zudem auf

---

180 Vgl. dazu Scheel, Hans-Ludwig: Ortis und Werther: vergleichbar oder unvergleichlich? Ein Experiment mit Notionsfeldern, in: Interlinguistica. Sprachvergleich und Übersetzung. Festschrift zum 60. Geburtstag von Mario Wandruszka, hg. v. Karl-Richard Bausch / Hans-Martin Gauger, Tübingen 1971, S. 312-325, S. 319-320.

zwei kontrastierende Ortsbeschreibungen: Immer wieder präsentiert er den Verzweifelten entweder auf einer Anhöhe – nahe dem Himmel (dem Paradies) – oder auf dem Boden – nahe der Erde (dem Grab). Der oben genannte wundervolle Garten beispielsweise befindet sich ebenso auf einem Hügel wie seine Hütte. Seine Ausflüge führen ihn häufig auf Anhöhen.[181] Auch bei der ersten Begegnung mit Lotte wird dieses Thema angesprochen: „Ich gieng durch den Hof nach dem wohlgebauten Hause, und da ich die vorliegenden Treppen hinaufgestiegen war und in die Thüre trat, fiel mir das reizendste Schauspiel in die Augen, das ich jemals gesehen habe." (W 38) Um Lotte zu erreichen, muss Werther „hinauf". Im Garten der Angebeteten zieht es Werther ebenfalls nach oben: „Es ist ein herrlicher Sommer, ich sizze oft auf den Obstbäumen in Lottens Baumstük mit dem Obstbrecher der langen Stange, und hole die Birn aus dem Gipfel." (W 112) Wenn die Seelenpein und die Verzweiflung des Helden am größten sind, treibt es ihn dazu „einen gähen Berg zu klettern" (W 114). Als er sich während seines Gesandtschaftsdienstes vom Adel brüskiert fühlt, flüchtet er in die Natur, um „vom Hügel die Sonne untergehen zu sehen" (W 146).

Grabesassoziationen werden geweckt, wenn Goethe die Erdverbundenheit des Helden beschreibt. Das Bild, in dem Werther wie ein Toter auf dem Boden ruht, verwendet der Autor ebenfalls in regelmäßigen Abständen. Und wenn Werther nicht liegt, dann zieht es ihn zumindest nach unten. Der geliebte Brunnen etwa führt in die Tiefe. Nachdem er den Entschluss gefasst hat zu sterben und seine Lebenskraft vollends erloschen ist, neigt er sich immer häufiger hinab – sinnbildlich in den Abgrund: „Ich habe mich so oft auf den Boden geworfen und Gott um Thränen gebeten, wie ein Akkersmann um Regen, wenn der Himmel ehern über ihm ist, und um ihn die Erde verdürstet." (W 182)

1.2.1 Natur – eine vielschichtige Beziehung

Goethe hat dem Freitod des Helden auch mittels des Natur-Motives Nachdruck verliehen. Bei den Gegenden, von denen der Held ausführlich

---

181 W 92.

schreibt, handelt es sich nie um reine Landschaftsbeschreibungen, sondern „Projektionen der Seele". So oder ähnlich lautet der Tenor der Literaturkritik.[182] Einig sind sich die meisten Werther-Interpreten auch, dass die Natur anfangs positiv und später negativ dargestellt wird. Die Ergebnisse dieser Studie zeigen hingegen – wie im Laufe der Textanalyse bereits mehrfach angesprochen – , dass die Natur zu Beginn des Romans nicht als rein idyllischer Ort präsentiert wird und dass sie sich nicht erst im Handlungsverlauf verschlechtert. Sie ist nicht nur stets voller Symbole, die immerzu auf das tragische Ende hinweisen und die sich mit fortschreitender „Krankheit zum Todte" kontinuierlich verstärken. Werther baut zur Natur eine besondere Beziehung auf, die sich ständig weiterentwickelt und daher nicht einfach als nur „zunächst gut" und „später böse" klassifiziert werden kann. Sie ist vielschichtiger, als bisher angenommen worden ist. Präziser ausgedrückt, durchläuft die Beziehung des tragischen Helden zur Natur sechs unterschiedliche und aufeinander aufbauende Phasen. Diese setzen sich wie folgt zusammen:

A. „Exaltierte Schwärmerei"

B. „Schmerzhafter Umschwung"

C. „Masochistischer Eskapismus"

D. „Erstarrte Gefühle"

E. „Wollüstiges Sehnen"

F. „Versöhnende Rückkehr"

A. Exaltierte Schwärmerei: Wie in Kapitel 1.1.1.1 „Erstes Abschied nehmen" ausgeführt, enthüllen die ersten Briefe Werthers pantheistische Naturauffassung und seine überspannte Begeisterung für die Landschaften der neuen Heimat. Dieser Gefühlsüberschwang zu Beginn des Romans gipfelt oft in dem Wunsch, sich in der Natur verlieren zu wollen. Die bisherigen Darstellungen haben gezeigt, dass diese Euphorie eng verknüpft ist mit Werthers latentem Todesbegehren: Denn sich auflösen zu wollen, drückt sowohl seine Liebe für die von Gott geschaffene Natur aus, als auch seinen Wunsch zu sterben.

---

182 Als Beispiel hierfür sei Edgar Hein genannt: Vgl. Hein, Goethe, S. 76.

B. „Schmerzhafter Umschwung": Erst in der zweiten Phase kristallisiert sich dieses negative Gefühl deutlicher heraus. Nachdem die Suizidthematik, nach dem Streitgespräch zwischen Werther und Albert also, ihren Höhepunkt erreicht, macht sich diese Veränderung sichtbar. Die bisher latent vorhandene Sterbebereitschaft dringt an die Oberfläche. Der anfängliche schwärmerische Ton schlägt ebenfalls um.[183] Denn ab dem Moment muss Werther schmerzlich feststellen, dass er auch in der Natur nicht das ersehnte Glück findet und so verkehrt sie sich ins Böse. Der Held empfindet sie als „unerträglichen Peiniger" und „quälenden Geist". Mehr noch: Während er sich früher an den Schönheiten der Berge, des Flusses und der Täler erfreut hat, sieht er überall nur noch Vernichtung und Tod: „Es hat sich vor meiner Seele wie ein Vorhang weggezogen, und der Schauplatz des unendlichen Lebens verwandelt sich vor mir in den Abgrund des ewig offnen Grabs."[184]

C. Masochistischer Eskapismus: Der Held befindet sich in der dritten Phase in einem Stadium des unüberbrückbaren Zwiespalts: Auf der einen Seite beklagt er seine Untätigkeit und denkt deswegen darüber nach, doch noch einer Arbeit nachzugehen. Auf der anderen Seite entscheidet er sich dagegen, weil er sich selbst eingestehen muss, dass ihm auch diese berufliche Veränderung nicht weiterhelfen kann (22. August). Aus dieser verzweifelten Verfassung heraus benutzt oder besser gesagt missbraucht er die Natur, um sich selbst zu bestrafen. In selbstquälerischen Streifzügen durch die Landschaften lässt er sich bewusst von Hecken und Dornen verletzen (W 114). Auf diese Weise versucht er, sein bedrängendes Gefühl von Hilflosigkeit und Ausweglosigkeit zu kompensieren. Und in der Tat erlebt er durch die selbst zugefügten Schmerzen für einen kurzen Augenblick ein befriedigendes und beruhigendes Gefühl.

---

183 W 104: „Mußte denn das so seyn? daß das, was des Menschen Glükseligkeit macht, wieder die Quelle seines Elends würde."
184 Ebd., S. 108 und: „Da ist kein Augenblik, der nicht dich verzehrte und die Deinigen um dich her, kein Augenblik, da du nicht ein Zerstöhrer bist, seyn mußt. Der harmloseste Spaziergang kostet tausend tausend armen Würmgen das Leben, es zerrüttet ein Fustritt die mühseligen Gebäude der Ameisen, und stampft eine kleine Welt in ein schmähliches Grab."

D. Erstarrte Gefühle: Kurz nachdem Werther Homer gegen Ossian eingetauscht (12. Oktober), er erneut eine bewegende Begegnung mit Lotte hat
(26. Oktober) und sich emotional tot fühlt (3. November), bringt er zum
Ausdruck, dass auch seine Gefühle für die einst so geliebten Landschaften erstarrt sind. Er bezeichnet die Natur gar als „lakirtes Bildgen"
und stellt resigniert fest, dass sie in ihm nichts mehr auslöst. (W 182)

E. Wollüstiges Sehnen: Am 8. Dezember berichtet der Held von einem
nächtlichen Ausflug während eines Unwetters. Er beschreibt das
„fürchterliche Schauspiel" der wühlenden Wassermassen im Mondlicht,
wie die stürmende See das Land überflutet. Dieser Anblick ruft in ihm
ambivalente Gefühle hervor: Es überfällt ihn ein Schauer und ein Sehnen
zugleich. Der Protagonist wird sich der destruktiven Kraft der Natur
bewusst und kostet diese Bilder nahezu wollüstig aus. Er fürchtet sich
nicht vor ihr, sondern genießt diesen Moment der Verwüstung und so
äußert er erneut den Wunsch, sich von der gewaltigen Naturkatastrophe
zerstören zu lassen. (W 198, 200)

F. Versöhnende Rückkehr": Am Ende des Romans schließt Werther
Frieden mit der Natur. Er will im Einklang mit ihr sterben. Aus diesem
Grund sucht er sich dezidiert eine Grabstelle in einer friedlich und
idyllisch anmutenden Landschaft aus: „Auf dem Kirchhofe sind zwey
Lindenbäume, hinten im Ekke nach dem Felde zu, dort wünsch ich zu
ruhen." (W 270) Somit wird die Natur zuletzt zum Symbol für Werthers
letzte Einkehr des Todes.

1.2.2 Parallelhandlungen

Neben den Todesmotiven, Jenseitssymbolen und Andeutungen auf den
Freitod versetzt der Autor seine erste Fassung des Textes mit drei
Parallelhandlungen, die mit der Haupterzählung verwoben sind und die
ebenfalls die suizidale Entwicklung beziehungsweise Werthers
Selbstmord antizipieren. Erst in der zweiten Werther-Fassung von 1787
fügt Goethe die vierte Parallelgeschichte mit dem Bauernburschen ein.

Obwohl diese Episode nicht in der Erstversion vorkommt, soll sie in dieser Untersuchung nicht unerwähnt bleiben.

Die Protagonisten der Nebengeschichten bezeichnet Martin Andree als „Präfigurationen Werthers".[185] Ähnlich wie das Leben des Helden verlaufen auch die Schicksale der Figuren tragisch. Die Nebenhandlungen demonstrieren Werthers seelische Entwicklung im Verlauf der Erzählung.[186] Goethe bedient sich hierbei der so genannten „Spiegelung". Hans-Egon Hass versteht sie als „Spiegelbilder" von Werthers Seele.[187] Zu diesem Schluss kommen die meisten „Werther"-Forscher, die in ihren Arbeiten die Parallelgeschichten in der Regel jede für sich einzeln interpretieren. In einem Gesamtzusammenhang sind die Erzählungen jedoch noch nicht betrachtet worden. Aus diesem Grund ist ein wichtiger Aspekt bisher unbeachtet geblieben: dass in diesen Episoden ein Gefühl mitschwingt, das sich von Handlung zu Handlung weiterentwickelt und immer stärker und exaltierter wird. Das bedeutet, dass Goethe seinen Helden auch in dieser Hinsicht einen Prozess durchlaufen lässt. Werthers Mitempfinden steigert sich von bloßer Anteilnahme mit den Figuren bis hin zur Wiedererkennung in deren Schicksal und übertriebener Trauer.

1.2.2.1 Anteilnahme am Schicksal der Schulmeistertochter

Im ersten Teil des Buches begegnet ihm die Schulmeistertochter als eine lebensfrohe Mutter, die mit Zuversicht der Zukunft entgegen sieht. Sie erfreut sich an ihren Kindern, ist voller Hoffnungen auf das Erbe eines Vetters und lebt in „glüklicher Gelassenheit". Es deutet nichts auf mögliche Missstände hin. So optimistisch wird die Episode mit der Schulmeistertochter jedenfalls in den meisten Untersuchungen ausgelegt. Doch das Gegenteil ist der Fall: Die Parallelhandlungen sind zu Beginn keineswegs nur positiv, wie oftmals behauptet wird. Sie bergen – wie

---

185 Andree, Martin: Wenn Texte töten. Über Werther, Medienwirkung und Mediengewalt, München 2006, S. 87.
186 Engel, Werther und die Wertheriaden, S. 56.
187 Hass, Egon-Hans: Werther-Studie, in: Gestaltprobleme der Dichtung, hg. v. Richard Alewyn / Hans-Egon Hass / Clemens Heselhaus, Bonn 1957, S. 83-126, S. 103. Vgl. dazu auch Fülleborn, Ulrich: „Die Leiden des jungen Werthers" zwischen aufklärerischer Sozialethik und Büchners Mitleidspoesie, in: Goethe im Kontext. Kunst und Humanität, Naturwissenschaft und Politik von der Aufklärung bis zur Restauration, ein Symposium, hg. v. Wolfgang Wittkowski, Tübingen 1984, S. 20-41, S. 21-24.

Werthers Geschichte – von Anfang an etwas Unheilvolles, das im Handlungsverlauf zunehmend transparenter wird.

Im Falle der Schulmeistertochter wird die vermeintliche Idylle durch das Ärgernis des betrogenen Erbes getrübt (27. Mai 1771). Bereits zu Beginn schwingen also tiefe Enttäuschung und Verletztheit mit. Hinzu kommt die große Sorge der jungen Frau um ihren Mann, der in die Schweiz gereist ist, um Erbangelegenheiten zu regeln: „Wenn ihm nur kein Unglük passirt ist, ich höre nichts von ihm." (W 28, 30) Diese Phrase lässt bereits Schlimmes erahnen: Ängste vor einer ungewissen Zukunft, vor allem aber Angst vor einem „Unglük", das im zweiten Teil tatsächlich die Familie zerstört.

Als Werther der Schulmeistertochter am 4. August 1772 begegnet, haben sich ihre Ahnungen bewahrheitet. „Ich besuchte mein gutes Weib unter der Linde" (W 160), schreibt der Held über ihr Wiedersehen. Die Linden – als Todesboten – schaffen das zur Stimmung passende Ambiente. Völlig niedergeschlagen berichtet die Unglückliche vom Verlust ihres jüngsten Sohnes sowie von der Reise ihres Mannes, der mittellos und krank zurückgekehrt ist. Werther nimmt Anteil am tragischen Schicksal der jungen Frau. Ihm geht ihre Geschichte sehr nahe, weil er sich dadurch wieder einmal bestätigt sieht: „Alle Menschen werden in ihren Hofnungen getäuscht, in ihren Erwartungen betrogen." (W 160) Trotz allem zeigt sich der Held noch zurückhaltend – was sehr untypisch für seinen sonst so leidenschaftlich-stürmischen Charakter ist. Es fehlt an dieser Stelle das gewohnte „Werther-Feuer". Statt dessen verschlägt es dem Protagonisten angesichts dieser unglücklichen Wendung die Sprache. Schweigsam verlässt er den „Ort des traurigen Andenkens". Dieses Verhalten wirkt auffallend emotionslos und steht im Kontrast zu seinem üblichen Handeln sowie zu den Reaktionen bezüglich des Blumensammlers und der gefällten Nussbäume. Goethe hat in dieser Parallelhandlung bewusst an Gefühlen gespart. Denn dadurch wird vom Autor eine Spannung aufgebaut: Die Gefühle des Helden sollen sich von Geschichte zu Geschichte intensivieren.

1.2.2.2 Wiedererkennung im Blumensammler

Im Gegensatz zur vorherigen Nebenhandlung räumt Goethe der Parallelgeschichte des Blumensammlers Heinrich eine besondere Stellung ein. Dies veranschaulicht er unter anderem dadurch, dass er diese Episode nicht – wie die andere – in zwei Etappen unterteilt. Der Blumensammler taucht erst gegen Ende des Romans (30. November 1772) auf. Die Kulisse, die Goethe für diese Begegnung geschaffen hat, unterstreicht die sonderbare Atmosphäre der Szene. Werther und der Umherirrende treffen in einer öden, nasskalten und grauen Winterlandschaft aufeinander. Der frostige Abendwind bläst von den Bergen, finstere Regenwolken ziehen über das Tal. Im Gegensatz zur Schulmeistertochter bringt ihn diese sofort aus der Fassung. Etwas Undurchsichtiges und Nebulöses umgibt den Fremden. Es stellt sich die Frage, warum der Blumensammler Goethes Protagonisten so aufwühlt: Weil Werther auf erschreckende Weise auffällt, wie sehr er seinem Doppelgänger[188] ähnelt. Es könnte aber auch sein, dass der Blumensammler nur der Phantasie des Titelhelden entsprungen ist. So müsste die Begegnung als eine rein halluzinatorische Erfahrung gewertet werden, von der Werther in dieser Episode berichtet. Doch liefert der Text keine eindeutigen Belege für diese These. Allenfalls das Wort „Erscheinung", das Goethe seinem Protagonisten in den Mund legt, um die plötzlich auftretende Gestalt zu umschreiben, könnte ebenso ein Hinweis sein wie der gewollt auffällige Zufall, dass auch der Blumensammler in Lotte verliebt gewesen ist.

Nichtsdestoweniger haftet dem wahnsinnigen jungen Mann etwas Unheimliches, etwas Rätselhaftes an. Seine Gesichtszüge ziehen sofort die Aufmerksamkeit des Helden auf sich. Als Werther ihn anschaut, scheint es fast so, als ob er sein Spiegelbild betrachten würde. Werther bemerkt bei Heinrich dieselbe Melancholie, dieselbe stille Trauer.

---

188 Vgl. zur Funktion des literarischen Doppelgänger-Motivs: Daemmrich, Themen und Motive, S. 98: „Sie [d.i. Doppelgänger] sind Spiegelungen von Ahnungen, Befürchtungen, Wünschen und Halluzinationen. Sie artikulieren Gefühle, welche die Person nicht ausdrücken kann, weil sie unterdrückt sind und in einer Sphäre wurzeln, die sich dem Aussprechen entzieht. Die Doppelgänger vergegenwärtigen innerseelische Vorgänge. Sie motivieren Ich-Spaltungen und selbstzerstörerische Tendenzen."

Werther beobachtet weiter, wie der Fremde orientierungslos zwischen Felsen umherirrt und nach etwas Ausschau hält. Er ist auf der Suche, wie ihm Heinrich auf Anfrage bestätigt. Er sucht nach Blumen. Was er nicht zu begreifen scheint, ist, dass im Winter nichts blüht. Dieses Verhalten erinnert stark an das Werthers. Goethes Protagonist ist ebenfalls ständig auf der Suche. Und genau wie der Blumensammler wird er nicht fündig. All diese Parallelen erkennt Werther. Um so bestürzter ist er, als er fest- stellen muss, dass sein Seelenverwandter wahnsinnig ist – und das ausge- rechnet aus Liebe zu Lotte. Einer Selbstanalyse gleich kommt Werthers Erkenntnis über den Blumensammler: „Du fühlst nicht! Du fühlst nicht! daß in deinem zerstörten Herzen, in deinem zerrütteten Gehirne dein Elend liegt" (W 192, 194). Das Ende dieser Begegnung lässt zwei Deutungen zu: Werther flüchtet entsetzt vor dem sonderbaren jungen Mann, weil er sich dessen bewusst ist, dass ihm genau dasselbe widerfahren wird oder weil er sich selbst erkennt. Er hat damit in das für ihn grausame Gesicht der Wahrheit geblickt.

1.2.2.3 Exaltierte Trauer um die gefällten Nussbäume

Als Werther mit Lotte den Pfarrer besucht, fällt auf, dass sich das Örtchen auf einer Anhöhe „seitwärts im Gebürge" (W 60) befindet. Diese Stätte, an der sich der Held zunächst wohl fühlt, weist eine Nähe zum Himmel auf – auch hier also ein versteckter Hinweis auf Werthers Todessehnsucht. Der dunkle Pfarrhof ähnelt ohnehin mit seinen schatten- werfenden hohen Nussbäumen an die Atmosphäre eines Friedhofes.

Zu den Nussbäumen baut Werther bereits im ersten Buch eine bezie- hungsähnliche Verbindung auf. Die Art, wie er über sie berichtet, hebt sich augenfällig von der ab, wie er über Menschen spricht. Für letztere verwendet er meist nur negative Attribute. Für die Bäume hingegen findet der empfindsame Held nur Komplimente. Er lobt beispielsweise ihre Schönheit und dass sie „lieblich" Schatten spenden (W 62). Die Bäume wirken durch diese Beschreibung nahezu vermenschlicht und damit könnten sie als Repräsentanten für etwas Lebendiges interpretiert werden. Ihre Zerstörung im zweiten Buch bedeutet für Werther daher mehr als nur bloßes Abfällen. Sie symbolisiert einerseits den Naturverlust, den die vernunftorientierte Pfarrersfrau verschuldet. Andererseits steht die Destruktion sinnbildlich für das Töten beziehungsweise für das Sterben des Lebendigen. So wie man den Verlust eines nahen Verwandten beklagt, so beweint der Held aus diesem Grund den Verlust der Nussbäume. In seinem Verhalten offenbart sich eine exaltierte und pathologische Trauer. Diese Episode dokumentiert zudem ein weiteres Mal Werthers krankhaften Subjektivismus und seine Realitätsferne. Wie maßlos übertrieben er reagiert, zeigt sich beispielsweise, als der Protagonist erstmals von der Beseitigung der Bäume erfährt: Immerzu betont er, dass ihn dies „rasend" macht. Er empfindet das Geschehene als gewaltsames Verschwinden und als „Wunde", die die neue Pfarrerin ihren Mitmenschen dadurch zugefügt hat.

Ergänzung: Identifikation mit dem Bauernburschen

Nach der Episode mit der Schulmeistertochter, die noch ganz allgemein die Entwicklung des Helden reflektiert, baut der Autor in der Zweitfassung die Parallelhandlung des Bauernburschen ein, um noch konkreter das Schicksal seines Protagonisten widerzuspiegeln. In dieser Geschichte geht es ebenfalls um einen Mann, der von destruktiver Leidenschaft geleitet wird. Es handelt sich um einen Knecht, dessen Liebe zu einer Witwe tödlich endet. Als Werther im ersten Teil des Romans (30. Mai 1771) von der Begegnung mit dem Seelenverwandten berichtet, zeigt sich bereits in Werthers Sprache, dass dieses Aufeinandertreffen in ihm mehr auslöst als das mit der Schulmeistertochter: Er ist so hingerissen von den Worten des Bauernburschen, dass er schon „die Gabe des größten Dichters besizen" müsste, um dessen Geschichte wiederzugeben. Werther schwärmt von dem Knecht, hebt die „Harmonie seiner Stimme, das „heimliche Feuer seiner Blicke" und die „Zartheit" seines Wesens hervor (W 33)[189]. Er übertrifft sich regelrecht mit enthusiastischen Bekundungen über den Gleichgesinnten,

---

[189] Alle Zitate aus dem Kapitel mit dem Bauernburschen stammen aus demselben Paralleldruck v. Matthias Luserke (Zweitfassung von 1787).

der durch seine unkonventionelle Liebe wie Werther gegen die gesellschaftlichen Normen verstoßen hat.

Doch trotz aller Euphorie klingt in diesem Brief schon ein unheilvoller Ton mit an: „Es war eine Gesellschaft draußen unter den Linden, Kaffee zu trinken. Weil sie mir nicht ganz anstand; so blieb ich unter einem Vorwande zurück. Ein Bauerbursch kam aus einem benachbarten Hause, und beschäftigte sich an dem Pfluge, den ich neulich gezeichnet hatte, etwas zurecht zu machen." (W 33) Wie bereits bei der Episode mit der Schulmeistertochter finden sich die zwei Linden auch in dieser Parallelhandlung wieder. Erwähnt wird ebenfalls der Pflug, der wie die beiden Lindenbäume mit seiner Symbolik auf den Tod des Helden verweisen soll.

Hat ihn die Lebensgeschichte der Schulmeistertochter schon mitgenommen, berührt ihn das Unglück des Bauernburschen um ein Vielfaches. Er identifiziert sich mit ihm. Wie sehr sich Werther selbst im Knecht wiedererkennt, beweist seine übersteigerte Anteilnahme an dessen Tragödie.[190] Er macht dieses negativ verlaufende Schicksal „zu einem Stück Seelengeschichte seiner selbst".[191] Goethes Romangestalt denkt, fühlt und leidet im übertriebenen Maße mit dem Bauernburschen mit. Als er im zweiten Buch von dessen tragischem Ende hört, reagiert er wieder in üblicher Manier: zügellos und leidenschaftlich. Er fährt mit „Heftigkeit auf" und rast wie von Sinnen zum Unglücksort. Völlig außer Kontrolle geraten, stürzt er sich auf den Diener. Der Gefühlsmensch Werther lässt seinen überschäumenden Emotionen freien Lauf. Er nimmt die Realität nicht mehr wahr, befindet sich dabei in einem rauschähnlichen Zustand. Das geht so weit, dass er die Tatsache ignoriert, dass der Bauernbursche ein Mörder ist und er sich emphatisch für ihn einsetzt. Mit krankhafter Lebhaftigkeit und Inbrunst spricht er sich immerzu für dessen Begnadigung aus. Als dieser Versuch scheitert, bezieht der Egozentriker das vernichtende Urteil sofort auf sich selbst: „Du bist nicht zu retten, Unglücklicher! ich sehe wohl, daß wir nicht zu retten sind." (W 215)

190 Hein, Goethe, S. 72.
191 Scherpe, Werther und Wertherwirkung, S. 61.

Auch hier ist wieder die Einsicht zu sehen, dass er seinem Schicksal nicht entrinnen kann. Die Episode mit dem Knecht endet – wie Werthers Leben – mit einer Bluttat. Die Geschichte scheint ähnlich konstruiert. Oberflächlich gesehen durchlebt Goethes Romangestalt genau wie der Bauer alle Höhen und Tiefen einer unglücklichen Liebe. Eine einseitige Beziehung, die beiden den Verstand und Lebenswillen raubt. In einem wesentlichen Punkt unterscheiden sie sich jedoch: Ihr Handeln wird aus unterschiedlichen Gründen motiviert. Den Bauer treibt tatsächlich die Liebe und körperliche Anziehung in die Katastrophe. Er ist besessen von dem Gedanken, die Witwe zu besitzen und kann sich ein Leben ohne sie nicht vorstellen. Der Knecht zerbricht an der Unerreichbarkeit seiner Angebeteten.[192] Denn als ihm seine Herzensdame eine Abfuhr erteilt, ist er nicht mehr Herr seiner selbst. Der Schmerz abgewiesen zu werden, löst in ihm Aggressionen aus, die er gegen die Liebste und seinen Neben-buhler richtet. Werthers Untergang wird jedoch nicht von Lottes Zurück-weisung begründet. Seine selbstzerstörerische Prädisposition wird durch ihre Abfuhr lediglich verstärkt. Aus diesem Grund handelt Goethes Held anders als der Bauernbursche. Er projiziert seine Wut nicht auf Lotte und Albert. Zumindest denkt er nur kurz darüber nach, seinen Nebenbuhler zu ermorden. In erster Linie gelten seine Gewaltphantasien stets nur sich selbst.

1.3 Epilog: Der Gefangene des Lebens verlässt seine irdische Galeere

Im Laufe der Untersuchung wurde minutiös herausgearbeitet, woran der suizidal Veranlagte leidet. Als letzter Punkt sei nochmals das Gefühl der Einschränkung erwähnt, auf das nun ausführlicher eingegangen werden soll. Dass Goethe diesem Aspekt eine besondere Bedeutung beimisst, wird evident, wenn man sich im Text die vielen Umschreibungen für das Wort anschaut: Immerzu spricht der Protagonist die „Einschränkung" und die „Eingeschränktheit" an, sein Dasein empfindet er als „Kerker" und „Käfig", er beklagt die innere Enge, fühlt sich meist „eingeschränkt",

---

192 Gerhard, Melitta: Die Bauerburschenepisode im „Werther". Zeitschrift für Ästhetik und allgemeine Kunst-wissenschaft 11, in: Goethes „Werther". Kritik und Forschung, hg. v. Hans Peter Herrmann, Wege der For-schung, Band 607, Darmstadt 1994, S. 23-38, S. 37.

„gefangen", „beengt" und „eingesperrt". Auf diesen Punkt scheint es dem Autor entscheidend angekommen zu sein. Aus diesem Grund führt er Werthers Klagen über die menschliche Galeere seit Romanbeginn augenfällig vor.

Um sich nicht weiter einschränken zu lassen, wehrt sich das freiheits-liebende Individuum vehement, sich in ein bürgerliches Leben einzuglie-dern. Diese Einstellung spiegelt gleichzeitig die Kritik des Sturm-und-Drang-Genies an der Gesellschaft wider. Werther empfindet das Bürgertum als philiströs, weil es den Menschen durch Regeln, Konventionen und Arbeit einengt. Denn das führt wiederum dazu, dass sich die Menschen nicht von ihrem Herzen, sondern von ihrem Verstand leiten lassen. Die Entfaltung von Individualität und die Verwirklichung aller Fähigkeiten wird somit unmöglich. Werther hingegen verfolgt nur das eine Ziel: sich selbst frei zu entwickeln. Er kämpft mit aller Macht um eine eigenwillige Identität und schafft damit einen unüberbrückbaren Konflikt zwischen dem Ich und der Gesellschaft. Das empfindungsmächtige Subjekt isoliert sich selbst von der Außenwelt, für die er ohnehin nur Widerwille empfindet, wie sein vernichtendes Urteil über seine Mitmenschen zeigt: Für den Medikus zum Beispiel wählt er den Begriff „dogmatische Dratpuppe". Während des Besuchs auf dem Pfarrhof streitet er sich mit Herrn Schmidt, dem er Eigensinn und üblen Humor vorwirft. Der Gesandte ist ihm unerträglich. Den Adel empfindet er als abstoßend. Die neue Pfarrersfrau beschimpft er als „Frazze", weil sie die Nussbäume hat fällen lassen. Auch bei Albert sucht Goethes Held nach negativen Charaktereigenschaften. So unterstellt er ihm, dass er mehr Interesse an seiner Arbeit als an seiner Frau habe. Kurzum: Werther hat keinerlei „Gesinnungsgenossen".[193] Kai Schröder bringt es auf den Punkt: Goethes Romanfigur „leidet unter jeder Art von Einschränkung".[194] Hans Reiss sieht im Begriff „Einschränkung" das Schlüsselwort für die Krankheit und den Suizid des jungen

---

193 Hsia, Adrian: Werther in soziologischer Sicht, in: Analecta Helvetica et Germanica. Eine Festschrift zu Ehren von Hermann Boeschenstein, hg. v. A. Arnold / H. Eichner/ E. Heier / S. Hoefert, Bonn 1979, S. 154-169, S. 158.
194 Schröder, Schatten der Revolution, S. 32.

Protagonisten.[195] Sie ist jedoch nicht die Hauptursache für Werthers Unglück, sondern – wie bereits erwähnt – ein Grund von vielen.

Dieses perpetuierende Gefühl des Gefangenseins zieht sich leitmotivisch durch den gesamten Roman und verleiht dem Werther'schen Weltüberdruss Stringenz. Diesen Missstand benennt der Held bereits im sechsten Brief vom 17. Mai. Er lehnt es ab, einen bürgerlichen Beruf auszuüben, weil er das als Einengung der natürlichen Anlagen empfindet. Und verachtet all diejenigen, die sich dem gesellschaftlichen Druck beugen, ökonomische Leistungen in und für die Gesellschaft zu erbringen. Immer wieder kämpft Werther gegen diese Art von einschränkendem Zwang an. Dieses Motiv des Gefangenseins greift Goethe nach Werthers gescheiterter Gesandtschaftskarriere wieder auf. „Und daran seyd ihr all Schuld, die ihr mich in das Joch geschwazt, und mir so viel von Aktivität vorgesungen habt. [...] so will ich zehn Jahre noch mich auf der Galeere abarbeiten, auf der ich nun angeschmiedet bin" (W 132), schreibt er am 24. Dezember 1771. Oder am 20. Januar 1772: „Die Sonne geht herrlich unter über der schneeglänzenden Gegend, der Sturm ist hinüber gezogen. Und ich – muß mich wieder in meinen Käfig sperren." (W 138) Selbst in seinem letzten Brief versäumt es Werther nicht, noch einmal die Eingeschränktheit anzusprechen: „Ich hab manchen sterben sehen, aber so eingeschränkt ist die Menschheit, daß sie für ihres Daseyns Anfang und Ende keinen Sinn hat."(W 256)

Die menschliche Existenz mit all ihren Regeln und Normen empfindet Werther demnach seit jeher als Kerker, dem er stets zu entfliehen gehofft hatte. Doch erst nach einer langen innerseelischen Entwicklung hat er die Kraft seiner irdischen Galeere durch den Selbstmord zu entkommen. Gerhard Schmidt resümiert: „Der ‚tödliche' Wurm seines Wesens, akzeleriert durch das Jugendalter, verführt durch Weltschmerz und Pietismus als Zeitphänomene und genährt durch persönliche Erlebnisse, findet sein Ziel."[196] Damit unterstreicht Goethe noch einmal das Außenseitertum, aber vor allem den Nonkonformismus des Protagonisten: So wie Werther

195 Reiss, Goethes Romane, S. 36.
196 Schmidt, Krankheit zum Tode, S. 25.

im Leben gegen alle gesellschaftlichen Regeln verstoßen hat, missachtet er sie auch im Tod. Er wählt den Selbstmord und macht sich damit zum Ausgegrenzten.[197] Die als Sünde deklarierte Freveltat wird im Briefroman selbst jedoch nicht als lasterhafte Handlung dargestellt. Der Freitod wird nicht als Verstoß gegen die vernunftorientierten, gesellschaftlichen Traditionen inszeniert oder als moralisch verwerflich angesehen. Die Selbsttötung wird zwar stellvertretend für das aufklärerische Vernunftprinzip vom nüchternen Verstandesmenschen Albert verurteilt, dessen ungeachtet lässt Goethe den Suizid durch seinen tragischen Helden als notwendiges Ergebnis eines langen selbstzerstörerischen Seelenprozesses idealisieren.

2. Friedrich Maximilian Klinger

Klingers Dramen haben in der Forschung nur wenig Beachtung gefunden. In den vergangenen Jahrzehnten sind hierzu sporadisch Untersuchungen erschienen. Es gibt nur wenige Arbeiten, zudem meist älteren Datums, wie beispielsweise die von Max Lanz (1942)[198], Olga Smoljan (1962)[199], Christoph Hering (1966)[200] und Werner Kließ (1970)[201], die sich so allgemein mit den einzelnen Stücken befassen, dass eine profunde Analyse auf der Strecke geblieben ist; die Herausarbeitung des FreitodsMotivs fehlt gänzlich. Auch neuere Interpretationen wie die von Martina Schönenborn (2004)[202] etwa streifen Klingers Werk lediglich. Gerade deswegen sollen im Folgenden häufig und sehr breit Belegstellen aus den hier behandelten Trauerspielen „Otto" (1775) und „Das leidende Weib" (1775) sowie dem Schauspiel „Die neue Arria" (1776) zitiert werden, um einen besseren Einblick in die nahezu vergessenen Stücke zu gewähren.

---

197 Koopmann, Helmut: Goethes Werther – der Roman einer Krise und ihrer Bewältigung, in: Was soll ein Roman? Tröster – Freudenspender – Religionsersatz, Baden 1995, S. 7-28, S. 8.

198 Vgl. Lanz, Max: Klinger und Shakespeare, Zürich 1942.

199 Vgl. Smoljan, Olga: Friedrich Maximilian Klinger. Leben und Werk, Beiträge zur Deutschen Klassik, Weimar 1962 (im Folgenden abgekürzt: Smoljan, Klinger).

200 Vgl. Hering, Christoph: Friedrich Maximilian Klinger. Der Weltmann als Dichter, Berlin 1966.

201 Vgl. Kließ, Sturm und Drang.

202 Vgl. Schönenborn, Martina: Tugend und Autonomie. Die literarische Modellierung der Tochterfigur im Trauerspiel des 18. Jahrhunderts, Göttingen 2004.

„Otto" – Freitod aus Welthass

Der Ritter Otto ist ein tapferer Soldat, der in der Vergangenheit mit großen Heldentaten geglänzt hat. In der Gegenwart aber ist er zum Nichtstun verdammt: Denn statt in den Krieg ziehen zu dürfen, bittet ihn Karl, Herzog Friedrichs ältester Sohn, auf seinen Hof und seine Frau Adelheide aufzupassen. Nur widerwillig gibt der Protagonist dem Wunsch des Freundes nach und muss schweren Herzens mitansehen, wie seine Kameraden ohne ihn in den Kampf aufbrechen. Otto verfällt psychisch wie physisch. Er leidet unter seiner Machtlosigkeit und Passivität. Und so fällt es Graf Normann leicht, ihn in diesem Zustand durch eine Intrige gegen Karl aufzubringen. Normann überzeugt den verliebten Otto, dass sich seine Angebetete Gisella heimlich mit Graf Ludwig trifft und Karl davon gewusst hat. Daraufhin verlässt Otto den Hof, um Karls Widersacher, seinen Bruder Konrad und Bischof Adelbert, zu unterstützen. Erst spät erkennt der tragische Held, dass er in einen Hinterhalt geraten ist. Aus Rache tötet er zunächst Normann und richtet sich dann selbst.

2.1 „Ein unausstehliches Leben"

Klinger greift in seinem Erstlingswerk auf das feudale Ethos zurück. Der Ritter Otto verkörpert einen genialen Kraftmenschen, der sich inbrünstig gegen die Welt auflehnt. Hinter dem aufbrausenden rebellischen Charakter des Soldaten versteckt sich genauso wie hinter Werther die gesellschaftliche Unerfülltheit des frustrierten Bürgers. Diese Unzufriedenheit drückt Klinger durch seinen dramatischen Protagonisten jedoch anders aus als Goethe durch seinen Romanhelden: Otto ist nicht der sensible, empfindsame Typ, dennoch wird im Rückblick betrachtet deutlich, dass auch er ein „leidendes, blutendes Herz"[203] hat wie Werther. Im Laufe der Untersuchung werden sich immer mehr Gemeinsamkeiten zwischen den beiden herausstellen. Denn der Ritter teilt mit Werther sehr

---

203 Klinger, Friedrich Maximilian: Otto, in: Friedrich Maximilian Klingers dramatische Jugendwerke, hg. v. Hans Berendt / Kurt Wolff, I. Band, Leipzig 1913, S. 1-139, S. 138 (im Folgenden werden Zitate unter Verwendung der Sigle „O" im Text und in den Fußnoten nachgewiesen).

wohl den Seelenschmerz, die Lebensuntüchtigkeit und seine stetig wachsende Todessehnsucht. Ihre große Gemeinsamkeit aber ist die suizidale Prädisposition. Diese selbstdestruktive Veranlagung wird auch Otto zugrunde richten und nicht – wie etwa Olga Smoljan behauptet – die Erkenntnis, Opfer einer Intrige geworden zu sein.[204]

Das Drama ist voll von literarischen Anspielungen, jedoch nicht nur auf den Briefroman. Der Autor hat sich unter anderem auch von Goethes Ritterdrama *Götz* inspirieren lassen. Bei der Konzeption des Charakters seiner Titelgestalt wird dies erkennbar: Denn Otto ähnelt mit seinem selbstbewussten, mutigen und trotzigen Auftreten sehr dem ungestümen und freiheitsliebenden Ritter Götz. Beide sind kraftvolle, individualistische Persönlichkeiten, die unter anderem durch ihre Unbestechlichkeit, Tapferkeit und Furchtlosigkeit hervorstechen.

Klinger schickt seinen Helden erst am Ende des dritten Auftrittes auf die Bühne. Bis dahin überlässt er es Anderen, Otto zu charakterisieren. Der stolze Ritter fällt vor allem durch sein Temperament auf. „Er ist ein Teufel, der Otto", formuliert es Adelbert im zweiten Auftritt des ersten Aufzugs. Er ist einer, der seine Emotionen nur schlecht im Zaum hält. Kompromisslos und mit vollem Einsatz will er seinen Willen stets durchsetzen. Otto ist ein Mann, „der hitzig auf seine Ehre hält, den eine kleine Beleidigung aufbringt" (O 132). Oberflächlich betrachtet, sollen diese positiven Eigenschaften Ottos Stärke und Kraft unterstreichen. Dieser Eindruck wird insbesondere durch Gisellas Dienerin bestätigt, die eine Lobesrede auf den Soldaten hält: „Ich sah den Otto einmal, und so keinen Mann seh ich mehr. War das nicht ein Mann, ein wahrer Mann! Wenn er so auf seinem Horst, dem großen stolzen Schimmel herein sprengte, war's groß anzusehen. Allen Rittern war die Seel in den Augen; man sah's ihnen an, wie sie seine Gegenwart fühlten, alle neigten sich, und ihr Blick war, wär ich der Mann!" (O 35) Auf den ersten Blick verkörpert Otto einen selbstbewussten Siegertypen. Der tapfere Soldat wird von seinen Mitmenschen bewundert. Das unterscheidet ihn zunächst noch

---

204 Vgl. Smoljan, Klinger, S. 35-48.

von Werther, der sich schon zu Romananfang als Gescheiterter zu erkennen gibt. Otto neigt auch nicht zu Selbstzweifeln oder zu Pessimismus; das soll zumindest die Aussage des Mädchens suggerieren. Doch wenn man genauer hinschaut, fällt auf, dass sich schon im zweiten Aufzug eine andere Grundtendenz andeutet. Der Ritter, der nicht mit in den Krieg ziehen darf, empfindet seinen Alltag als sinnentleert. Untätigkeit und Trägheit disponieren den Menschen eben zur Melancholie:[205] „Ist mirs so warm ums Herz, so ungeduldig. So geht's, wenn man so lang nicht dran war, aus langer Weile jagt, aus Müßiggang Bücher liest, die die Kerls in Müßiggang gemacht haben. Ein unausstehliches Leben, da zu liegen wie die Pfaffen, und nur zu fressen!" (O 51) In das schöne Bild des tapferen, jungen Mannes mischen sich also schon früh dunkle Töne. Dieser letzte Satz ist der erste Hinweis auf die Schwermut des Helden und auch auf dessen Daseinsüberdruss. Klinger hat damit zudem Ottos Lebensuntüchtigkeit hervorgehoben: Denn der Ritter definiert sich nur über den Kampf. Die Wesensmerkmale, die Gisellas Mädchen, Adelbert und Reuter als positive Attribute hervorheben, sind Indizien, die gegen Otto als lebenskräftige Figur sprechen. Hinter dem übertriebenen Selbstbewusstsein verbirgt sich seine Labilität. Das polternde Auftreten soll hinwegtäuschen über seine Schwächen: Auf Probleme etwa reagiert er mit übertriebenem Zorn. Ottos Leben wird von seinem Hang zur Gewalt geleitet. Diese Charaktereigenschaft wird von Klinger augenfällig unterstrichen. Sie soll schon früh auf Ottos Welthass verweisen. Denn die Aggressionen sind ein Symptom seiner Abneigung gegen jeden und alles. Aus diesem Grund fällt Otto ein Dasein außerhalb des Schlachtfeldes schwer. Nur im Krieg – in seiner Welt – kann er existieren. Hier kann er rücksichtslos Gewalt ausüben. In der Realität hingegen muss er sich auf zwischenmenschliche Interaktionen einlassen. Auch er erweist sich demnach wie Werther – wenngleich in anderer Ausprägung – als jemand, der alle Regeln des sozialen Lebens bricht. Er ist ein Nonkonformist, der durch sein Verhalten den Platz in der Gesellschaft selbst verwirkt.

---

205 Vgl. zu diesem Thema Valk, Melancholie, S. 94.

Sein übertriebenes Verlangen, sich ausschließlich auf dem Schlachtfeld behaupten zu wollen, kann zudem als Zeichen seiner vorbehaltlosen und heroischen Sterbebereitschaft gewertet werden. Denn im Krieg hat Otto stets den Tod vor Augen. Jeder Tag könnte sein letzter sein. Und genau diese Ungewissheit oder besser gesagt die Hoffnung, im Kampf zu fallen, motiviert ihn.

2.2 Verdichtung unheilvoller Zeichen

Die These, die gegen Otto als lebenskräftige Figur und für sein unabwendbares tragisches Ende spricht, kann im zweiten Aufzug anhand zahlreicher, dunkler Vorboten belegt werden. Klinger flicht in diesem Abschnitt viele Motive und scheinbar beiläufig erwähnte Geschichten ein, die alle Verweischarakter auf das tödliche Finale haben.

Der Eingangspassus setzt mit einer düsteren Nebenhandlung ein, in der ein lebensmüder Einsiedler die Hauptrolle spielt (zweiter Aufzug, erster Auftritt). Das Publikum wird Zeuge eines makraben Szenarios: Es kann dabei zusehen, wie der alte Mann Schicht für Schicht die Erde aus dem Boden hebt, bis ein tiefes, schwarzes Loch entsteht, in das sich der Unglückliche hineinsehnt. Es dürfte dabei kein Zufall sein, dass sich das Grab unter eben jenen zwei Linden befindet, die auch in Goethes Roman als Todesboten fungieren. Während der Alte gräbt, gewährt er Einblicke in seinen Gemütszustand. Er spricht von seinen „schlaffen Nerven", von „Gebeinen ohne Mark und Säfte" und dass das „Herz der Freude gestorben" sei (O 36). Er ist ein Mann, der keinerlei Lebensmotivation mehr hat und nur noch auf eine baldige Erlösung hofft. Anhand des Schicksals des Einsiedlers beschreibt Klinger, wie auch der Ritter ganz allmählich abgleiten wird. Diese Episode soll Ottos Entwicklungsverlauf präfigurieren. Eine weitere Gelegenheit, ein vorausdeutendes Zeichen im Text zu platzieren, findet der Autor, als er von Ottos Ausritt mit seinem Pferd berichtet (zweiter Aufzug, dritter Auftritt). Das Tier, das der Ritter wegen seiner Stärke und Schnelligkeit schätzt, versagt ihm nun seine Dienste. Wie der Gaul wird auch er sinnbildlich erlahmen.

Das gewaltige Unwetter – eine Analogie zur Gewitterszene aus Goethes „Werther" – von dem eine Alte im selben Auftritt erzählt, ist ebenfalls ein antizipatorisches Motiv. Der Blitz hat Menschen und Tiere getötet. Die Natur tritt hier als vernichtende Kraft auf, die Elend und Tod bringt. Der Sturm verweist auf Ottos tragisch verlaufende Geschichte. Verstärkt wird dies durch die Prophezeiung der alten Frau, die dem Soldaten – in Anlehnung an die hellseherischen Hexen aus Shakespeares MacBeth – eine finstere Zukunft voraussagt. „Siehst blutig aus, guter Mann; blutig, wirst bluten. Trau Menschen nicht honigsüß, behäng dich nicht mit Weibern! Reit sachte, dein Gaul hinkt. Siehst blutig aus!" (O 43)

2.3 Das unaufhaltsame Abgleiten des Helden

Spätestens im achten Auftritt des zweiten Aufzugs, unmittelbar nachdem Karl den Ritter darum bittet, nicht in den Krieg zu ziehen und stattdessen auf das Schloss aufzupassen, wird für den Zuschauer noch offensichtlicher, was sich schon in den bereits untersuchten Passagen abgezeichnet hat: Für Otto, der sich als Soldat zurückgesetzt fühlt, gibt es im Leben keine sinnstiftende Basis mehr, nicht zuletzt deswegen, weil damit auch die Hoffnung, im Kampf zu sterben, erloschen ist. Erstmals rückt Klinger an dieser Stelle die emotionale Seite seines Helden ins Licht. Er lässt Otto von seinem gekränkten Herzen sprechen: „Daß ich hier bleiben soll, das will mir nun gar nicht in Kopf; neckt mich immer mehr am Herzen! Nun bey meiner Seel, wenn man so lange auf was wartet, unds denn kommt, denn nichts." (O 54) Nur widerwillig beugt er sich dem Willen des Freundes – damit beginnt sein unaufhaltsames Abgleiten. Während er vor dieser Forderung noch von der Hoffnung gelebt hat, seine Kräfte wieder in einem Kampf einsetzen zu können, ist diese Quelle nun versiegt. Er fühlt sich zutiefst in seiner Ehre als Soldat verletzt. Entsprechend aggressiv sind seine Gedanken. In seinen Gewaltphantasien malt er sich aus, wie er dem „ersten besten Schurken, der ihm in Wurf kommt, den Hals bricht" (O 55). Doch nicht nur als Soldat, sondern auch als Mann erleidet er eine schmähliche Niederlage. Otto, der in Gisella verliebt ist, erfährt in derselben Szene von deren vermeintlicher Affäre mit Ludwig. Es ist Normann, der ihm davon berichtet, wohlwissend, dass der naive Ritter dies nicht durchschauen wird. Die Szene erinnert an die aus Shakespeares „Othello", in der Feldherr „Othello" von dem listigen Fähnrich Jago hintergangen wird: Denn auch Jago gelingt es, Othello von der Untreue seiner Gattin Desdemona zu überzeugen. Damit nimmt die Katastrophe ihren Lauf: Der tragische Held ermordet seine Frau und tötet sich, als ihm bewusst wird, dass er das Opfer einer Intrige geworden ist.

Normanns Hinterhalt löst in Otto eine Wesensveränderung aus. „Du hast mir da was gesagt, das mich in ein rasendes Thier verwandeln könnte" (O 56), gesteht er. Der Held verspürt Herzschmerz[206] und gibt zu, dass ihn diese Nachricht nahezu „wahnwitzig" (O 57) macht. Die vermeintlich fehlende Emotionslosigkeit tritt nun in den Vordergrund. Und so kann der Kraftmensch Otto mit Recht doch noch als empfindsame Seele bezeichnet werden, die mit Werther ähnliche Ängste und Qualen teilt.

Nachdem Otto von der angeblichen heimlichen Liebesbeziehung Gisellas unterrichtet worden ist, bröckelt die Fassade des vermeintlich starken und selbstbewussten Ritters. Durch die erlebten Enttäuschungen kommt nun verstärkt die andere Seite der Klinger'schen Figur zu Tage, deren Denken von tiefer Verzweiflung, extremer Wut und Mordgelüsten geprägt ist. Diese Phase, die Otto innerhalb seiner innerseelischen Entwicklung durchläuft, gipfelt in einem menschenverabscheuenden Aufschrei: „Das treibt mich um, wie die Verzweiflung. Brüll, brüll, brüll, Otto! – hah daß sie sterben für'm Geschrey – alles, alles wahr! Der Milchjunge meiner spotten! lachen – und betrogen – – ha, ha, ha, was die Menschen für Teufel sind, im Habit eines Heiligen! Pfuy, pfuy fürm Menschen! – – das macht mich toll, vor meinen Augen – " (O 61). So fulminant, wie der neunte Auftritt beginnt, endet er auch. Otto denkt nochmals über seine Situation nach: Er, der tapfere Ritter, wurde zur einfachen Palastwache degradiert und damit zu einem sinnlosen Dasein gezwungen, daher wünscht er seinen ehemaligen Kameraden den Tod.[207]

---

206 O 56: „Das wurmt mir am Herzen!"

207 Ebd., S. 62: „Otto, wie stehst du da? wie stehst du da! Schloßwächter! Schloßwächter! [...] Hah blaßt, blaßt und krepirt! wieder – wieder – noch einmal – oh blaßt mich um den Verstand!"

2.4 Blinde Zerstörungswut

Im folgenden Entwicklungsstadium wird Ottos Welthass vom Autor nachdrücklicher in Szene gesetzt. Die Seelenqualen des Ritters nehmen zu, als er die Soldaten tatsächlich ohne ihn in den Krieg ziehen sieht. Der glorreiche Auszug der Männer verdeutlicht ihm nochmals, dass er als Kämpfer nicht mehr gebraucht wird und vermittelt ihm das Gefühl der Nutzlosigkeit. Ab diesem Zeitpunkt mischen sich zu den Gewaltphantasien, die sich bisher nur auf andere bezogen, auch Aggressionen gegen sich selbst (zehnter Auftritt, zweiter Aufzug). Die von Klinger bisher nur angedeutete Todessehnsucht des Helden nimmt nun klare Konturen an: „– – – Leg dich schlafen – – oh dieses tiefe, tiefe Leiden! – mein ehrliches Herz so betrogen" (O 63), beklagt sich Otto. Der Wunsch nach Schlaf – eine in der Literatur weit verbreitete Todesmetapher[208] – ist zu verstehen als das Verlangen zu sterben. Er, der wie Werther am Leben zu zerbrechen droht, sehnt sich den ewigen Schlaf herbei, der ihn von allen Qualen erlösen soll. Das „tiefe Leiden", auf das der Autor hier zu sprechen kommt, ruft Assoziationen an Werthers „Krankheit zum Todte" hervor. Eine weitere Parallele zwischen den beiden Werken ist der vorgespielte Selbstmord, den sowohl Goethe während des Disputs zwischen Werther und Albert (Brief vom 12. August 1771) als auch Klinger im zehnten Auftritt des zweiten Aufzugs inszeniert.[209] Diese Geste antizipiert die Selbsttötung. Otto wird sich am Ende des Stückes genau auf diese Weise umbringen. Zu diesem Zeitpunkt zieht er den Freitod jedoch nur theoretisch in Erwägung. Denn noch erscheint ihm der Suizid als „unmännlich" und „schimpflich" (O 63).

Der Ritter sinnt zudem nach Vergeltung. Er will sich an denen rächen, die ihn hintergangen haben. Durch dieses starke Verlangen angetrieben, findet der Menschen- und Welthass endgültig Eingang in seine Seele. Geradezu nihilistisch beschwört Otto im zwölften Auftritt des zweiten Aufzugs das Leben als schmerzvolles Treiben: „Es giebt keinen Teufel,

208 Macho, Thomas H.: Todesmetaphern. Zur Logik der Grenzerfahrung, Frankfurt a. M. 1987, S. 40.
209 O 63: „[...] was ist das? dies ein Schwerd, das ich hier an meiner Seite hab? ein Schwerd, zu was? zu was? Du hast ein Schwerd, und weißt nicht zu was. (er zieht's, setzt's auf die Brust.) Durch! durch!"

Adelheide, das wäre Ueberfluß. Seht nur, wie sie einander quälen und martern. Sich ein Haufen vereinigt, einen guten Kerl in die Mitte nehmen, und so lange an ihm petzen und ihn drängen, bis sie mit ihm fertig sind." (O 65) Mit diesem verzweifelten Aufschrei entlarvt sich ein weiteres Mal seine pessimistische Grundhaltung. Die Welt gleicht der Hölle, in der Menschen wie Teufel einander nur verletzen. Dies ist für ihn ein unerträglicher Zustand, der ihm so sehr verleidet ist, dass sich ihm der Tod als einzig mögliche Alternative darbietet. Suizid und Mord – darum kreisen im vierzehnten Auftritt des zweiten Aufzugs – während sich seine Kameraden im Krieg befinden – die Gedanken des Ritters: „Brich, festes, unüberwindliches Herz – – hier wirf dich hin, Wurm mit der Riesenseele und krepir! (wirft sich an einem Baum hin) keinen Menschen beleidigt – – Menschen, Menschen! Morden will ich den, der sagt, der Teufel sey in der Hölle; morden, wers glaubt. Da kommt einer." (O 67) Von Szene zu Szene offenbart sich der Held immer offensichtlicher als passiver und an der Welt leidender Melancholiker. Er tendiert auch wie Werther zur Fixierung auf sich selbst, so dass er nur noch sein eigenes Leid sieht.[210] Immerzu beweint er sein tristes Leben, beklagt den vermeintlichen Verrat seiner Freunde und wie sie seiner spotten.

Ab diesem dritten Auftritt des dritten Aufzugs, nachdem sich Otto in seinem Kummer Gisella anvertraut, tritt eine weitere wichtige Verhaltensänderung ein. Klinger lässt die depressive Seite des Helden mit aller Deutlichkeit zutage treten: Der Ritter selbst beschreibt sich als apathisch, der „nichts großes mehr denkt" und „ausgeht, wie ein Schwindsüchtiger" (O 80). Durch den Verlust von realen Alternativen (Krieg/Liebe) hat Otto keinerlei Sendung mehr auf Erden. Die Verwirklichung des Ichs ist somit gescheitert. Denn der zunächst unbeugsame und kompromisslose Ritter, der nach seinen eigenen Regeln und Gesetzen leben wollte, hat kapituliert. Statt um seine Rechte zu kämpfen, muss er sich beugen (erst Karls Bitte, später seinen Feinden). Und so fühlt er sich um seine Freiheit betrogen. Um das negative Lebensgefühl des Soldaten noch einmal pointiert zu kennzeichnen, wählt Klinger eine Metapher aus Goethes

---

210 Ebd., S. 79: „Ich bin verdammt zur Marter in Ewigkeit."

Briefroman: die Kerker-Symbolik. Der Protagonist empfindet das Sein – ähnlich wie Werther – als unerträglichen Käfig, der ihn in jederlei Hinsicht einschränkt und dem es zu entfliehen gilt. Diesem Jammertal kann nur durch Suizid ein Ende gesetzt werden und so fleht Otto seine Herzensdame nach Erlösung: „Gisella, hauch mich an mit allem deinem Gift, blaß, mein Leben aus, auf Einen Streich!" (O 80)

Die seelische Verfinsterung und Zerrüttung des Helden wird im fünften Auftritt des dritten Aufzugs erneut mit einer Analogie aus dem „Werther" veranschaulicht: „Das Leben ist nichts mehr für mich, alle Ruhe ist hin. Da geh ich herum, wie ein Schatten, gepeinigt und gemartert von bösen Geistern in meinem Herzn tausendweiß." (O 86) Otto spricht ähnlich wie Werther. Er beschreibt die gleiche Unruhe und innerseelischen Qualen, die auch Goethes Held immerzu beklagt. Bei Werther ist es der Lebensekel, der ihn zum Außenseiter macht. Bei Otto ist es der stetig zunehmende Welthass, der ihn blind für die Realität werden lässt. Je größer diese Verachtung wird, desto gnadenloser wird er auch anderen gegenüber, die er alle ausnahmslos für sein tragisches Schicksal verantwortlich macht wie beispielsweise Karl, Ludwig und Gisella.[211] Anders als Werther, der nur kurz mit den Gedanken spielt, Albert zu töten (Brief vom 21. August 1772), überwiegen bei Otto die destruktiven Reflexionen, in denen der qualvolle Mord an seinen Widersachern im Vordergrund steht. Otto begnügt sich nicht mit der einfachen Vorstellung ihres Sterbens, sondern malt sich minutiös und beinahe lustvoll aus, wie er ihnen Leid zufügt.[212] Dieser tief empfundene Hass wird ihm zur einzigen Antriebsquelle. Seine individuelle Ohnmacht, seine Unterdrückung und Frustration ist bei ihm – zumindest zunächst – nicht wie bei Werther an masochistische, sondern an

---

211 Ebd., 86: „Heiliger Gott, was ist aus mir worden? Karl, so fest hieng meine Seele an dir, und da sie an dir hieng, lebte ich frey, hatte noch nichts vom beißenden Nagen am Herzen, kein Schreyen; du hast die Treue gemordet – ah! nun Karl! – wie schrecklich mußt du mich betrogen haben – so auf Einen Riß aus meinem Herzen, auf Einen Riß, und keine Spur? – mußt mich betrogen haben; hab's, hab's, hab's, Verräther! Ludwig! höhnendes Weib! – Rache auf! – nimm mich ganz."

212 Ebd., S. 95: „Laß mich über die Verräther kommen; ein Bräutigamslied singen, wobey Menschen Blut weinen sollen! Fort, fort! – Hah Ludwig, wenn ich dich habe: dich! will ich dich martern nach und nach; dir deine Braut zuführen; du am Pfahl gepfählt, ich dir durch's Herz bohrend, bohrend, dich langsam sterben sehen, hüpfend deiner Verzweiflung zusehn".

sadistische Zerstörungswut gekoppelt.[213] Es ist seine Art und auch ein Versuch, das Gefühl der Wertlosigkeit und der inneren Leere auszugleichen. Diese gewaltsamen Phantasien kann er jedoch längst nicht mehr ausleben, weil er sowohl auf physischer als auch auf psychischer Ebene ein gebrochener Mann ist. Das bleibt auch seiner Umwelt nicht verborgen. In Ottos geschwächtem Körper lebt lediglich die tiefe Verachtung für seine Mitmenschen und blinde Zerstörungswut weiter, die ihn unaufhörlich den Wunsch nach Rache äußern lässt.

Ottos Hass erreicht seinen Höhepunkt, als er von Gebhard erfährt, dass er das Opfer einer Intrige geworden ist: „Brich los, Zorn! Wuth! aller verderbender grimmiger Zorn, der je im Menschen war, ihn zu Mord und Greuel antrieb, hause, wüthe in mir! Verblend meine Augen! Mein Hirn will ich ausschlagen, kommt mir ein andrer Gedanke als Blut, blutige Rache und Mord. Und, hab ich volle gnügende Rache, so drück mirs Herz ab! geschändet will ich nicht leben. So geschändet!" (O 132) Dieser Umstand verschärft die tödlichen Aggressionen des Protagonisten. „Ich hasse dich und alle Welt" (O 132), offenbart sich Otto gegenüber Gebhard. „Ich will keinem Menschen mehr trauen." (O 133) Mit diesen beiden „Kampfansagen" sagt er sich endgültig von allen los und zieht die für ihn logische Konsequenz: Er gibt seinem destruktiven Trieb nach und tötet. Es ist eine finstere, stürmische Nacht, als Klinger den Titelhelden im achten Auftritt des fünften Aufzugs in seinen vorletzten Kampf schickt. Der geschwächte Ritter schwingt sich auf zu längst vergessenen Kräften. Wie einst als strahlender Krieger stürzt er in Normanns Zimmer, bedrängt, bedroht und ermordet ihn.

2.5 Ein feierlicher Abschied

Nach dem Mord will der Soldat nicht mehr Teil einer Welt sein, die er von Herzen ablehnt und die er für verabscheuungswürdig hält. All seine vernichtenden Gedanken fokussieren sich nun ausschließlich und konkret auf sich selbst. Der zehnte Auftritt des fünften Aufzugs ist in seinem Duktus durch und durch autodestruktiv.

---

213 Ebd., 95: [...] meine Seele dürstet nach Blut und Mord unlöschbar!"

Der Unglückliche betritt allein und zutiefst deprimiert die Bühne. Ein Unwetter unterstreicht die düstere Untergangsszene, in der er letztmals agiert. Es ist eine „fürchterliche Nacht", der „Himmel ist grimmig", es blitzt und donnert. Otto, der schon immer die Hoffnung hatte, dieses Leben vorzeitig zu verlassen, beschließt seinem Kummer ein Ende zu setzen. Er möchte seiner Seele – ähnlich wie Werther seinem „gedrängten Herzen"[214] – Luft machen: „Oh meine Seele, du hast das brennende nagende Bewustseyn, das mich foltert und wahnsinnig macht. Luft will ich dir machen; keine Welt kanns auslöschen. Ein geschändeter Mann – alles verlohren!" (O 137) Kurz vor dem Suizid durchläuft Otto eine ähnliche Phase wie Goethes Held. Der Ritter hat innerhalb seines innerseelischen Zerstörungsprozesses das Stadium des Wahnsinns erreicht. „Weg mit dem verfluchten Philosophiren! ich philosophirte mir dem Verstand weg" (O 138), gibt er selbst am Ende des zehnten Auftritts zu. Nur wenige Sätze später kommt er erneut darauf zu sprechen: „Komm du schaales Geschöpf, nimm meinen gekränkten Geist, mein leidendes blutendes Herz, meinen Wahnsinn – und denn – der Schande entgehn" (O 138).

Werther ähnlich ist Ottos Verhalten auch, wenn es darum geht, seine Selbsttötung zu zelebrieren: Er nimmt sich genau wie Goethes Protagonist Zeit für die letzte Tat. Wie bei einer Zeremonie jede Geste von Bedeutung ist, misst auch der Ritter jeder noch so kleinen Handlung Wichtigkeit bei. Wie es einem stolzen und tapferen Krieger gebührt, nimmt Otto feierlich und furchtlos Abschied vom Leben. Langsam zieht er das Schwert, wischt ganz behutsam Normanns Blut an seinem Mantel ab, hält noch einmal inne. Unmittelbar vor Ablauf seiner Lebensfrist ertönt ein starker Donner, dann ersticht sich der Ritter – wieder eine Parallele zu Shakespeares Othello, der sich auf dieselbe Art tötet. Ottos letzte Worte gelten Gott. Es ist kein schneller und brutaler Selbstmord, den Klinger auf der Bühne umsetzt. Das Publikum wird vielmehr Zeuge eines Suizides, der wie ein feierlicher Akt wirkt, bei dem der suizidal Veranlagte bewusst und mutig von der Schaubühne des Lebens tritt.

---

214 W 150.

3. „Das leidende Weib" – Freitod aus übersteigerter Empfindsamkeit

Der Protagonist von Brand aus dem „Leidenden Weib" hat sich in die Frau eines Gesandten verliebt und mit ihr eine Affäre begonnen. Es ist eine Beziehung, die von Leidenschaft, tiefen Emotionen aber auch zerstörerischen Schuldgefühlen bestimmt wird. Der melancholische Held fühlt sich im übertriebenen Maße für den Fehltritt der Gesandtin verantwortlich. Immerzu quält er sich mit Selbstvorwürfen. Es kommt zur Katastrophe, als auch Graf Louis, der von der heimlichen Verbindung zwischen der Gesandtin und von Brand erfährt, die verheiratete Frau für sich gewinnen will. Als Louis sie nach einem Ballbesuch in einem Bauernhaus mit Gewalt verführen will, tötet von Brand den Rivalen. Kurz danach beichtet die Gesandtin ihrem Mann ihre Affäre mit von Brand – und stirbt. Von Brand folgt seiner Liebsten: Er nimmt sich auf ihrem Grab das Leben.

3.1 Selbstkasteiung

Kaum hat von Brand in der zweiten Szene des ersten Aktes die Bühne betreten, schon erkennt der Zuschauer, in welch aufgewühltem Zustand er sich befindet. Der Held in Klingers Trauerspiel „Das leidende Weib" ist nervös und überspannt. Er kann sich daher kaum auf das Brettspiel mit Baron Blum konzentrieren: „Laß es gut seyn, Blum; das Spiel ist zu kalt für die Wallungen meines Bluts. Ich kann nicht begreifen, wie einer an dem Spiel sitzen kann – – Sag mir was, zerstreu mich, jag mir die Bilder vor den Augen weg!"[215] Die „Wallungen" des Blutes scheinen seine Seele aus dem Gleichgewicht gebracht zu haben. Hierbei handelt es sich jedoch nicht um eine vorübergehende Phase. Die Unausgeglichenheit und Unruhe sind beständige Wesensmerkmale der Klinger'schen Figur. Von Brand wird immerzu von einer bis zum Rausch gesteigerten Gefühlsintensität geleitet, wie Blums Aussage belegt: „Mit dir gehts so wunderbar, weiß der Teufel, wie's wieder mit dir steht! Immer im Taumel! was soll noch

215 Klinger, Friedrich Maximilian: Das leidende Weib, in: Friedrich Maximilian Klingers dramatische Jugend-werke, hg. v. Hans Berendt / Kurt Wolff, I. Band, Leipzig 1912, S. 141-227, S. 153 (im Folgenden werden Zitate unter Verwendung der Sigle „LW" im Text und in den Fußnoten nachgewiesen).

draus werden, ewiger Kreusel? Was jagt dich wieder? He Grillen, Grillen? zum Teufel mit, lieber Brand!" (LW 154) Die Umschreibungen „Wallungen des Blutes", „Taumel", „ewiger Kreusel" und „Grillen" deuten alle in dieselbe Richtung: Sie lassen seine übersteigerte Empfindsamkeit erkennen, die im Handlungsverlauf in ihrer extremen Eskalierung seinen Untergang begründen wird. Wie sehr er übertreibt, zeigt sich exemplarisch in seiner Beziehung mit der verheirateten Gesandtin, die er mal als „hohen Engel", dann wieder als „Heilige" und sogar als „Göttin" betitelt. Der Held bereut diese Affäre derart, dass seine Gewissensbisse über das normale Maß hinausgehen. Er fühlt sich schuldig, schließlich hat er als Freund der Familie das Vertrauen des Geheimrates missbraucht, indem er dessen Tochter verführt hat – eine Konstellation, die an die aus „Miß Sara Sampson" erinnert: Bei Lessing ist es Mellefont, der einen vertrauten Umgang mit dem Vater pflegt, bevor er die tugendhafte Sara ins Verderben stürzt.

Anders als Mellefont plagt sich von Brand jedoch mit immer stärker werdenden und extremen Schuldgefühlen, die schon in der zweiten Szene in Gedanken selbststrafenden Inhalts gipfeln: „Leidenschaft! brennende Leidenschaft! ich möchte mir die Augen aus dem Kopf reißen." (LW 154) Oder an anderer Stelle: „O könnt ich die Sünde von meiner Seele abwaschen; könnt ich sie erst aus diesem Herzen reißen." (LW 155) Das ganze Trauerspiel durchziehen solche selbstkasteienden Bekenntnisse. In diesen Passagen lässt sich bei von Brand eine krankhaft ausgeprägte Melancholie erkennen, die sich in seinem Falle durch einen destruktiv-aggressiven Masochismus äußert: Im höchsten Maße steht er seiner eigenen Person feindselig gegenüber, er macht sich zu seinem eigenen Hassobjekt, setzt sich unentwegt selbst herab und äußert unaufhörlich den Wunsch, sich Gewalt anzutun. In diesem Punkt unterscheidet er sich von Werther: Er verstößt zwar auch gegen die Institution der Ehe, weil er sich auf eine verheiratete Frau einlässt, aber im Gegensatz zu Goethes Romanheld, in dessen Wortschatz Tugend und Sitte nicht vorkommen, führt er sich die unmoralische Handlung unentwegt vor Augen. Das bedeutet jedoch nicht, dass von Brand damit die hoch eingestuften aufklärerischen Eigenschaften wie Moral und Anstand vertritt. Er symbolisiert genau wie Werther und Otto das epochentypische Sturm-und-Drang-Genie. Schließlich lässt auch er sich stets von seinen Emotionen leiten. Die Gefühle hatte und hat er zum wichtigsten Bestandteil seines Lebens gemacht. Auch bei von Brand lässt sich ein Drang zur Rebellion feststellen: Er interessiert sich nicht – zunächst jedenfalls – für das bürgerliche wohlgeordnete Eheleben, sondern beginnt mit der Gesandtin eine leidenschaftliche Affäre. Erst nach dem Fehltritt quält er sich immerzu mit Selbstbeschuldigungen, die jedoch nicht hauptsächlich durch den Fehltritt verursacht werden, sondern – damit schließt sich der Kreis – durch seine masochistische und melancholische Veranlagung.

Und so werden die selbstdestruktiven Gedanken zunehmend radikaler, wie sein Ausbruch beispielsweise gegen Ende derselben Szene beweist: „Mir war immer die Keuschheit das Heiligste am Weibe. Und ich ihr Zerstörer! Liebe! und immer mehr Liebe, und immer mehr Zerstörer! Mein einziger Wunsch und Begierde! Hör, lieber Blum, die ganze Familie kann zu Grunde gehn, die Kerls am Hofe alle sind wider sie." (LW 154) Das empfindungsmächtige Subjekt fühlt sich nicht nur für den außerehelichen Fehltritt der Gesandtin hauptverantwortlich, sondern aufgrund seiner überspannten Einbildungskraft auch im übertriebenen Maße für alle Konsequenzen, die die Affäre mit sich ziehen könnte. Von Brand bezeichnet sich angesichts dieser selbstgewonnenen Erkenntnis als „Zerstörer". Damit exponiert Klinger ein weiteres Mal von Brands exaltierte Empfindsamkeit, die ihn zu der Fehleinschätzung und zu immer stärker werdenden masochistischen Anschuldigungen leiten. Obwohl sich von außen betrachtet kein weiterer Grund für die Hasstiraden gegen sich selbst bietet, setzen sich die Gedanken um Selbstbestrafung weiter fort, wie der Ausbruch in der fünften Szene des ersten Aktes beweist: „O du heiliger Engel! Könnt ichs gut machen, alle Männer sollten mich mit Pfriemen hauen, bis ich meinen Geist aufgäbe." (LW 164) In diesem Zitat kann ein eindeutiges Zeichen für seinen masochistischen Leidenswillen und sein Lustempfinden erkannt werden. Von Brand braucht und kultiviert diese destruktiven Gefühle, weil er über das

Leid die sexuell bedingte Lust, die er für die Gesandtin empfindet, zu unterdrücken versucht.

3.2 Die Gewissheit zu sterben

Die Selbstkasteiung findet im Vorsatz zu sterben ihre letzte Steigerung. Von Brand scheint sich vom ersten Augenblick an darüber im Klaren zu sein. Nur so ist es zu erklären, dass er seiner Liebsten voll dunkler Vorahnung bereits im ersten Akt Lebwohl sagt. Die siebte Szene steht daher ganz unter dem Zeichen des Abschiednehmens. Von Brand und die Gesandtin werden sich bis auf einen kurzen Augenblick gegen Ende des Trauerspiels nicht mehr begegnen.

Das Arrangement das Schauplatzes, in dem Klinger seine Protagonisten letztmals aufeinander treffen lässt, ähnelt dem aus Werthers Brief vom 10. September 1771. Die Liebenden machen einen unheimlich anmutenden Garten als ihren Treffpunkt aus. Wie in Goethes Roman ist es auch bei Klinger nachts, als sich von Brand und die Gesandtin gegenüberstehen. Der „silberne blasse Mond" und die „keuschen Sterne" schimmern über ihre Häupter. Im finsteren Boskett erreicht das destruktive Verlangen des Helden seinen Höhepunkt. Als die verheiratete Frau ihm ihr Leid gesteht, wie sehr sie unter dem Begangenen leidet, bricht sich bei von Brand endgültig der Todeswunsch Bahn, der bisher nur mühsam zurückgehalten worden ist: „Du zerreißt mir noch das Herz mit deinem Geschwätz. Ich halts nicht aus, ja ich wills thun", gesteht er, um dann konkret das auszusprechen, wonach sein Herz verlangt. „Mich todtschießen; vor deinen Augen will ichs thun." (LW 170) Schonungslos offen weiht er die Geliebte in seine dunkelsten Überlegungen ein. Der Suizid wird jetzt nicht mehr nur angedeutet, sondern Gewissheit. Von Brand möchte seinen Qualen ein Ende setzen. Wie definitiv dieser Entschluss ist, beweist die düstere Aussicht, die darauf schließen lässt, dass der Held noch nicht einmal mehr die Hoffnung hat zu genesen und auch keinerlei Lebensambitionen aufweist: „Hier liegen, ruhen meine Augen, in deinen unaussprechlichen Reizen wühlen sie. Ich verführte.

Malgen! Malgen! (umfaßt sie) so müssen wir in die andre Welt gehen."
(LW 171) Er spricht von einer Wiedervereinigung mit der Gesandtin im
Jenseits. Und so klingt von Brands Aussage wie ein Versprechen auf ein
versöhnliches Ende in einer anderen Sphäre. Mit dieser Aussicht geht das
Paar auseinander. Sie nehmen am Ende der siebten Szene – ohne es
ausdrücklich auszusprechen – Abschied voneinander.

3.3 Suizidales Präludium

Mit immer wiederkehrenden Hinweisen bereitet Klinger vom Ende des
ersten bis zum Ende des dritten Aktes auf den Niedergang seines
Protagonisten vor. Das Besondere daran ist, dass der Held in dieser Zeitspanne kein einziges Mal auftritt. Die anderen Figuren des Stückes über-
nehmen bis zu von Brands Erscheinen im vierten Akt repräsentativ die
Aufgabe, die Todessehnsucht der Titelfigur von Szene zu Szene zu
transportieren. Diese Phase kann daher als Präludium des suizidalen
Finales bezeichnet werden. In dieser Zeitspanne konfrontiert der Autor
den Zuschauer mit dem Lebensüberdruss anderer. Da ist zum Beispiel
Louis' verzweifelter Aufschrei, in dem das Motiv der Selbsttötung angedeutet wird: „So muß ich an ihrem Busen liegen, und sollte sie in der
ersten Umfassung des Tods seyn. Brand! Brand! daß du mir das Leben
nimmst" (LW 176), klagt er, als er von der Affäre der Gesandtin mit
seinem Rivalen erfährt.

Eine besondere Bedeutung muss der dritten Szene des zweiten Aktes
beigemessen werden, in der Franz und Läufer über das Thema Selbstmord reden. An der Namensgleichheit der Figur „Läufer" mit Lenzens
Protagonisten „Läufer" aus seinem Drama „Der Hofmeister" wird erneut
deutlich, wie sehr sich Klinger von anderen literarischen Werken hat
inspirieren lassen. An dieser Stelle zeigt sich auch erneut der große
Einfluss, den Goethe auf ihn hat, da dieses Gespräch unverkennbar an
den Disput zwischen Werther und Albert erinnert.[216] Klinger hat diesen
berühmten Streit über den Freitod mit Absicht in seinen Text eingebaut,

---

216 Vgl. dazu Berendt, Hans: Vorwort, in: Friedrich Maximilian Klingers dramatische Jugendwerke, hg. v. Hans
Berendt / Kurt Wolff, I. Band, Leipzig 1912, S. XXXIII.

um die Parallelen und damit die suizidale Veranlagung der beiden Helden zu markieren. Der einzige Unterschied ist, dass Goethe Werther selbst über die Selbsttötung diskutieren lässt. Klinger hingegen entscheidet sich dafür, dass zwei andere Figuren – stellvertretend für von Brand – diese Unterhaltung führen: „Könnt ich ihnen doch all das Gehirn austreten, die für oder darwider schreiben. Seit die Welt steht, haben sie's Maul aufgerissen, disputirt und geschmiert, keiner trifts, kanns treffen. Ach wie wißt ihr, was im Menschen vorgeht zur selben Zeit. So lang er Kraft hat, sich zu souteniren, bleibt er euch gewiß. Uebersteigt sie seine Eitelkeit, Selbstigkeit – das läßt sich nicht angeben. Bedauert ihn, er mußte wohl losreißen. Da liegts eben, daß sie das Leiden des krümmenden Wurms, in dem sichs peinlich wälzt, nur in der Ferne sehen, denn erst sehen, wenn er schon weg ist. Träten sie näher; sähens, wies in ihm arbeitet, denn reif wird." (LW 186-187) So wie Werther Verständnis für die Selbstmörderin zeigt und empathisch für sie Partei ergreift, so argumentiert auch Franz. Er beurteilt nicht nach abstrakten Vernunftkriterien, sondern nach emotionalen. Aus diesem Grund kann er sich in die destruktiven Gedankengängen und in die zerrüttete Psyche eines am Leben Leidenden hineinfühlen, so dass für ihn die suizidale Tat durchaus eine notwendige Reaktion ist. Damit richtet er sich genau wie Goethes Held gegen all die Moralisten, die sich für die Verurteilung des Suizids einsetzen. Zu der Einstellung, dass die Selbstvernichtung eine vertretbare Alternative darbietet, seinem Elend zu entkommen, bekennt sich nicht nur Franz, sondern auch der Hofmeister (wieder ein intertextueller Verweis auf Lenz) in der zweiten Szene des dritten Aktes. Das Sein ist ihm eine Quelle des Leids und so lautet seine bittere Bilanz: „Ich schöß mir eine Kugel vorn Kopf, der Marter loszukommen." (LW 199)

3.4 Wahnsinn, Rache, Mord

Mit einem stürmischen Auftritt kehrt von Brand zu Beginn des vierten Aktes auf die Bühne zurück. Die überspannte Einbildungskraft ist umgeschlagen in Wahnvorstellungen: Wie zuvor in seine Selbstanklagen hat er sich nun in den Gedanken hineingesteigert, er könnte die Geliebte an seinen vermeintlichen Widersacher verlieren. Das löst in ihm Aggressionen aus, die seine Mitmenschen betreffen, welche insbesondere aber gegen seinen Widersacher Louis gerichtet sind: „Zwey lange, lange Tage hab ich sie [d.i. Gesandtin] nicht gesehen. Visiten und Gesellschaft; ach! das ewig daurende Gebrause. All das Geschmeiß nähert sich ihr, wärmt sich an ihrer Gottheit. Ich möchte sie alle erwürgen; sitze da in der Ecke – und der Louis! Blum, der Louis! er küßte ihre Hand, er küßte sie auf eine Art – warum stieß ich ihn nicht nieder!" (LW 203) Diese Gewaltphantasien enden – wie beim Ritter Otto – mit Mord.

Immerzu betont von Brand, dass ihn der Gedanke rasend macht, Louis in der Nähe seiner Liebsten zu wissen. Er empfindet diese Vorstellung als „Hölle und Tod" zugleich. Winselnd beklagt er unentwegt sein Leid und manövriert sich damit in wie für ihn üblich emotional übertriebener Manier in einen in die Katastrophe führenden Zustand, der von Eifersucht, Hass und Rache bestimmt ist. Mit Sorge wird er darauf von Blum angesprochen: „Laß dich kastriren, armer Junge, armes Gehirn! (LW 205) Doch der Unglückliche bleibt störrisch gegen alle Bekundungen des Freundes. Und so endet der vierte Akt so stürmisch, wie er begonnen hat: Wie von Sinnen stürzt von Brand auf die Bühne und erschießt seinen Rivalen Louis.

3.5 Dunkle Vorahnungen und Visionen

Parallel zu den Mordgelüsten wächst die Todessehnsucht des Helden weiter. Klinger bringt von Brands Todeswunsch im Werther'schen Stil zum Ausdruck, indem er den Protagonisten beinahe wörtlich aus Goethes Briefroman zitieren lässt: „Einer von uns muß weg! Ich halts nicht aus; Einer muß!" (LW 204) Dass er, von Brand, derjenige ist, der fortgehen muss, bestätigt er im darauffolgenden Satz. „Willst du dich um den Kopf bringen? sie umbringen?", fragt ihn Blum. „Mich tausendmal" (LW 204), antwortet der Unglückliche. Um auf das suizidale Finale hinzuweisen, bedient sich der Autor eines weiteren stilistischen Mittels, das der

Vorahnung und des Traumes – beide traditionelle Motive der Vorausdeutungen. In der vierten Szene des vierten Aktes überlässt es Klinger seiner weiblichen Titelfigur, die dunkle Zukunft zu präfigurieren. Grabesatmosphäre bestimmt die Szene, als die Gesandtin endlich die Bühne betritt. Der bevorstehende Ball – eigentlich ein Grund zur Freude – löst in ihr ein beklemmendes Gefühl aus. Ihrer finsteren Stimmung entsprechend überlegt sie, eine schwarze Robe zum Tanz anzuziehen. Die unheilvollen Visionen werden intensiver: „Stürb ich, und hätt mein Todtenkleid an! Dahin zu fahren? Louise, so angst war mirs noch nie ums Herz. Dieser Tag! Dieser Tag!" (LW 210) Zudem berichtet die Gesandtin von einem schrecklichen Traum, der sie in ihren dunklen Vorahnungen weiter bestärkt. Die Prophezeiungen werden unmittelbar vor dem Ball zur traurigen Gewissheit, und so erbittet die Gesandtin sich Kraft und Stärke für ihren letzten Gang: „Ach, die Reise, die ich vor mir hab, von reinen Engeln weggestoßen, vom Thron des Allmächtigen weggestoßen! Steht mir bey, ihr Engel! Helft den schweren Kampf erfechten!" (LW 221)

Am Ende all dieser Visionen steht die Bereitschaft, das eigene Schicksal zu akzeptieren. Die Heldin sieht dem Übergang ins Jenseits mit Leichtigkeit entgegen. Den angedeuteten Selbstmord der Protagonistin setzt Klinger in der dritten Szene des fünften Aktes um. Er lässt die Unglückliche in einem schwarzen langen Kleid und mit zerzausten Haaren auftreten. Zudem räumt er der Gesandtin einen zusätzlichen Monolog ein, um ihre Todessehnsucht und -seligkeit noch einmal im Text zu kennzeichnen. Denn es ist nicht Verzweiflung, die aus ihren Worten spricht, sondern die Gelassenheit einer Frau, die sich im Jenseits Erlösung erhofft: „Jesus! mir wird ja so wohl! wenn sich doch Gott erbarmte, mich hinzunehmen, eh der Richter käm – mit flammendem Aug und brennendem Zorn! Ich fühl nichts mehr – wenns der Tod wär! – Meine Hände kalt – Erstarrung" (LW 221), lauten ihre letzten Worte, bevor sie mit dem Kopf aufs Kanapee fällt und stirbt. Der Autor lässt offen, woran die Gesandtin stirbt. Die genaue Ursache bleibt ungewiss und ist nicht relevant. Wichtig dabei ist Klinger, darzustellen, wie sie sich geistig und körperlich selbst aufgegeben hat, um damit auf die Selbstvernichtung seiner männlichen Titelfigur zu verweisen.

Kaum wiederzuerkennen, kehrt von Brand in der fünften Szene des fünften Aktes auf die Bühne zurück. Zu diesem Zeitpunkt weiß er zwar noch nichts vom Tod der Liebsten. Seine Seelenqualen sind jedoch schon so übermächtig, dass sie ihn aufgezehrt haben. Der Held wirkt wie ein Schatten seiner selbst, ist abgemagert, schwach und zerschlagen. Blum vergleicht ihn mit einem „Todtengerippe, fürchterlich", so als hätte er „im Grabe gelegen" (LW 223). Ähnlich wie die Geliebte wird auch der Held von düsteren Bildern heimgesucht: „Ueberall schleicht sie [d.i. Gesandtin] mir nach. Schon drey Nächte hintereinander sah ich sie in Todtenkleidern; sie winkt mir mit Geberden, mit Zeichen – ich muß verzweifeln, wenns noch länger dauert. Ich glaub, sie ist todt."(LW 223) Die Verstorbene ruft ihn zu sich ins Jenseits und diesem Ruf folgt der Held gerne. Doch die Erscheinung der Gesandtin ist viel mehr als nur ein Indikator für den bevorstehenden Tod. Dieses Erlebnis ist gleichzeitig ein Verstärker der von Brand'schen Selbstkasteiungen. Denn dadurch potenzieren sich seine Selbstmordphantasien. Und da es ihm nicht gelungen ist, sich von seinen dominierend masochistischen Zwängen zu befreien, denkt er nun intensiv, konkret und in üblich autoaggressiver Manier über die Art nach, wie er sich umbringen soll: „Was hab ich gethan? Die nagende, peinigende Verzweiflung – in Schande und Grube gestürzt; sie hats keinen Tag ausgehalten. Lieber, schieß mich vor den Kopf, daß ich weg komme! Warum rissest du mich weg? Schaff mir Nachricht, oder mit diesem Messer – ich hab noch so viel Kraft, mirs durch die Brust zu stossen." (LW 223)

3.6 Wollüstiger Übertritt ins Jenseits

Als von Brand dann tatsächlich vom Tod der Angebeteten erfährt, schwingt sich der tragische Held in der sechsten Szene des fünften Aktes zu einem letzten fulminanten Auftritt auf. Er eilt zum Friedhof, auf dem seine Liebste liegt. Wie zu Beginn des Trauerspiels wird er dabei wieder so stark von übertriebenen Gefühlen beherrscht, dass seine Handlungen exaltiert und grotesk wirken. Beinahe hysterisch stürzt er sich auf das Grab der Geliebten: „Da unten liegst du? die Erde all über dir? Los, los! weg, verfluchte Erde! Meiner Liebe näher!", ruft er wie von Sinnen aus und schaufelt mit bloßen Händen die Erde weg. Leidenschaftlicher denn je sind die Anklagen, die er gegen sich selbst erhebt. Peinvoll vergegenwärtigt er sich noch einmal die auf ihm lastende Schuld. „Hab die Liebe getödtet. Verdammung ewig über mich! Saust, Winde; reißt meine Seele weg; weht sie hin in Nichts! Tief – nicht tiefer! Engel, deine heilige Ruhe stören mit verfluchten Händen – Gieb mir Raum in Todesgruft! Nicht weiter – deine heilige Ruhe – lieg still, Todesstill! Gieb mir Raum in Todesgruft!" Der Suizid als Tat rückt mit einer bis dahin nie dagewesenen Vehemenz vor die längst entschiedene Seele. Er will sterben – und zwar mit derselben Passion, mit der er sich bislang in alles hineingesteigert hat. Von Brand empfindet den Freitod jedoch nicht als Opfer, sondern als tapfere und lustvolle Selbstbestrafung. Es ist daher nicht der Weg des leisen, stillen Abschieds, den er für den selbstvollzogenen Überschritt in eine Welt jenseits des irdischen Lebens wählt. Der letzte Gang wird stattdessen in wollüstiger Breite und mit morbider Gefühlsseligkeit umgesetzt. Der Zuschauer wird Zeuge eines theatralischen Zusammenbruchs. Er sieht, wie sich von Brand auf die Totengruft der Geliebten wirft und sich einen gewaltsamen Tod herbeisehnt: „Ich muß ihren Sarg, auf ihrem Sarg mein Leben ausbluten. Ach Malgen (wühlt in die Erde) mein Leben auf deinem Grabe ausbluten." (LW 225) Makabrer hätte Klinger das Endszenario kaum konzipieren können. Er zeigt, wie sein exaltierter Held sich auf dem Grab der Gesandtin ein Messer durch das Herz bohrt – und stirbt.

4. „Die neue Arria" – Freitod als Flucht vor sich selbst

In Klingers Schauspiel hat sich der empfindsame Poet Julio von der sensiblen Laura getrennt, um um die dominante Solina zu werben. Anfangs wird er von der stolzen Pisanerin abgewiesen, weil diese will, dass er sich ihrer zunächst als würdig erweist: Der labile Julio soll sich ihr unterwerfen. Er soll mit Heldentaten über sich hinauswachsen und dadurch zu Macht und Ruhm gelangen. Konkret verlangt die ehrgeizige Donna von ihm, die Herzogin Kornelia aus Prinz Galbinos, Graf Drullos sowie Ludowikos Fängen zu befreien. Julio willigt ein und schafft das scheinbar Unmögliche: Durch die Liebe zu Solina entwickelt er sich zu einem tapferen Mann, der von seinen Mitmenschen bewundert wird. Doch durch eine Intrige und nach Lauras Tod, für den sich Julio verantwortlich fühlt, kommt es zur Wende. Als der tragische Held die Herzogin retten will, wird er von seinen Gegnern übermannt und ins Gefängnis gebracht, wo er sich zusammen mit Solina umbringt.

Obwohl beide Protagonisten Selbstmord begehen, steht im Folgenden nur die Freitod-Motivation der männlichen Titelfigur im Mittelpunkt, weil nur sie eine zerstörerische innerseelische Entwicklung durchläuft.

4.1 Der Keim des Untergangs

Als sich der Vorhang in der zweiten Szene über die Bühne hebt, sitzt Klingers Held Julio in Solinas Wohnung weinend mit dem Gesicht auf dem Tisch. Lange hält es Julio jedoch in dieser Position nicht aus. Aufgeregt springt er auf, führt Selbstgespräche. Der Zuschauer erlebt einen aufgelösten jungen Mann. Die Tatsache, dass er seine Angebetete nicht zu Hause angetroffen hat, scheint der Grund für seine Nervosität zu sein. Doch die Frage seines Vetters Ludowikos lässt vermuten, dass die Ursache für seine Überspanntheit weiter zurück liegt: „Wo bist du die drey Nächte und Täge wieder herumgefahren, Wüthiger?"[217] Der Protagonist wird also schon länger – und nicht erst seit dem Besuch bei Solina – von innerer Unruhe geplagt, wie sein ständiges Unterwegssein zeigt. Das Motiv des ziellosen Umherirrens, das in Goethes Jugendroman oft verwendet wird, setzt nun auch Klinger ein. Dadurch soll die Rastlosigkeit der Figur betont werden. Der Autor spielt damit schon früh auf den geistigen Kampf des Helden mit sich selbst an. Julio wird beherrscht

---

217 Klinger, Friedrich Maximilian: Die neue Arria, in: Friedrich Maximlian Klingers dramatische Jugendwerke, hg. v. Hans Berendt / Kurt Wolff, II. Band, Leipzig 1913, S. 6-123, S. 21 (im Folgenden werden Zitate unter Verwendung der Sigle „NA" im Text und in den Fußnoten nachgewiesen).

von seelischer Labilität und Unausgeglichenheit, wie Ludowikos Äußerung beweist: „Wenn dus so forttreibst, deine garstige rasende Wirthschaft, leg ich dich in Ketten und schlepp dich nach Teutschland zum Onkel." (NA 21) Diese Worte werfen ein schlechtes Licht auf Julios Gesamtdisposition. Auf den Freund wirkt der Protagonist wie ein Wahnsinniger, der die Kontrolle über sein Leben verloren hat und der „in Ketten gelegt" werden muss. Zu den oben genannten Charaktereigenschaften kommen Gewaltbereitschaft und leichte Reizbarkeit hinzu. All diese negativen Gefühle zusammengenommen destruieren die Lebenskräfte des Helden. „O ich halt das dumme, matte Leben nicht mehr aus" (NA 21), gesteht er schon bei seinem ersten Auftritt. Klingers tragische Titelgestalt zeigt sich also schon zu Beginn des Schauspiels schwermütig. Damit erinnert er erneut an Werther. Ohnehin ist Julio von den beiden bisher vorgestellten Klinger'schen Figuren Otto und von Brand derjenige, der Goethes Held am ähnlichsten ist. Der Autor lenkt den Blick des Zuschauers auf die vielen Gemeinsamkeiten. Das beweist die Tatsache, dass Motive aus dem Briefroman in „Die neue Arria" von ihm so offensichtlich aufgegriffen und umgesetzt werden, dass der Bezug zu „Werther" unübersehbar ist. Ein Beispiel hierfür ist Julios leidenschaftlicher Ausbruch in derselben Szene: „Zapf mir das Blut ab, verkälte es wie das Deinige, erstick meine Hitze, mein Feuer, erwürg mein Gefühl [...]." (NA 21) Ähnlich spricht auch Werther zu Beginn des Romans von seinem „empörenden Blut" (13. Mai 1771) und gegen Ende von einem inneren Toben, das seine Brust zu zerreißen droht und ihm die Gurgel zupresst (8. Dezember 1772). Klinger hat damit eine ähnliche Bildkonstellation wie Goethe erstellt, die die inneren zerstörerischen Kräfte der suizidal Veranlagten veranschaulichen soll.

Weitere Parallelen sind die Trennungen, die sowohl Julio als auch Goethes Held hinter sich haben. Werther hat Leonore, Julio die sensible Laura verlassen. Hinzu kommt der seelische Überreichtum, der die Umsetzung ihrer künstlerischen Talente verhindert. Der Dichter Julio leidet ebenfalls darunter, seine Begabungen nicht ausleben zu können.

Das offenbart die Bitte, die er an Ludowiko richtet: „Schaff mir einen Platz, wo ich all meine Thätigkeit, all mein Vermögen brauch; wo meine Ehrbegierde freyes, unbeschränktes Feld hat, herumzutummeln, hinanzugelangen, und sie zu verdienen." (NA 21) Die Schuld seiner Untätigkeit liegt – wie bei Werther – in ihm selbst. Hinzu kommt der Widerwille, sich einer Arbeit unterzuordnen. Um dieser Aversion Nachdruck zu verleihen, zieht Klinger den Vergleich mit einer Drahtpuppe heran – eine Entlehnung aus Goethes Briefroman: „Für was hälst du mich, mit deinem Schicksal? für eine Marionette am Draht geführt?", lässt er Julio fragen. „Was das für ein elender Gedanke ist für einen Menschen, der sich fühlt: sich leiten zu lassen, dahin und dorthin. Lieber mein Leben bey der Erde geblieben, als einer fremden Macht was zu verdanken zu haben."[218] (NA 22) Auch hier zeigt sich das typische Verhalten des weltabgewandten Individuums, das sich weigert, einer geregelten Tätigkeit nachzugehen. Es wehrt sich gegen jegliche Fremdbestimmung.

In Julios Charakter, das hat die zweite Szene des Stückes also deutlich gemacht, liegt der Keim des Untergangs. Angedeutet wird dies im Text durch Ludowikos Aussage über die Lebenspläne des Helden: „Und nach der Art, wie du dem deinigen [d.i. Ziel] entgegen arbeitest brichst du zehen Hälse, und scheiterst tausendmal auf der Fahrt, eh du einen deiner übertriebenen Wünsche befriedigst."(NA 22)

4.2 Trennung als Überlebenschance: die labile Laura gegen die starke Solina

Die Liebesgeschichte aus dem „Werther" wird auch in „Die neue Arria" in abgewandelter Form aufgegriffen: Julio begehrt Solina – eine schwierige Beziehung mit tödlichen Folgen. Oberflächlich gesehen könnte in Klingers Schauspiel ebenfalls der Eindruck erweckt werden, dass der Titelheld an der Liebe zu einer schönen Frau scheitert. Doch auch in diesem Fall wird sehr schnell deutlich, dass das amouröse Verhältnis

---

218 Vgl. W 136: „Ich spiele mit, vielmehr, ich werde gespielt wie eine Marionette, und fasse manchmal meinen Nachbar an der hölzernen Hand und schaudere zurück."

nicht schuld an seinem Niedergang ist – zumindest nicht hauptsächlich. Denn Julio ergeht es wie Werther, als er sich für Solina entscheidet. Er ahnt, dass ihn diese Liaison zerstören wird: „Liebe will ich. Meine Seele ist bestimmt. Liebe! Liebe! will sie fordern, und wenn sie mich vernichtete!" (NA 26) Jenseits aller Vernunft kämpft Klingers Held dennoch um die stolze Donna und gerät in einen Strudel aus Verzweiflung, Verwirrung und Schwermut.

Um zu verstehen, warum er sich auf Solina einlässt, muss zunächst geklärt werden, weshalb sich Julio zuvor von Laura abgewandt hat, die noch immer tiefe Gefühle für ihn hegt. Die Antwort findet sich, wenn man die weiblichen Figuren miteinander vergleicht. Klinger hat die beiden stark kontrastierend angelegt: Auf der einen Seite steht Laura, sie verkörpert die empfindsame Unschuld und Tugend. Ihr Antlitz wird als „heiliges Gesicht" mit „himmlischen Augen" beschrieben. Amante schwärmt in der ersten Szene von ihr und erhebt sie zur „heiligen keuschen Laura". Ihr Vater Paulo erwähnt ihre zarte Seele, die durch Julios Abfuhr in tiefe Melancholie verfallen ist. Sie selbst beklagt ihr kleines und schwaches Herz. Gegen Ende der zweiten Szene erinnert sich Julio an Laura als „liebes Geschöpf", dessen „sanftes, mildes Wesen" zeitweilig aufhellend auf sein düsteres Gemüt wirkt. Doch zu mehr ist sie nicht in der Lage. Kurzum: Laura ist das weibliche Pendant zu Julio. Sie ist sogar mehr als das. Man kann sie durchaus als sein Spiegelbild bezeichnen. Viele ihrer Charakterzüge wie beispielsweise der Hang zur Melancholie, ihre Empfindsamkeit und Schwäche ähneln denen Julios. Und genau diese Eigenschaften verabscheut der Held. Er verlässt Laura, weil ihm durch sie seine eigene Labilität bewusst geworden ist und weil er erkennt, dass sie ihn nicht zu Großem beflügeln könnte. An ihrer Seite würde er nicht wachsen. Sie würde sein geringes Selbstbewusstsein nicht stärken können. Dazu bedarf es Solina, die Julio sofort und bereitwillig gegen die sensible Laura eintauscht. Die Pisanerin verkörpert die femme fatale und ist somit das absolute Gegenteil von Laura. Statt mit Keuschheit sticht sie durch erotische Anziehungskraft, Größe und Selbstvertrauen hervor. Das spiegelt sich auf ihrem Gesicht wider, das sich durch „viel Charakter" auszeichnet. Genau von dieser Kraft fühlt sich Julio magisch angezogen. Das ist die Erklärung für sein Verhalten. Durch die Beziehung mit der starken Solina will er sein labiles Ich aufwerten und seine Schwäche durch ihre Kraft kompensieren. Der empfindsame Protagonist möchte aber auch so sein wie sie: stark und unbezwingbar. Julios eindringlicher Wunsch nach Vereinigung mit der Angebeteten ist in nuce der verzweifelte Versuch, vor sich selbst zu fliehen – und damit im weitesten Sinne zu überleben. Und so greift er nach dem letzten, rettenden Strohhalm, der sich ihm in Form der Liebe bietet. Ohne sie glaubt er, nichts zu sein, mit der labilen Laura wäre er ebenso wenig überlebensfähig. Nur an der Seite der stolzen Donna glaubt er, sich zu großen Taten aufschwingen zu können. Sein Werben um Solina ist daher auch als sein letzter Versuch zur Selbstverwirklichung zu deuten. Julio, ein von der Gesellschaft Ausgeschlossener, erhofft sich durch Solina die individuelle Freiheit. Demütig bittet er daher um Erwiderung seiner Gefühle: „Erhabene Solina! lassen Sie michs hören! machen Sie mich zum König, zum Gott! alles werd ich durch das einzige Wort. Sie sollen sehn, was Julio wird." (NA 27) Die Art, wie er um die schöne Donna wirbt, bestätigt, dass es ihm in erster Linie nicht um die Erwiderung seiner Gefühle geht. Denn Julios Worte klingen weniger verliebt als selbstgefällig. Er will sie um seinetwillen erobern. Weitere Beweise dafür liefern die Schwärmereien aus der zweiten Szene: „Göttin! Göttin! die du auf einen Blik, Menschen über Menschen hebst!" (NA 28) Und: „Ist dir Julio zu klein? Deine Liebe, Pisanerin, Julio hat Adlers Schwingen. Solina! Deine Liebe! Du sollst sagen, ich sey deiner würdig. Bey dieser hohen Miene. Du sollst stolz auf mich seyn." (NA 28)

4.3 Seelische Selbstaufgabe

Als ihn Solina tatsächlich erhört und ihm ihre Liebe gesteht, scheint sich der Lebenstraum des Helden zu erfüllen. Fordernd, wie die stolze Pisanerin ist, verlangt sie von ihm das, was er ohnehin bereit ist zu geben: seine Seele, sein Herz – alles.[219] In ihrer Wesensart erinnert die weibliche

---

219 NA 29: „Du weißt nicht, wie du deine Seele gebunden hast; wie viel Solina von dem fordert, den sie, wie dich, ansieht. Hör Julio! Deine Seele, dein Herz, Du! Du! mußt mein seyn. Könnt ich mehr haben, ich müßt'

Protagonistin an die betörende griechische Sagengestalt Medusa: Wer ihr nicht widerstehen kann, wird ins Unglück gestürzt. So wird es auch Julio ergehen, dennoch lässt er sich auf ihre Forderungen ein.[220] Der „Pakt", den er daher mit ihr schließt, verdient deswegen eine besondere Beachtung, weil er Julios seelische Selbstaufgabe symbolisiert (ab der zweiten Hälfte der zweiten Szene). „So hebe und treibe mich, bis ich deiner würdig bin" (NA 29), bittet er seine Herzensdame. Indem er sich ihr ausliefert, gelingt ihm zwar die temporäre Flucht vor dem verhassten Ich, doch im Gegenzug verliert er damit seine Eigenständigkeit und Freiheit. Denn fortan übernimmt Solina die Kontrolle über sein Denken und Handeln. Fremdgesteuert durch sie wird er – ohne es zu merken – zu dem, was er verabscheut: zu einer Drahtpuppe.

Devot ordnet er sich der einnehmenden Pisanerin unter, die Höchstleistungen von ihm verlangt: „Weh dir Julio! ist dir Solina nicht, was der Erde die Sonne; was der belebende Hauch der ganzen Natur. Deine Hand! ah so zittre! weh dir, wirst du der Mann nicht den deine Augen und Stirn prophezeyen!" (NA 30) Ihre Forderungen klingen streng und bedrohlich. Immerzu setzt sie ihn unter Druck. Ohne es direkt anzusprechen, hält sie ihm zudem seine Schwächen vor, verspottet ihn. Als Erklärung und Entschuldigung für die von ihr angesprochene fehlende Größe legt Julio ihr sein düsteres Seelenleben offen. Er gesteht ihr, wie sehr er unter der Einschränkung auf Erden leidet. Er spricht von seinen inneren Kämpfen, der geistigen Verwirrung, dem schmerzenden Herzen und der großen Frustration wegen seiner brachliegenden Kräfte. Dieses schonungslose Bekenntnis ist ein weiterer Schritt in Richtung Selbstaufgabe, weil er seine Verwundbarkeit preisgegeben hat. Julio aber erhofft sich durch die Offenlegung, dass Solina all seine negativen Gefühle ins Gegenteil verkehrt. Aus diesem Grund lässt er sich widerstandslos von

es haben. In der großen, weiten Welt muß nichts deinen Blick halten. Von meinen Augen mußt du leben, weben, abhängen und seyn. Ist ein Fäserchen, ein Blutstropfen in deiner ganzen Maschine, das nicht durch mich wallt, soll sich Solina vor dich hinstellen, ein Blik, und du bist hin."

220 Ebd., S. 30: „Julio, wenn die Liebe nicht Welten in dir schafft, in deiner Seele wekt und facht, deine Stärke und Muth auf die höchste Spitze treibt! (sieht ihn starr an) Starr mich an! hast du Unternehmen in den Augen? Zeig! wir wollen doch sehen! Julio keine Schwäche! Weh dir hast du Cäsars Blike nicht, die durchfahren und aller Herzen beugen. Ha der Junge! – wahrhaftig er sieht iovalisch! Bettel Majestät! – Starr! laß mich was göttliches auf deiner Stirne sehn, daß sich mein Geist vor dir neige!"

ihr antreiben. Und so verlangt die ehrgeizige Donna eine so genannte Mut- und Zerreißprobe, die ihm zu Macht und Stärke verhelfen soll. Julio muss die unterdrückte Herzogin Kornelia bei Hofe befreien und darf sich in Zukunft zudem keinerlei Schwächen und Fehler erlauben: „Der Mann, bey dem ich Unterhaltung finden soll, sagt ich dir oft, muß einen Geist haben, hochgespannt, ohne überspannt. Muß fähig seyn, Thaten zu unternehmen so groß und übersteigend, daß alle jetztlebende Männer sagen müssen; Er ist der Größte von uns allen." (NA 36-37) Diese Ansprüche, die Solina an den seelisch Labilen stellt, sind so hoch, dass sie naturgemäß auf Dauer nicht erfüllt werden können. Daher nimmt es nicht wunder, dass Julio durch seine völlige Selbstaufgabe tiefer denn je in den Abgrund des Leidens und Scheiterns gerissen wird.

4.4 Lauras Schicksal als tödliche Vorankündigung

Zur Unterstützung des tragisch verlaufenden Schicksals des Helden flicht der Autor Julios düstere Begegnung mit Laura ein. Es ist nachts, als der Protagonist in der dritten Szene des ersten Aktes Paulos (Lauras Vater) Wohnung betritt. Es herrscht eine bedrückende Stimmung, die durch das Erscheinen der Unglücklichen noch verstärkt wird. Sie ist eine vom Kummer schwer gezeichnete Frau: blass, schwach und krank. Ihre traurigen Worte verraten, dass Julios Betrug sie zugrunde gerichtet hat. Seit der schmerzhaften Trennung fehlt ihr der Wille zum Weitermachen und so steuert sie zum Zeitpunkt des Wiedersehens unaufhaltsam dem Ende zu. Laura ist sich ihres physischen Untergangs sicher.[221] Interessant an dieser Szene ist, dass der Held von Klinger als Vorbote des Todes eingesetzt wird. Denn Julios Besuch bei Laura läutet ihre letzte Stunden ein: „Die Lilien sind gebrochen und Lauras Herz. Warum ich dich rufen ließ – – – Julio, ein schwaches Mädchen denkt allerley. Ich wollte dir wohl lebewohl sagen." (NA 40) Eine gebrochene Frau sagt sich mit diesem Abschied endgültig vom irdischen Sein los.

Angesichts dieses Bildes des Elends bricht der Protagonist zusammen: „Ich halts nicht aus. Solina, Stärke! Wie klingts dumpf in mir! warum

---

221 Ebd., S. 39: „Wart ich trokne meine Thränen! zum leztenmal! Noch einmal rufe stark, Todes Stimme!"

sterben mir die Worte auf den Lippen!" (NA 39) Die Konfrontation mit Lauras Schmerz überfordert ihn, macht ihn nahezu ohnmächtig. Es hindert ihn daran zu agieren. Im Verlaufe der gesamten Szene bleibt er lediglich Beobachter, der Lauras Leid zwar wahrnimmt, der jedoch nicht darauf eingehen kann. Julio sieht ihre bittere Tränen, ihre Verzweiflung, ihren Kummer und kann sich dennoch nur zu leeren Phrasen aufschwingen. Selbst als sie ihm unverhohlen ihren Todeswunsch preisgibt, weiß er nicht darauf zu reagieren. Ohne Einwände, ohne einen ernst zu nehmenden Versuch sie aufzuhalten, lässt er sie gehen – und damit überlässt er sie ihrem traurigen Ende. Zum Zeitpunkt ihres Wiedersehens befinden sich die beiden – ohne es zu wissen – in einer ähnlichen Situation: Die schwermütige Laura hat die Entwicklung zum tödlichen Ende hin bereits durchlaufen und steht nun kurz vor dem finalen Schritt. Julio macht denselben destruktiven Prozess mit, seine Lebenslinie sinkt kontinuierlich. Im Gegensatz zu Laura steht er jedoch noch am Anfang dieser zerstörerischen Entfaltung. Lauras Schicksal ist daher als Vorankündigung der bevorstehenden Tragödie zu verstehen.

Das Treffen mit der Lebensmüden setzt Klinger ebenfalls ein, um die Selbstzweifel und Ängste seines Helden zu potenzieren. Denn nachdem Julio allein zurückgeblieben ist, steigen in ihm erneut all die negativen und vernichtenden Gefühlen auf, weswegen er von der sensiblen Laura zur dominanten Solina flüchtete. Stärker denn je wird ihm seine Unfähigkeit bewusst: „So schwach und klein war ich nie. Wie ich in der Gegenwart dieses Engels ganz erlag. Und kann ichs zurückrufen? Kann ich mirs wiedergeben? Solina! – Die Stätte brennt unter mir, und jeder Gegenstand senkt mich in Schwäche und Trauren." (NA 41) Lauras tragisches Schicksal und die Schuld, die er sich dafür gibt, haben Julios innerseelisches Leid gesteigert.

4.5 Selbsttäuschung

Im Widerspruch zu Julios Besuch bei Laura steht sein Verhalten in der zweiten Szene des zweiten Aktes nach der Rückkehr zu Solina. Die traurige Erinnerung an Laura scheint erloschen. Seine Gedanken und Worte klingen nicht mehr selbstzweiflerisch, sondern zuversichtlich.[222] Wie durch einen plötzlichen Sinneswandel – der ohne nachvollziehbare Entwicklung stattgefunden hat – sieht er sich als strahlender Held: „Hast mir Kraft gegeben, die Flügel gegeben, eine Welt zu umfassen." (NA 45) Genährt werden seine Hoffnungen immerzu von Solina, die ihm Größe und Macht voraussagt.[223] Angetrieben von diesen Versprechungen scheint der Held auf dem Höhepunkt des Glücks. Der Versuch, vor seinem verhassten Ich zu fliehen, ist geglückt – dieser Eindruck könnte zumindest auf den ersten Blick entstehen. Doch bei genauerem Hinsehen lässt sich erkennen, dass die neugewonnene Selbstsicherheit und Stärke des Protagonisten nur eine Selbsttäuschung ist. Schließlich hat sich diese Kraft nicht von innen heraus entwickelt, sondern ist nur von der Gunst der Pisanerin abhängig. „In deiner Gegenwart bin ich alles zwiefach. Denk ich dich dort, schwindet meine Stärke, und mich deucht, ich kann nur in deiner Gegenwart groß denken und unternehmend seyn. Ich fühl daß nur hier mein Muth und Stärke haftet. (auf ihre Stirne zeigend.)" (NA 47), bekennt der Verliebte am Ende der zweiten Szene.

Solange die stolze Donna ihn also protegiert, läuft Julio keine Gefahr, in sein altes Verhaltensmuster zurückzufallen. Und so blüht er in Solinas Schatten auf und wächst sogar über sich selbst hinaus.[224] Unter ihrem „Schutz" hat sich Julios Leistungsfähigkeit auf mirakulöse Weise gesteigert. Er ist zu dem Mann geworden, der er immer gern sein wollte: ein Sieger. Das wiederum überrascht seine Mitmenschen. „Aber mich

---

222 Ebd., S. 44: „Da seh ich keine Schranken. Ach! und wenn ich so in den heißen, großen Augenbliken mich gehoben fühl, wo alles in mir lebt; alles zusammenfaß; es sich vor mir reiht, was ich thun könnte, und werde; meine Brust sich erweitert, und meine Augen mit unbeschreiblichem Blik in künftige Schöpfungen schauen, der Geist vorschießt zu haschen, und zu ereilen – Für so einen Augenblik gäb ich alles Leben hin."

223 Ebd., S. 45: „So gleicht der Liebende dem von den Göttern inspirirten und geliebten. Thut Sachen, die andern Wunder sind. Geführt von dieser Göttin der Erde, wirst du wachsen, dich auf neuen, nie zu ermüdenden Schwingen erheben, und außer dem Gesichtskreiß aller, derer Herz die wahre Hoheit der Göttin nie erkannte, schweben."

224 Ebd., S. 50: „Nun in Wahrheit, ich hab nie einen jungen Mann gesehen, der so viel versprach und leistete. Prinz, ein feurig, unternehmend Herz, festen Sinn, schnelle Würksamkeit, einen Geist, der dem Plaz, den Sie ihm gegeben haben, gewachsen ist, und sich zu größern geschikt macht. Vielfassend, weitsehend, unternommen und gethan. Er treibt auf alles, was er durchgesehen hat, mit einer Zuverläßigkeit – und was das größte ist, treues Gefühl und Rechtschaffenheit", beschreibt ihn Pasquino in der dritten Szene des zweiten Aktes.

deucht, er ist das alles nur seit einer kurzen Zeit. Darüber, daß er seine Sachen so gut bey dem König machte, kann ich nicht genug wundern. Er machte Dinge würklich, die ich nie geträumt hätte" (NA 50), erklärt Prinz Galbino (dritte Szene, zweiter Akt).

Das Problematische an Julios „neuem" Ich ist die fehlende Authentizität. Denn die Wesensveränderung basiert nicht auf einer in sich abgeschlossenen Entwicklung. Julio ist nicht durch Erfahrungen zu dem glanzvollen und selbstbewussten Helden herangereift. Er ist zu einem anderen geworden, weil er sich aufgegeben und sich in eine selbsttrügerische Scheinwelt geflüchtet hat, in der er – als Solinas Instrument – nur glaubt ein besserer, stärkerer Mensch geworden zu sein. Aus diesem Grund ist die neue Identität nicht mehr als eine Maske, die der Held über seinem Gesicht hält. Darunter verbirgt sich aber weiterhin sein altes, schwaches Ich. In der fünften Szene des zweiten Aktes weist Klinger durch die Figur Drullos auf eben jene Selbsttäuschung seines Protagonisten hin: „Das ist ein überspannter Mensch von einem Poeten, wie ich immer sagte, der neue Welten in sich schafft, und die Würklichen vergißt. Mit Leuten seiner Art wird man nur zu bald fertig. Was will er hier mit diesen Empfindungen, mit diesen Gesinnungen? Was nuzzen ihm all seine Talente? Lieber Bruder! Poesie und Edelmuth leben entweder verborgen, oder gehn gar nach Brod. Kommen sie an Hof, oder in die Welt, müssen sie sich nach dem Ton derselben wandlen, oder sie werden mit ihren Besizern zu Grunde geritten. Sie werden sehen, das ist sein Schiksal, und es muß es seyn." (NA 65) Dem Autor gelingt durch diese Passage aber noch weitaus mehr, als nur Julios Selbstbetrug zu dokumentieren. Er veranschaulicht dem Zuschauer, wohin diese Illusion führt: in den Tod. Unübersehbar ist dabei der Bezug zu Goethes Briefroman. Julio wird wie Werther als jemand beschrieben, der sich einen eigenen Kosmos erschafft[225] und dabei den Bezug zur Realität verliert. Auch die Unangepasstheit und die Weltfremdheit sind typische Charakteristika, die Julio als melancholischen Charakter und empfindsames Genie ausweisen,

---

225 W 22: „Ich kehre in mich selbst zurük, und finde eine Welt!"

das seinen Platz im Leben ebenso wenig findet wie sein literarischer Leidensgenosse.

4.6 Demaskierung

Bereits in der zweiten Szene des dritten Aktes fällt die Maske des scheinbar heiteren Protagonisten, und damit wird seine fortschreitende mentale Destabilisierung für alle sichtbar. Durch eine Intrige von Drullo und Prinz Galbino, die Julio und Solina einander entfremden wollen, fühlt sich Klingers Titelheld in seiner Existenz bedroht. Denn die Trennung von der Pisanerin bedeutet für ihn viel mehr als nur Liebesentzug. Sie repräsentiert den Verlust der Stärke sowie der Daseinsberechtigung und das Scheitern der Selbstverwirklichung und nimmt somit den Charakter der Existenznot an. Ohne Solina wäre er erneut seinem labilen Ich ausgeliefert. Julio möchte daher unbedingt an seinem neuen Leben festhalten. Er hat schließlich einen hohen Preis dafür bezahlen müssen (schmerzhafte Trennung von Laura, völlige Selbstaufgabe und Subordination). Und so kommt der Tod für ihn als die einzige Alternative in Betracht. In der zweiten Szene des dritten Aktes spricht er erstmals direkt die Möglichkeit des Suizids an: „Ich fühls, ich fühls, mein Gang ist gethan. Hier das Ende all der hohen Gedanken, die meine Brust aufschwellten. Nichts übrig, als der Dolch, der mir so nah am Herzen liegt. Immer tiefer! tiefer! tiefer!" (NA 79) Er zieht ganz konkret die Erdolchung in Betracht und wird sie am Ende des Stückes auch in die Tat umsetzen.

Der explizite Selbstmordwunsch – so unvermittelt er auch auf den ersten Blick erscheinen mag – kommt nicht unerwartet. Der Autor hat schließlich durch die beiden grundverschiedenen Frauenfiguren und Julios Beziehung zu ihnen gezeigt, dass Julio weder allein noch mit Laura existieren kann und dass er diese extreme Abhängigkeit zu Solina braucht, um zu überleben. Schon sehr früh lässt Klinger also den Protagonisten unmissverständlich deutlich machen, dass er das Leben ohne den Einfluss der ehrgeizigen Pisanerin nicht bewältigen kann und will.

4.7 Fortschreitender Verfall

Überdeutlich will der Autor im zweiten Auftritt des dritten Aktes ein weiteres Mal auf das Ende vorbereiten. Das gelingt ihm, indem er den Tod ins Zentrum dieser Szene rückt. Julio sitzt alleine in Solinas Wohnung, als ihm sein Diener Pirro den unerwarteten Besuch zweier Männer ankündigt. Schon das befremdliche Erscheinungsbild der Gäste lässt Unheilvolles vermuten. Der lebensmüde Paulo ist aus Kummer um seine verstorbene Tochter erblindet, er kann kaum noch gehen und wird vom jüngeren Amante gestützt. Das Gesicht Amantes ist von schwerem Leid gezeichnet. Der Unglückliche wird nur vom Wunsch getragen, seiner Laura – von deren Tod Julio noch nichts weiß – zu folgen. Die beiden sind dem Protagonisten zwar bekannt, doch hat das Leid sie dermaßen verändert, dass er die „Gestalten des Tods und Elends" (NA 80) nicht sofort wiedererkennt. Diese Begegnung ist insofern wichtig, weil die beiden als Spiegelbilder des Helden fungieren: Paulo und Amante sind in tiefer Todessehnsucht miteinander verbunden und damit haben sie eine Gemeinsamkeit mit Julio. Auch er hadert schließlich mit dem Leben, wenngleich aus anderen Gründen.

Paulo und Amante erfüllen ihre Aufgabe als Boten des Unheils gleich in vielerlei Hinsicht: Zum einen überbringen sie dem ahnungslosen Helden die Nachricht von Lauras Tod. Zum anderen deklarieren sie ihn als Hauptverantwortlichen für deren tragisches Ende. Der verzweifelte Vater wirft Julio zudem sein neues Glück mit Solina vor. Eine Schlüssel-funktion gewinnt in dieser Szene das makabre Gemälde, das Julio vom Maler Paulo erhält. Es ist das Porträt der Verstorbenen. Julios Blick auf das Bild hat symbolischen Charakter: Indem er auf die Tote schaut, sieht er hinab in den Abgrund seines eigenen Todes und damit betritt er endgültig das dunkle Reich, dessen Pforte längst aufgestoßen ist. Die Konfrontation mit dem Leid der jungen Frau und die Schuld, die er sich dafür gibt, akzelerieren den Prozess des Verfalls. Zu den Gefühlen der Verzweiflung und Hilflosigkeit mischen sich Resignation und Lebensüberdruss. Aus dieser Stimmung heraus bittet Julio den Maler, ihn für den Tod seiner Tochter zu bestrafen – ein Wunsch, der als Suizidversuch zu deuten ist: „Hier hast du mich! sey Vater, und nimm Rache, ich halte dir still." (NA 81) Julio ist bereit – wie zuvor auch bei Solina – sich widerstandslos hin- und aufzugeben.

Der Blinde geht zwar nicht direkt darauf ein, weil er der Tochter hat versprechen müssen, Julio nicht Gewalt anzutun, indirekt macht er ihm dennoch Hoffnung, dass sein sehnlichster Wunsch tatsächlich bald in Erfüllung gehen wird. Das geschieht, indem er ihm von Lauras finsteren Prophezeiungen berichtet: „O Julio! rief sie einige Stunden vor ihrem Tod, dort seh ich dich, dort liebe ich dich, wie reine Engel lieben, komme dir entgegen mit Gesang und Liebe. Dann wirst du deine Laura nicht mehr verlassen, und sie dich nie. Vater keine Rache! Daß mich Julio dort liebe! O Julio! ich lasse dich nie, ob du mich schon verläßt." (NA 82) Das Motiv der dunklen Vision wird hier eingesetzt, um nochmals nachdrücklich auf das bevorstehende Ende des Protagonisten hinzuweisen. Denn Lauras düsteres Versprechen impliziert, dass sie auch nach dem Tod nicht von ihm loslassen wird und auf eine Wiedervereinigung im Jenseits hofft.

4.8 Letztes Aufbäumen

Durch Paulos Besuch drängt sich die Verzweiflung des Helden stärker denn je an die Oberfläche. Julio verfällt erneut in tiefe Melancholie – wohlwissend dass die Verstorbene symbolisch einen Faden um sein Herz geknüpft hat, der ihn ins Grab ziehen wird. Die schmerzhafte Begegnung mit Paulo hat all die Schwächen, die er vor der Liaison mit Solina beklagt hat, potenziert. „Mein Verstand ist hin!" (NA 84), gesteht Julio mit Tränen in den Augen. Diese psychische Wandlung fällt auch der Pisanerin auf: „Ich hab etwas an dir gemerkt, das dich vor meinen Augen völlig heruntersetzt. Und wenn sich das Wesen nicht ändert, du den schwachen Alltagsmenschen so fortspielst, so leg dir den Gedanken in deine feige Seele –"(NA 84). Enttäuscht und wütend über Julios Rückfall beschimpft sie ihn als „fieberhaften, eingebildeten Schwärmer" und „Phantasten". Ihr Zorn geht so weit, dass sie sich von ihm trennt. Als die stolze Donna dann erfährt, dass Laura seinetwegen gestorben ist, macht sie ihm auch diesbezüglich Vorwürfe und sagt sich nochmals von ihm los (Ende des dritten Aktes).

Die sinkende Lebenslinie des Helden hat ihren Tiefpunkt erreicht. Julio gleitet seelisch wie körperlich für alle sichtbar ab. „Sehn Sie nur wie er dahin geht. Ach so hager, so erbleicht, sich selbst verzehrend in Grimm und Ungewißheit – Ich fürcht es nimmt ihm noch das Leben" (NA 86), sorgt sich Solinas Dienerin Rosaura in der ersten Szene des vierten Aktes. Und obwohl die Pisanerin ihn immer noch liebt, kann und will sie nicht zu ihm zurückkehren, so lange er verwundbar und kraftlos ist. Sie hofft, Julio durch ihre Liebe zu Großem beflügeln zu können. „Ha! er sollte alles dadurch werden; aber er ist ein Roman-Held. Ein schwacher Mensch auf den der Augenblick würkt, und den seine heiße Phantasie herumzieht." (NA 88) Wieder bemängelt sie seine Schwäche. Schwäche ist ohnehin ein Schlüsselwort in Klingers Schauspiel. Immerzu geht es darum. Daraus entspringt die Lebensuntüchtigkeit des Helden. Aus diesem Gefühl heraus hat es ihn von Laura zu Solina getrieben. Die Schwäche ist auch der Grund für die Trennung von der Pisanerin und der Grund weshalb er – trotz aller Versuche diese Schwäche zu überwinden – immer wieder zurückfällt. Je öfter er scheitert, desto tiefer der Fall – wie sein Auftritt gegen Ende der ersten Szene im vierten Akt belegt. Als er die schöne Donna in ihrer Wohnung aufsucht, ist Julios geistige Degeneration bereits weit fortgeschritten; damit ist er in einer Phase, die alle Suizidenten (Werther, Otto, von Brand) vor dem Freitod erreichen. Weinend, lachend und nahezu hysterisch agiert er auf der Bühne. Er redet zum Teil ohne Zusammenhang und völlig verwirrt, macht Anspielungen auf den eigenen Tod und ist eifersüchtig auf Prinz Galbino. Doch trotz seines Zustands schwingt er sich auf, um ein weiteres Mal um Solinas Gunst zu werben. Es ist ein letztes Aufbäumen.

An dieser Stelle drängt sich die Frage nach dem Warum auf: Weshalb aktiviert Klingers Held all seine Kräfte, wo er sich doch mit dem Tod längst abgefunden zu haben scheint? Die Antwort ist, dass er den Tod als heroisches Finale selbst inszenieren will, da er nicht als Verlierer, sondern als Sieger sterben möchte. Julio weiß, dass nur Solina ihn zu heldenhaften Taten beflügeln kann. Also bittet er die Pisanerin in erster Linie nicht um die Erwiderung seiner Liebe, sondern um die letzte Möglichkeit, sich vor sich selbst und vor anderen zu behaupten. Als Beleg hierfür sei die Textstelle am Ende der ersten Szene des vierten Aktes zitiert, in der sich der Protagonist, kurz nachdem ihn die stolze Donna erhört hat, äußert: „Mein! wie mir dieses Wort alle Kraft und Vermögen mit zwiefachem Muth einflößt." (NA 101) Die Tatsache, dass er erneut in den engsten Kreis der Pisanerin aufgenommen worden ist, verhilft ihm dazu – zumindest für einen kurzen Zeitraum – über sich hinauszuwachsen. Dieses Mal will er Solinas hohen Ansprüchen genügen und ihren Plan (Befreiung der Herzogin) ausführen, der ihm zu Ruhm und Ehre verhelfen soll.

Mit einer noch nie dagewesenen Energie stürzt sich Julio gegen Ende des vierten Aktes auf die Bühne und übertrifft alle Erwartungen der Pisanerin: Er rettet sie vor Prinz Galbinos aufdringlichen Avancen und liefert sich einen Kampf mit Ludowiko, der die Herzogin töten möchte. Damit gelingt ihm tatsächlich die von Solinas geforderte Rettung der Adligen. So tapfer wie nie zuvor tritt er auch seinem Widersacher Galbino gegenüber, den er mutig des Mordes an Aemilius, dem Mann der Herzogin, bezichtigt. In dieser Szene lebt er all das aus, wovon er zuvor nur geträumt hat: Er ist der strahlende Held, der sich selbstbewusst und wagemutig für seine Ideale einsetzt, jemand, der nicht von Ängsten und Zweifeln geplagt wird, sondern heroisch und mannhaft kämpft – zur großen Bewunderung Solinas.

Dieser furiose Auftritt lässt aber auch eine zweite Deutung zu. Er kann als ein weiterer indirekter Selbstmordversuch ausgelegt werden: Der lebensmüde Protagonist begibt sich in die Gefahr. Er greift seine mächtigen Feinde an – wohlwissend, dass er ihnen unterlegen ist. Für einen Moment glänzt er vor Solina, doch er wird kurz danach von seinen starken Gegnern zu Fall gebracht. Auf seine glorreichen Taten folgen am Ende des vierten Aktes also nicht der ersehnte Ruhm und die Anerkennung, sondern das Versagen und die Gefangenschaft.

4.9 Morbide Verbrüderung

Klinger verwendet wie Goethe im „Götz" das Bild des Gefängnisses, um das Finale seiner Protagonisten zu inszenieren. Sowohl Götz als auch Julio sehen sich am Ende ihres Lebens in einem dunklen Verließ gefangen und schaffen es dennoch, diesem Kerker sinnbildlich zu entkommen: Für Goethes Held symbolisiert der Tod den Weg in die Freiheit, für Klingers Titelfigur bedeutet er das auch und zudem die Flucht vor dem verhassten Ich. Denn in seiner Zelle macht sich Julio bewusst, dass er und sein Wunsch nach Selbstverwirklichung gescheitert sind. Entsprechend erscheint ihm nun auch das Leben als sinnlos und der Tod als letzte Möglichkeit. „Ich fühls Solina, daß dieser Ort und Ruhe mit mir endet" (NA 116), sagt er der Geliebten in der letzten Szene des Schauspiels. Vor allem die Tatsache, dass er nicht als Held sondern als Schwächling zugrunde gegangen ist, wiegt für ihn viel schwerer als das Versagen selbst.[226] Das Ende im Gefängnis kann daher als förmliches Aushauchen der Schwäche verstanden werden.

Um seine Gefühlslage zu beschreiben, vergleicht sich Julio mit einem eingekerkerten „tapferen kriegshungrigen Soldaten" und einem „abgesetzten, kühnen König", dessen „unternehmendes Herz" unablässig getrieben sein will. Im Gefängnis aber ist er zum Nichtstun verdammt. „Wie soll ich mit dieser kalten, marternden Ruhe auskommen?", fragt der Verzweifelte seine Geliebte. „Solina, für uns ist Ruhe nicht gemacht." (NA 117) Damit will der Protagonist suggerieren, dass er es ablehnt zu

---

226 NA 116: „O wär ich in vollem Feuer dem Ziel hinan, als ein rechtschaffner Kerl gestürzt, auch ohne es erreicht zu haben, und erreicht hätt' ichs. Alles mit mir niedergerissen, und sich mein Geist über meiner Asche erhoben, fortgelebt zu künftigen Welten, dem seltnen Edlen das Bild des Erreichens; dem sein Herz geklopft hätte unablässig wie mir, da ich in meiner ersten Jugend vor den Großen auf den Knien lag und mein Geist sich überwuchs."

leben, weil er nicht mehr als mutiger Edelmann agieren kann. Seine
Bestimmung sei es schließlich zu kämpfen und sich durch große Taten
von seinen Mitmenschen abzuheben. Der Verlust der Freiheit könnte als
Grund für Julios Defätismus interpretiert werden. Die bisherige Analyse
der Klinger'schen Titelfigur führt jedoch zu einem anderen Ergebnis: Der
Protagonist verzweifelt nicht an der Gefangenschaft, sondern daran, dass
er im Verließ sich selbst und damit seinen Schwächen ausgeliefert ist.
Die folgenden Worte Julios können diesen Eindruck nur bestätigen: „Daß
wir nun dahin gebracht sind, den Kampf mit uns selbst zu kämpfen und
uns zu Grund zu richten. Sich ausblasen sehen wie ein schwaches
Lichtchen." (NA 118) Seinem labilen Ich ausgeliefert zu sein, das ist es,
wovor er sich am meisten fürchtet. Um davor zu fliehen, war er bereit,
sich selbst und andere aufzugeben. Nun muss er sich eingestehen, wie
sinnlos all seine Bemühungen gewesen sind.[227]

Was ihm jetzt noch bleibt, ist der Tod. Das ist die einzig verbliebene
Möglichkeit. Doch auch in dieser Hinsicht ist er zu labil, um den Weg
alleine zu gehen. Er kann ihn nur mit Solina beschreiten, die auch in
dieser hoffnungslosen Lage nicht an Kraft und Würde verloren hat. Die
Aussicht, nicht alleine sterben zu müssen, sondern ein letztes Mal durch
die unerschütterliche Stärke der Pisanerin mitgetragen zu werden,
beflügelt ihn erneut. Der Tod verliert angesichts dieser morbiden
Verbrüderung an Schreckhaftem. Julio sieht der Selbsttötung mit Freude
entgegen. „Wie könnte eins ohne das andre diesen Geist herumtragen?
Laß uns enden! laß uns ihnen den Rük wenden und uns mit der Quelle
unsers Wesens vereinigen. Ha wie alles an mir strebt aufzufliegen, und
abzuwerfen! wie meine Seele zittert auf den Lippen voll des heißen
Verlangens" (NA 122), ruft er euphorisch aus. Vor allem der Glaube,
sich nach dem gemeinsamen Suizid wieder zu sehen, erleichtert es ihm,
Hand an sich zu legen. Julio hofft jedoch nicht nur auf ein Wiedersehen.
Er möchte sich im Jenseits mit ihr vereinen: „Kein Lebewohl, wir bleiben

---

227 Ebd., S. 120: „Ich hab mich aufgeopfert, durch meinen Eifer, durch meine Wärme. Ha ich möchte mit dem
lezten Römer rufen: Unglükliche Tugend wie ward ich in deinem Dienst betrogen. Ich glaubte du wärest ein
würkliches Wesen, und in diesem Glauben verband ich mich mit dir; aber heute seh ich, daß du nur ein eitler
Name, ein Schatten, Raub, und Sclavin des Glüks bist."

beysammen. Ich halte dich wie ich dich iezt umfaß. Umschlungen unsre Seelen!" (NA 123)

5. Maler Müller

„Golo und Genoveva" – Freitod aus Lebensuntauglichkeit

Einst hat Golo als tapferer Soldat von sich reden gemacht. Doch schon zu Beginn des Schauspiels kann der Held seine Pflichten nicht mehr wahrnehmen. Statt in den Krieg zu ziehen, wird ihm die Aufgabe zugeteilt, sich während Graf Siegfrieds Abwesenheit um dessen Geschäfte und Frau Genoveva zu kümmern. Golo aber verliebt sich in die schöne Pfalzgräfin und versucht, sie zu verführen. Als sich ihm die verheiratete Frau verweigert, will sie Golo – auf Anraten seiner dominanten Mutter Mathilde – ermorden lassen. Die intrigante Witwe treibt den labilen Sohn immer tiefer ins Verderben. Der Protagonist wird zum Verräter, Mörder und verfällt dem Wahnsinn. Als die Mutter im Sterben liegt, kehrt er zu seinem einstigen Vertrauten Siegfried zurück, um sich seiner Vergangenheit zu stellen. In der Pfalz angekommen, liefert er sich mit seinen Gegnern einen erbitterten Kampf und tötet sich am Ende des Gefechts selbst.

In der Sekundärliteratur wird Maler Müllers „Golo und Genoveva" (1776) ebenso stiefmütterlich behandelt wie die Werke Klingers. Die zu diesem Werk erschienenen wenigen Untersuchungen befassen sich zudem ebenfalls nur sehr grobmaschig mit dem Schauspiel, wie beispielsweise die Arbeiten von Renate Böschenstein (1977)[228], Sascha Kiefer (1998)[229] und Simone Staritz (2005)[230]. Analysen, die Golos präsuizidale Disposition sowie das Motiv des Freitods im Text herausstellen, fehlen in der Forschung gänzlich.

---

228 Vgl. Böschenstein, Renate: Maler Müller, in: Deutsche Dichter des 18. Jahrhunderts. Ihr Leben und Werk, hg. v. Benno von Wiese, Berlin 1977, S. 641-657.

229 Vgl. Kiefer, Sascha: Die Genovefa-Legende, in: Hirschstrasse. Zeitschrift für Literatur, hg. v. Werner Aust, Sonderheft Maler Müller zum 250. Geburtstag, Reilingen 1998, S. 39-51 (im Folgenden abgekürzt: Kiefer, Genovefa-Legende).

230 Vgl. Staritz, Simone: Geschlecht, Religion und Nation – Genoveva-Literaturen 1775-1866, St. Ingbert 2005.

5.1 Golos Seelenpein

Obwohl Golo in der ersten Szene nicht selbst die Bühne betritt, beherrscht der Ritter von Drachenfels dennoch die Handlung des Eingangspassus. Der Zuschauer wird von seiner „Unpässlichkeit" in Kenntnis gesetzt und dass er deswegen nicht mit in den Krieg ziehen kann – obwohl ihn der Herzog von Schwaben zum Hauptmann eines Trupps ernannt hat. Doch der Protagonist kann seine militärischen Aufgaben nicht mehr erfüllen und ist damit als Soldat gescheitert. Er bleibt in der Pfalz zurück, wo er sich stellvertretend für Graf Siegfried um die Landesgeschäfte und dessen Frau Genoveva kümmern soll.

Mit Hilfe eines Liedes, das Genovevas Gesellschaftsdame Anne vorträgt, geht Maler Müller in der zweiten Szene konkreter auf die „Unpässlichkeit" seines Helden ein. Anne singt von „sanften Klagen" und von einem „Herz, das ewig Kummer drückt":

> „Was dir könnt' die Schmerzen lindern,
> Was dir könnt' dein Leid vermindern,
> hat das Schicksal dir entrückt.
> Willst du dich vergebens plagen?
> Sich an schroffe Felsen wagen,
> Hoffnung suchen, die uns flieht,
> Heißt sich an die Fessel schlagen,
> Die uns ins Verderben zieht."[231]

Mit diesen Zeilen gelingt es dem Autor Einblick in Golos Innenleben zu gewähren und die Hintergründe der sich anbahnenden Katastrophe aufzuzeigen. Das Lied vermittelt das Bild eines „handlungsgehemmten Melancholikers", wie Sascha Kiefer den Protagonisten treffend charakterisiert, dessen Herz immerzu gequält wird.[232] Wie wichtig es Müller ist, den Helden von vornherein als Schwermütigen darzustellen, wird evident, wenn man die auffällige Verwendung mehrerer Substantive betrachtet, die Golos Gemützustand beschreiben: Der Autor hat den knappen Text

---

231 Müller, Maler: Golo und Genoveva, in: Maler Müllers Werke, hg. v. Mar Deser, I. Band, Idyllen, Gedichte und Gedanken, Lebensgeschichte und Würdigung, Mannheim /Neustadt an der Haardt 1918, S. 1-135, S. 4 (im Folgenden werden Zitate unter Verwendung der Sigle „GG" im Text und in den Fußnoten nachgewiesen).

232 Kiefer, Genovefa-Legende, S. 44.

des Liedes gleich mit sieben negativ konnotierten Nomen (Klagen, Kummer, Schmerzen, Leid, Plagen, Fesseln und Verderben) versetzt. All diese vielen Umschreibungen heben die Seelenpein des Protagonisten im besonderen Maße hervor. Dieses destruktive Gefühl zerstört Golos Fähigkeit zur Lebensgestaltung kontinuierlich und lässt ihm das Sein immer mehr zur Last werden. Ein erstes Symptom seiner Seelenpein ist das Versagen als Soldat.

Am Ende der dritten Szene lässt der Autor erstmals Golo selbst zu seiner seelischen Verfassung Stellung nehmen. Nachdem der Ritter gehört hat, wie Genoveva den Wunsch äußert, ihrem Mann mit in den Krieg folgen zu wollen, erhofft sich der Ritter eine Besserung seines Zustandes: „Ich glaube, mir wäre dann auf einmal wieder wohl, gesund und stark, und zöge ihr halb nach Dort könnt‘ ich mich zeigen! O Sonne! Was für ein Leben! Wenn Kampfrosse an Kampfrossen stöhnten im Getümmel der Schlacht – wie in Ozeans Stürmen ich mich vor ihr verlöre, vor ihren Augen den Preis zu erlangen!" (GG 9) Der Gedankengang spiegelt die Problematik des Helden wider, die an dieser Stelle vor den Augen des Zuschauers als Ganzes aufsteigt. Als erstes gibt er damit zu, dass es sich bei seiner „Unpässlichkeit" um eine Krankheit handelt, da er wieder gesunden würde, falls die Pfalzgräfin Siegfried tatsächlich begleiten würde. Dass es sich um eine Krankheit des Gemüts handelt, belegen die (indirekten) Adjektive, die er wählt, um seinen Zustand zu beschreiben: Ihm wäre es wieder „wohl" und „stark", wenn Genoveva fortginge. Das bedeutet im Umkehrschluss, dass er sich unzufrieden und schwach fühlt – beides Eigenschaftswörter die in erster Linie nicht auf ein körperliches, sondern auf ein seelisches Leiden hindeuten.

Aufschlussreich ist Golos Aussage bezüglich seiner Gefühle für Genoveva. Sie verrät, dass es ihm nicht vordergründig um die Erwiderung seiner Liebe geht. Das hat er mit seinem literarischen Leidensgenossen Julio („Die neue Arria") gemeinsam. Glück definiert der Ritter von Drachenfels anders: Nicht die Vereinigung mit der Angebeteten, sondern ihr als strahlender Held entgegenzutreten, strebt Golo an. Die Nähe zu ihr genügt ihm nicht, andernfalls wäre er glücklich, mit ihr allein im Schloss zurückzubleiben. Hinter diesem Wunsch offenbart sich Golos Tendenz zum Narzissmus und zur Selbstdarstellung. Er will sich nämlich vor Genoveva so in Szene setzen, dass er vor ihr als tapferer Soldat glänzt. Seine Gefühle sind demnach ebenso wenig authentisch wie sein Verhalten, das lediglich darauf abzielt, andere (in diesem Fall die Pfalzgräfin) zu beeindrucken. Auf diese Weise versucht er sein geringes Selbstbewusstsein zu steigern. Die vermeintliche Liebe soll ihm nach seiner gescheiterten Karriere aber auch zur letzten verbliebenen Möglichkeit der Selbstverwirklichung verhelfen. In seiner Beziehung zu der verheirateten Frau will er rücksichtslos all die aufgestauten Emotionen und Leidenschaften ausleben. Bei solch einem Verlangen nach uneingeschränkter Selbstverwirklichung nimmt es nicht wunder, dass der Rebell zwangsläufig mit den bestehenden gesellschaftlichen Regeln in Konflikt geraten muss.

Von der vierten bis zur sechsten Szene des ersten Aufzugs ist eine ganze Serie von Charakterisierungen zu verzeichnen, die sich ausschließlich um Golos seelische Disposition drehen und die gleichzeitig seinen Entwicklungsstand reflektieren. Am Ende der vierten Szene des ersten Aufzugs etwa lässt der Autor Adolf über den Ritter sagen, dass er von Tag zu Tag unumgänglicher und melancholischer wird. In der fünften Szene spricht Genoveva die Einsamkeit an, in die sich der Protagonist mehr und mehr begibt. In derselben Szene beklagt Golo, der zuvor auch als Maler und Musikant tätig gewesen ist, seine versiegten Talente. Müller bedient sich wie Goethe und Klinger des Motivs des gescheiterten genialen Künstlers: „Ich hab' aber jetzt gar nichts zu zeigen, meine Kunst ist verrostet" (GG 17), gesteht Golo der Pfalzgräfin. Seine Handlungshemmung erinnert an die Werthers. Ohnehin ähneln sich die beiden literarischen Figuren in vielerlei Hinsicht, wie die aufgeführten Charaktereigenschaften der Müller'schen Figur belegen. Ferdinand Josef Schneider bezeichnet Golo deswegen gar als „eine anfangs fast ins Unmännliche abgleitende Werthernatur, in der Ritterstolz und Kraftbewußtsein immer wieder mit melancholischen Depressionen und den Folterqualen des Gewissens und der Reue kämpfen, ein brüchiger Mensch, der die nach außen wie innen gekehrten Energien der Geniezeit in sich vereinigt."[233]

Um die Persönlichkeit des Soldaten näher zu beleuchten, gewährt Maler Müller der Mutter der Titelgestalt in der sechsten Szene des ersten Aufzugs einen ausführlichen Dialog, in dem Mathilde detaillierter auf das Wesen ihres Sohnes eingeht. Sie nennt ihn „schwachherzigen Ritter" und „Weichling" mit einem „schwärmerischen Sinn". Im Gespräch mit dem Hofdiener Dragones bezeichnet sie ihn als „armen, kranken Golo", der „sehr gefährlich krank" ist (GG 21). Woran der Unglückliche leidet und dass nicht hauptsächlich die Liebe Auslöser seines Leidens ist, macht der Autor durch den schwermütigen Hofdiener klar, der an dieser Stelle die Aufgabe hat, Golos Veranlagung und Gesinnung zu reflektieren: Auf Mathildes Vorwurf, dass er selbst an seinem Unglück schuld sei, erwidert der Pessimist Dragones stellvertretend für den Ritter von Drachenfels, dass sein lebensnegierendes Gefühl nicht auf einen bestimmten Grund zurückzuführen ist, sondern auf sein überschäumendes „Temperament". Dieser Begriff kann in diesem Zusammenhang mit „destruktiver Prädisposition" übersetzt werden.

5.2 Kapitulation vor der Aufgabe des Lebens

Aufschluss über Golos Persönlichkeitsstruktur gibt auch das krankhafte Verhältnis zur Mutter. Mathilde verkörpert das intrigante und leidenschaftliche Machtweib, das den Sohn zu einem sozial inkompetenten Erwachsenen herangezogen hat. Statt ihm bedingungslos und uneigennützig zur Seite zu stehen, ist sie vor allem auf ihren eigenen Vorteil bedacht. Sie hat ihre gesellschaftlichen Träume auf den Jungen projiziert, ihn gezwungen, diese zu verwirklichen und hat ihm damit die eigenen genommen. Sie ist es beispielsweise gewesen, die ihn in den militärischen Dienst hineingedrängt hat – eine Parallele zu Werther, der sich von der Mutter in den Gesandtschaftsdienst hat drängen lassen – und nun nicht ertragen kann, dass Golo seine Pflichten als Soldat nicht mehr

233 Schneider, Ferdinand Josef: Die Deutsche Dichtung der Geniezeit. Geschichtliche Darstellungen, Band III / Zweiter Teil, Stuttgart 1952, S. 226 (im Folgenden abgekürzt: Schneider, Dichtung der Geniezeit).

erfüllen will.[234] Mathilde hat dem Sohn in der Vergangenheit zudem kaum Freiheiten gewährt, hat ihn immerzu gelenkt, manipuliert und ihn mit diesem Verhalten an sich gebunden, ohne dabei eine emotional, aufrichtige Beziehung zu ihm aufzubauen. Diese frühkindlichen Familienkonflikte beziehungsweise die extreme Mutterabhängigkeit sind unter anderem mitverantwortlich für Golos Lebensschwierigkeiten. Sie haben aus ihm gemacht, was er ist: einen passiven, an der Welt leidenden Melancholiker. Aus dieser starken Fixierung ergibt sich auch Golos emotionale Unreife. Das hat zur Folge, dass er sich nicht hat frei entwickeln können und kaum in der Lage ist, für andere Menschen Gefühle zu empfinden. Er glaubt zwar in Genoveva verliebt zu sein, doch hat er sie sich unter anderem nur deswegen ausgesucht, weil sie das genaue Gegenteil seiner Mutter ist: Genoveva steht für die Tugend, die Empfindsamkeit und Liebenswürdigkeit, Mathilde hingegen für Intrigen, Machtbesessenheit und Emotionslosigkeit. Er ist nie daran interessiert, zu Genoveva eine reale Beziehung aufzubauen. Er will sie vielmehr bewundern und begehren, als ihr ein Partner zu sein. Und er möchte vor allem von ihr bewundert werden.

Nachdem der Ritter nun als Soldat versagt hat, will ihn die ehrgeizige Mathilde wieder auf den ihrer Meinung nach rechten Weg bringen und eilt zu ihm in die Pfalz. Dort angekommen bittet sie ihn in der ersten Szene des zweiten Aufzugs, die „schimpfliche Untätigkeit" aufzugeben, das Land zu verlassen, um in den Krieg zu ziehen. Als der Sohn sich widersetzt, wirft sie ihm in einem leidenschaftlichen Monolog vor, dass er ihr alles zu verdanken habe und ihr somit zu Gehorsam verpflichtet sei.[235] Dabei wird deutlich, wie groß der Einfluss ist, den Mathilde auf den Ritter besessen hat und immer noch besitzt. Bisher hat sie ihm ihre

---

234 GG 19: „Gar zu schändlich, so zurückbleiben, daheim auf fauler Haut zu liegen, indes brave Ritter sich draußen herumtummeln. Und die schöne Oberstenstelle, die ich ihm erst im schwäbischen Dienst ausgemacht", resümiert die Witwe des Grafen von Rosenau in der sechsten Szene.

235 Ebd., S. 28: „Du bist mir nichts schuldig, Golo, du bist mir alles schuldig! Ich mag nicht mit dir rechnen. Ich habe dir eine Stelle bei der Armee ausgemacht, dachte: meinen Golo muß das freuen. Wie ich dich damals noch kannte, glaubt' ich's gewiß. Dir gefiel's aber nicht. Tausend andere hätten freilich zugegriffen, gern aufgefangen, was du so nachlässig von dir warfst. Es gefiel dir nun nicht, du lässest es. Ich seh', daß eine gefährliche Leidenschaft dir deine Kraft anfrißt. Ich eile herbei, dich zu retten, biete dir an, was dem Herzen eines stolzen Ritters schmeicheln kann. Willst du nicht in den Krieg hin – ob es gleich eine Schande ist, nein zu sagen, wohlan!"

Ansichten oktroyieren können. Golo hat sich gefügt. Als er dann weggezogen ist, hat sie – kurzfristig – die Macht über ihn verloren und er hat
den Versuch gewagt, sich auch innerlich von Mathilde zu lösen, um sich
doch noch zu einem eigenständigen jungen Mann zu entwickeln. Doch
ohne Mathilde hat er die ihm auferlegten Pflichten nicht mehr erfüllen
können und wollen. Denn auf sich allein gestellt gibt er der „gefährlichen
Leidenschaft" nach, die ein Synonym für die im Text mehrfach
angedeutete Krankheit und damit auch für das sich steigernde
lebensverneinende Gefühl ist, das seine „Kraft anfrißt". Die ehrgeizige
Mathilde erkennt die Gefahr, in der sich Golo befindet. „Aber so, wo du
hinsinkst, immer mehr und mehr in dir selbst erschlaffend, bis keine
Kraft von außen dich mehr zu spannen vermag" (GG 30), sorgt sich die
Gräfin und versucht sein Schicksal mit aller Kraft zu ändern. Sie bietet
ihm an, ihn standesgemäß mit einem Pferd, einem Knecht, einer Rüstung
und kostbarer Kleidung auszustatten. „Zieh hin durch die Welt, versuch's
anderswo, durch Italien, mach' deinen Namen an manchem auswärtigen
Hofe bekannt; nur hier Pfalzel verlaß mir, Pfalzel, das Grab, worin all'
deine Kräfte modern!" (GG 28), fleht sie ihn an. Dieses Mal aber will der
Ritter nicht mehr von den ehrgeizigen Plänen der Mutter geleitet werden.
Er wehrt sich gegen die Fremdbestimmung, weil er seinen eigenen Weg
gehen möchte. „Bleib denn, Elender, zehre dich auf, verschmachte,
lächle immer dem Feuer zu, das deine besten Kräfte wegschmilzt [...]
nein, will dich hier so lange schütteln und rütteln bis du aus tiefer
Ohnmacht wieder zu dir selbst zu Sinnen kommst; Genoveva soll heut'
gleich noch fort ins Kloster" (GG 29), droht Mathilde. Doch der
„schwärmerische" Sohn, der „so unsinnig zwecklos" in den Tag hinein
lebt, lässt sich nicht beirren. Er will in der Pfalz bleiben, obwohl er weiß,
dass seine Liebe kein versöhnliches Ende finden wird.[236]

Diese für Golos Charakterisierung so wichtigen Passagen enthüllen seine
Kapitulation vor der Aufgabe des Lebens. Nur solange er unter dem
Einfluss der Mutter steht, funktioniert er. Um ihren Ansprüchen zu
genügen, ist er Soldat geworden. Diese Aufgabe hat er trotz Widerwille

---

236 Ebd., S. 30: „Wer fragt um Hoffnung? Teufel! Hoffe und verlange nichts."

wie eine fremdgesteuerte Drahtpuppe mit Bravour erfüllt. Er erkämpft sich Ruhm und Ehre, steigt zu einem angesehen Ritter auf. Doch geschieht dies nicht aus eigenem Antrieb. Aus diesem Grund ist der Absturz inhärent. Nachdem er von Mathilde weggezogen, nicht mehr von ihr gesteuert worden ist, ist sein wahres Ich mehr und mehr an die Oberfläche gedrungen. Während er auf dem Schlachtfeld meist nur seinen Körper hat einsetzen müssen, kommen nun andere Kräfte ins Spiel. Destruierende Gedanken und Gefühle, die tief in ihm geschlummert haben, und die durch seinen frühkindlichen Mutter-Sohn-Konflikt verstärkt worden sind, sind in ihm aufgestiegen. Das Sein erscheint ihm sinn- und trostlos. Er zieht sich zurück und tauscht den Krieg gegen die Liebe ein – der Beginn seines stetigen Verfalls.

5.3 Die Besonnenheit des todesfreudigen Ichs

Düster beginnt die erste Szene des zweiten Aufzugs. Golo sucht die Einsamkeit eines Schlossgartens auf, in dem sich nur ein Springbrunnen befindet. Die Ruhe und Verlassenheit des Ortes, die stille Umgebung, die beiden Motive des Gartens und des Brunnens rufen ähnlich wie in Goethes Briefroman Friedhofsassoziationen hervor und verfehlen ihre Wirkung auch auf den melancholischen Helden nicht. Inspiriert von dieser Atmosphäre stimmt der Ritter ein tristes Lied über die Zukunft an. Er hat eine konkrete Vorstellung von seiner letzten Ruhestätte: „Mein Grab sei unter Weiden Am stillen dunkeln Bach!" Die Vorstellung zu sterben, erschreckt ihn nicht. Voller Vorfreude und Sehnsucht spricht er davon, weil das Jenseits mit Schmerzlinderung und Glück lockt:

> „Wenn Leib und Seele scheiden,
> Läßt Herz und Kummer nach.
> Vollend' bald meine Leiden,
> Mein Grab sei unter Weiden
> Am stillen dunkeln Bach!" (GG 25)

Gegen den Kummer weiß Golo sich nicht anders zu wappnen als durch den psychischen und physischen Tod. Er spricht sich damit indirekt für den Selbstmord aus.

In der zweiten Szene des zweiten Aufzugs gelingt es Mathilde erneut, ihren Sohn zu manipulieren, weil Mutter und Sohn sich schließlich nicht voneinander lösen können. Die pathologische Abhängigkeit treibt den Sohn immer wieder zu Mathilde. Nachdem die ehrgeizige Witwe Golo also die Unmöglichkeit seiner Liebe zu Genoveva verdeutlicht, kann sie den Ritter dazu bewegen, abzureisen. Wieder einmal agiert der Ritter fremdgesteuert und sagt widerwillig Lebwohl: „Warum laß ich mich denn wegtreiben von hier? Wer hat die Gewalt? – Nein, ich muß! muß! Verdammte Welt, darin ein ehrlicher Kerl sich so herumschinden soll" (GG 31). Sein Verhalten deckt auf, wie labil er ist, weil er sich erneut widerstandslos dem Willen der Mutter unterordnet. Die Resignation ist unüberhörbar, als er sich verabschiedet: „Eine Wallfahrt hin ins gelobte Land zum heiligen Grabe; auch dort will ich dein [d.i. Genoveva] gedenken, unter Stein und Ruinen dein Bild getreu in meinem Busen durch fremde Länder tragen, herrliches, edles Geschöpf! Du bist es und bleibst allein, bis endlich mal hinstiebt dieser morsche Bau, erkaltet mein Herz, mein warmes Herz zu dir. O Qual! O bittre Qual! Daß doch die Welt gleich unter mir in Stücken zerspränge!" (GG 31) Er ist an einem Punkt angelangt, an dem sich Hoffnungslosigkeit und Verzweiflung zu solch einem unerträglichen Grad gesteigert haben, dass sie erneut in Todessehnsucht gipfeln.

Um nochmals zu akzentuieren, wie schwach sein Held ist, zeigt Maler Müller in derselben Szene, dass sich Golo ein zweites Mal innerhalb kürzester Zeit von Mathilde manipulieren lässt. Der Gräfin, die ihn zuvor noch aus der Pfalz hat treiben wollen, gelingt es nun, ihn davon wieder abzubringen. Wie in der Vergangenheit auch folgt er erneut ihren Anweisungen. Stante pede ordnet er sich ihr unter. Von symbolischem Charakter ist dabei die Geste am Ende der zweiten Szene, als er seinen Kopf in Mathildes Schoß legt. Im übertragenen Sinne ist dies auch als die Sehnsucht eines Kindes zu verstehen, das zurück in den Schoß der Mutter will. Damit ist die Handlung gleichzusetzen mit dem Wunsch zu sterben. Nichtsdestoweniger veranschaulicht dieses Verhalten auch, dass Golo sich wie ein kleiner, hilfloser Junge benimmt, der Halt bei der dominanten Mutter sucht. Der Sohn sehnt sich nach Geborgenheit, die ihm die machtbesessene Mutter aber nie hat geben können. Trotzdem greift er dankbar nach der Hand der Witwe, weil er selbst in der Welt fremd und den Herausforderungen des Lebens nicht gewachsen ist. Zudem lockt sie ihn damit, ihm bei den Liebesbemühungen um Genoveva behilflich zu sein.

Ihr Plan aber ist zum Scheitern verurteilt. Auf den tragischen Ausgang des Schauspiels zielt Maler Müller in der vierten Szene durch das Lied ab, das Golo in der vierten Szene für seine Angebetete singen lässt. Es ist tiefe Nacht, als der Chor im dunklen Garten vor Genovevas Zimmer die Serenade vorträgt. Es herrscht eine bedrückende Stimmung, die durch die „zwei hohen, schwarzen Linden" – sie fungieren schon im „Werther" und „Otto" als Todesboten – ebenso verstärkt wird wie durch die düsteren Themen, die das Lied behandelt. Alles dreht sich um Schmerzen, Leid, Gräber und um den süßen Tod. Die Hoffnung auf ein Wiedersehen mit der Liebsten im Jenseits kommt ebenfalls in einer der Strophen zur Sprache:

> „Die ihr auf dieser Welt das Leid
> Getrennter Lieb' und Zärtlichkeit
> Auch duldet treu und rein:
> Brecht süße Blüt' und Blumen ab
> Und streut's herum an unser Grab
> Und auf den Leichenstein.
> Denn selig ruhet hier ein Paar,
> Das auf der Erde auch geschieden,
> Ach, ohne Ruhe, ohne Frieden
> In Stiller Liebe Schmerzen immerdar
> Ihr jung frisch Leben hingeweint,
> Bis sie ein süßer Tod allhier vereint.
> Laßt sachte rinnen eure Zähren
> Gedenkt an uns bei eurer Qual:
> Auch eure Ruhestunde kommt einmal,
> Nicht ewig können Menschenleiden währen" (GG 41).

Mit auffallender Ausführlichkeit führt Maler Müller durch das Lied vor, mit welcher Leichtigkeit Golo dem Tod entgegensieht. Es ist ein starkes, unter Leiden gereiftes Gefühl, dem er diese Unbeschwertheit zu verdanken hat. Der Ritter empfindet es als Erlösung, das qualvolle Leben gegen den süßen Tod einzutauschen.

Selbst als Mathilde ihrem Sohn am Ende der vierten Szene verspricht, ihn mit Genoveva vereinen zu können, Golo sich also auf dem Höhepunkt des Glücks wähnt, kreisen seine Gedanken weiter in den Bahnen des Todes. Er befindet sich im Garten vor dem Fenster der Liebsten, als er den Wunsch äußert, genau an dieser Stelle begraben werden zu wollen. Auch dieses Mal haftet dem Übergang ins Jenseits nichts Erschreckendes an: „Wenn ich einst sterbe, mein Leib wird nicht in Staub zerfallen, alle meine erstarrten Adern werden halb in ein neues Leben zurückdringen und wie Blumen durch die Erde zu dieser Luft emporschießen." (GG 43)

Die zitierten Stellen zeigen unmissverständlich, dass Golos destruktive innerseelische Entwicklung bereits weit fortgeschritten ist. Schließlich ist in den vorausgegangenen Kapiteln gezeigt worden, dass alle literarischen Suizidenten die Phase der Todesbegeisterung meist erst unmittelbar vor dem Ende erreichen. Der Ritter aber befindet sich schon sehr früh in diesem Stadium. Im Ganzen betrachtet wird Golos selbstzerstörerischer Prozess wesentlich komprimierter wiedergegeben als der seiner Leidensgenossen. In „Golo und Genoveva" gibt es zu Beginn kaum versteckte Anspielungen auf die Selbsttötung. Der Wunsch zu sterben, wird von Golo in der Regel ohne Umschweife ausgesprochen. Bei Maler Müller manifestiert sich der Held von Anfang an als suizidal Veranlagter. Um diese seelische Disposition, die er mit dem Selbstmörder Werther teilt, nochmals zu unterstreichen, rekurriert der Autor in der ersten Szene des dritten Aufzugs auf einen kunstvoll eingearbeiteten direkten Verweis auf Goethes Jugendwerk: Der Zuschauer sieht Golo in einem Garten sitzend, vor sich ein Buch. Mathilde fordert den Ritter auf, laut vorzulesen. Was folgt, ist ein beinahe wörtliches Zitat aus dem berühmten Briefroman: „Das Beste in der menschlichen Natur ist es, daß wir es abschütteln können, wenn uns etwa die Last zu schwer drückt, das kürzere Ziel ergreifen, wenn uns das weitere zu lang deucht." (GG 49) Im „Werther" klingt es ähnlich: „Die menschliche Natur [...] hat ihre Gränzen, sie kann

Freude, Leid, Schmerzen, bis auf einen gewissen Grad ertragen, und geht zu Grunde, sobald der überstiegen ist." (W 98) Und obwohl sich die Sätze gleichen, hört man aus Golos Worten schon die Besonnenheit eines todesfreudigen Ichs heraus.

5.4 Psychische Entgleisung

Die seelische Belastbarkeit des Helden stößt an ihre Grenzen, als er der jungen Pfalzgräfin seine Liebe gesteht und abgewiesen wird. „Flieh nicht, Genovevchen, reißet mir die Seele mit weg. Ermorde mich, Grausame. Gieb mir den Tod! Sage, du wolltest mich nicht trösten. Dein Zorn macht mich zur Leiche" (GG 56), ruft er in der vierten Szene des dritten Aufzugs aus. Entsprechend unkontrolliert fällt die Reaktion des Enttäuschten aus. Er, der bisher von Mathilde durchs Leben geführt worden ist und kaum eine Entscheidung selbst getroffen hat, handelt erstmals eigenständig. Der endgültige Ausbruch seiner Leidenschaft verleitet ihn dazu, wie von Sinnen über Genoveva herzufallen, sie mit Gewalt in eine Höhle zu tragen, um sie zu verführen. Die tödlichen Aggressionen haben sich auf die Geliebte gerichtet und dann auf Dragones, der Genoveva zu Hilfe eilt und der von Golo daraufhin verwundet wird. Diese psychische Entgleisung demonstriert, wie lebensunfähig der Ritter von Drachenfels ohne Mathildes Einfluss ist. Solange sie die schützende Hand über ihn hält, agiert er – zumindest oberflächlich gesehen – weitgehend gesellschaftskonform. Sobald er allein agiert, dringt sein krankhafter Subjektivismus durch. Golo handelt übereilt, so dass das Unglück wie ein Gewitter über den Helden einbricht. Auf seine unüberlegte Tat folgt die schmerzhafte Erkenntnis, dass er versagt hat. Diese Selbstdiagnose füllt das Maß seiner Leiden an der Welt. „Was soll ich nun! Genoveva! Was fang' ich nun an? Verflucht! Dort kommen mehr Leute. Ich muß flüchten, bin verraten, verloren! Weh! Weh" (GG 56), ruft der Unglückliche in der fünften Szene aus. Immer stärker steigert er sich fortan in den Wunsch zu sterben hinein: „O sänk' ich doch nur gleich tief bis in den Mittelpunkt der Erde hinunter, mir selbst und allen auf ewig vergessen! Gott, was ist aus mir geworden." (GG 58)

5.5 Zurück in die Abhängigkeit

Um den Sohn zu retten, intrigiert Mathilde gegen Genoveva und Dragones. Sie diffamiert die beiden als Ehebrecher und veranlasst ihre Verhaftung. Golo bleibt dank der Machenschaften der Mutter frei. Seine seelische Verfinsterung schreitet dennoch weiter voran. Sie wird durch die Ereignisse noch darüber hinaus verstärkt. „O Mathilde! Warum kamst du hierher? Ließest mich nicht in der Dämmerung mit mir selbst irren? Ich hätte mich wiedergefunden, da, wo ich mich verlor, meine Leidenschaft würde wieder versiecht sein da, wo sie entsprang, eingeschlossen in meinem Busen. Du rissest mir's vom Herzen, gabst den Stummen eine Zunge, zeugtest aus meinem heimlichen ungeborenen Weh eine triefende Beule" (GG 65), beschwert sich der Ritter, der seine Situation recht scharfsinnig durchschaut. Er gibt zu, dass seine Gefühle für die schöne Pfalzgräfin nicht von Dauer gewesen wären. Damit ist die These belegt, dass nicht die unglückliche Beziehung in erster Linie für die Seelenpein des Protagonisten verantwortlich gemacht werden kann. Er hat sich nur deswegen die Frau eines anderen ausgesucht, weil sie eine vollkommen andere Art Frau ist als seine Mutter, weil sie unerreichbar und ihre Abfuhr damit unabwendbar ist. Sein Leid beruht daher auf ein davon unabhängig in ihm „heimlich ungeborenes" Gefühl, das sich im Verlaufe des Geschehens kontinuierlich intensiviert. Die Tatsache, dass er Genoveva, die Gattin des Freundes, zum Objekt seiner Begierde macht, ist vielmehr der Beweis für seine Lebensuntüchtigkeit und seinen Nonkonformismus. Die Art, wie er um sie wirbt, zeigt, wie wenig er zu wahren Emotionen fähig ist. All das wirft ihm auch Mathilde mit aller Deutlichkeit in der neunten Szene des dritten Aufzugs vor: „O wärst du nur geboren, wohin dein Sinn steht, ein ehrlicher Landmann oder ein Hirt hinter der Herde! Du taugst zu einem Ritter nicht, hättest nie dich so hoch in eines Grafen Weib verlieben sollen." (GG 65)

Die vorausgegangenen tragischen Ereignisse stiften jenen atmosphärischen Hintergrund, in dem sich die Wende vollziehen kann: Nachdem die dominante Gräfin gesehen hat, wohin das selbstständige Handeln des

schwachen Sohnes geführt hat, wird sie wieder zu seiner Puppenspiele-
rin, die der Marionette Golo künstliches Leben einhaucht. Der Ritter –
vom realen Leben zutiefst enttäuscht – begibt sich nur allzu gerne in die
Abhängigkeit von der Mutter zurück. Diese Flucht symbolisiert seine
Selbstaufgabe. In welchem Maße er auf emotionaler Ebene mit dem
Leben abgeschlossen hat, lässt sich an seinem Verhalten festmachen:
Fortan führt er die Befehle der Mutter unreflektiert aus; er überlässt es
ihr, vorbehaltlos für ihn zu entscheiden und lässt sich erneut auf eine
ihrer Intrigen ein. Und so überbringt er Genoveva – in der Hoffnung,
dass sie mit ihm flieht – die Nachricht von Siegfrieds vermeintlichem
Tod. Doch die Gefangene weist den Helden ein zweites Mal zurück und
stößt ihn damit noch tiefer in die Verzweiflung, Hilflosigkeit und auch in
die Abhängigkeit von der Mutter. „Ich muß ihn immer zurechtlenken,
sonst bricht er mir alle Augenblicke durch. Diese Auftritte spannen seine
Imagination zu sehr; in solch einem Moment von Außersich möcht' er
uns beide gar leicht zu Grunde richten" (GG 85), sagt Mathilde in der
siebten Szene des vierten Aufzugs im recht deutlichen Wissen um die
Schwäche des Sohnes.

Ihr manipulatives Verhalten geht so weit, dass der Ritter sich von Geno-
veva lossagt. „Gräme mich ja nicht weiters um sie; weg denn! Heraus aus
diesem Herzen, Ungeheuer, du sollst mich nicht länger [...] will dich
nicht länger hier dulden! Laßt sie verhungern, ich frage nicht weiter, ich!
Müßt' ich selbst darüber weg, verlösche auch mein Stern in des Todes
Nacht [...] so grausam, wie sie ist, so unempfindlich, so unbarmherzig!"
(GG 86) Doch der unvermittelte Gesinnungswandel ist nicht aufrichtig.
Golos Worte klingen übertrieben und beweisen, dass er nicht aus Über-
zeugung spricht, sondern nur um der Witwe zu gefallen. Im Pathos dieser
Deklamation steigert er sich in die abwehrende Haltung dermaßen hinein,
dass er Genoveva sogar die Schuld an seinem Elend gibt. „Und hätte sie
mich auch nicht lieben können? Und ach, was hätte sie's gekostet, mich
vom Tode zu erlösen? Nichts! Nur niederträcht'ger Stolz, nur Labung an
meiner Qual, nur Freude, mich elend zu sehen! Um einer Grille eines
Menschen Leben zerstört. Giftige, verfluchte Schönheit! O tausendmal

die Stunde verflucht, da ich dich zum erstenmal sah! Wo bist du Tod? Komm, brech' über mich herein, entreiß mich ihren falschen Klauen! Oh! Oh! Wo will ich [...] Verzweifle sie denn auch in der lezten bittersten Minute, zerknirsche sie einst auch ohne Gnade so angstvoll, wie mich's hier spannt!" (GG 86) Der Wunsch nach Selbstauflösung mischt sich mit dunklen Phantasien, in denen sich Golo ein qualvolles Ende für Genoveva herbeisehnt. Die Gedanken an den eigenen Tod aber überwiegen. „Mein Grab sei unter Weiden Am stillen, dunkeln Bach! Dort will ich liegen unter einem Weidenbusch. Hörst du's?" (GG 86), fragt er die Mutter in der siebten Szene des vierten Aufzugs, kurz bevor er sich mit seinem Herausforderer Karl einen Zweikampf liefern muss. Der Rheingraf will stellvertretend für Siegfried das Unrecht an Genoveva rächen und fordert Golo zum Gefecht auf. Der lebensmüde Ritter nimmt die Herausforderung an. Dabei wird er von der Hoffnung angetrieben, sein Leben dabei zu verlieren, schließlich weiß er, dass er seinem überlegenen und starken Gegner nicht gewachsen ist. Um so verzweifelter ist er, als nicht er, sondern Karl am Ende der neunten Szene stirbt: „Hab' ihn ermordet! Ha! Hab' ihn ermordet! Dort liegt er [...] sein Blut an meinem Schwert [...] verflucht das Schwert, das die Wunde schlug! Wirft das Schwert weg. Unselig Schicksal! O Karl! Karl! Läg ich an deiner Stelle!" (GG 90)

5.6 Das langsame Abgleiten in den Wahnsinn

Während Mathilde stolz auf die Bluttat des Sohnes ist, vermehren sich durch die traumatische Ermordung des Freundes in Golo die Bilder voller Aggressionen (zehnte Szene): „Noch knirscht's in meinen Ohren, das Schwert durch seinen Busen, seine blauen, hilfebittenden Augen rollten in ... oh! Wie bin ich der Schlange Genoveva immer mehr feind! Könnt' ich sie nur ganz aus meinem Andenken vertilgen, dann würde mir wohl! Die Mörderin! Sie zwang mich, zu morden; sie ist mein Unstern, der mich von einem Jammer zum andern treibt. Ich wollt', sie läge tief begraben. Wollte den küssen, der mir die Botschaft brächte, sie wär nicht mehr!" (GG 91) Seine überschäumenden Gefühle negieren die Wahrheit:

Nicht er oder Mathilde haben ihn in diese aussichtslose Lage getrieben, sondern Genoveva, die er zur symbolischen Repräsentantin des Bösen und seines Untergangs degradiert hat. Diese Einstellung macht ihn blind für die Realität. Nur so ist es zu erklären, dass er Mathildes niederträchtigen Plan, Genoveva hinrichten zu lassen, emotionslos und devot hinnimmt. „Zu allen Dingen hast du mehr Verstand und Geschick als ich. Wo's auf Fechten ankommt oder irgendsonst eine männliche Arbeit zu tun ist, da laß mich eh voran. Treibe alles übrige nach deinen Gutdünken" (GG 92), fordert er die Mutter auf. Als Mathilde ihm vorschlägt, die Pfalzgräfin mit ihrem Neugeborenen zu ermorden, löst diese Vorstellung ein Wechselbad der Gefühle in ihm aus. Er schwankt zwischen Selbstmitleid, Pessimismus und Hass. „Oh! Eine einzige Leidenschaft hat mich zu Grunde gerichtet, eine arme geringe Neigung. Was ist's um all mein' stolze Hoffnung, die fröhliche Aussicht in die Zukunft? Traum am Erwachen. Es läuft doch alles in einen Tod: Leben, Liebe, Jammer und Elend und auch der Tod. Das Glück ruht mit der Scheibe länger oft an niedriger, strohgedeckter Hütte und läuft stolzen Palästen vorbei. [...] Begrabt sie doch tief! Fort mit ihr! Fort! Verbrennt sie mit Feuer, ihre Augen, die mich irregeleitet, ihren verführerischen Schlangenleib, der außen gleißt und inwendig von schwarzem Gift erfüllt ist!" (GG 92) Mit all diesen unterschiedlichen Emotionen will Maler Müller auf den Beginn der geistigen Verwirrung des Helden verweisen. Diese Entwicklungsstufe, das Abgleiten in den Wahnsinn, baut der Autor im Gegensatz zu seinen Schriftsteller-Kollegen ausgedehnter und ausführlicher weiter aus. Er lässt den Zuschauer Schritt für Schritt teilhaben an Golos langsamem Verfall. Dramaturgisch trägt diese lange Phase der Steigerung zur Spannung bei.

In der zehnten Szene des vierten Aufzugs hat der Autor zudem zwei Hinweise platziert, die den zentralen Punkt der Persönlichkeitskonzeption des Helden näher beleuchten. Dieses Mal lässt er den Ritter selbst darauf zu sprechen kommen: „Was war ich nicht? In dieser Jugend! Wer kann hoffen, wenn in des Frühlings Knospe schon ein Wurm gräbt? [...] Ich war lange schon ein verstümmelt Werkzeug, zu richtigem Gebrauch verdorben." (GG 92) Der Protagonist vergleicht sich mit einer Knospe, die nicht blühen kann, weil sie von innen heraus von einem Wurm zerstört wird. Sinnbildlich stellt die Analogie die Krankheit zum Tode dar, die Golo untauglich fürs Leben macht – ähnlich wie ein verstümmeltes Werkzeug unbrauchbar ist. Die selbstdiagnostische Einsicht ist einer der wenigen Momente, in denen er noch klar denkt. Der Zustand hält aber nicht lange vor. Nachdem der Ritter von Genovevas vermeintlichem Tod erfährt – den Mord hatten seine Mutter und er in Auftrag gegeben, er wurde aber nicht ausgeführt – wird die Verwirrung fortan immer stärker akzentuiert. In der vierzehnten Szene des vierten Aufzugs demonstriert Maler Müller auf eindringliche Weise, wie die Bewusstseinstrübung des Helden durch den Gedanken an die verstorbene Pfalzgräfin und die Erinnerung an Karls grausames Dahinscheiden voranschreitet: „Fort denn, fort, fort! Laßt mich in Ruh'! Bilder weg! O einmal, einmal nur weg aus meinem Hirn! Nur einmal heraus, es ringt mich zu Grund! Blutender Karl; du, du Genoveva! Läuft umher Sie trug einen grünen Hut, werd's in meinem Leben nicht vergessen, einen freien grünen Hut. Sie stand und schaute zur Erde, damals hätt' ich sie noch retten können, damals! Damals! Jetzt ist sie hin. Warum hab' ich's nicht getan? Wo waren meine Sinne? Warum nicht lieber alles erlitten, warum nicht lieber mein Unrecht gestanden, warum nicht lieber geflohen? Nein. Die Erde regt sich unter mir, die Hölle lodert herauf!" (GG 101) Golo steigert sich in die Wahnvorstellung hinein, dass die Welt sich gegen ihn verschworen hat. Entsprechend wirr handelt er unmittelbar nach diesem Ausbruch. Als ihm der Reitknecht Steffen etwa die Nachricht von Siegfrieds Ankunft überbringt, reißt ihn Golo wie von Sinnen zu Boden. Auch dem Pfalzgraf, der zu diesem Zeitpunkt noch aufrichtig an Golos Freundschaft festhält und nichts von dessen Verbrechen weiß, unterstellt der Ritter maliziöse Absichten. Er glaubt, Siegfried wolle sich an ihm rächen. Aus diesem Grund weigert sich Golo, ihn zu treffen. Und so potenzieren sich die tödlichen Aggressionen gegen den vermeintlichen Gegner, gegen seine Mitmenschen und gegen sich selbst: „Ich weiß alles, er [d.i. Siegfried] hat mir den Tod geschworen; den schwör ich ihm jezt wieder. Keine Ruh', bis er oder ich erliegt. [...] Es schnauben noch ein paar andere Bären im Dickicht, grunzen nach meinem Leben; aber dies Schwert und Lanze verlacht sie!" (GG 102) Mit immer größerer Bedrohlichkeit häufen sich von Satz zu Satz diese zwanghaft wiederkehrenden düsteren Reflexionen.[237]

Die Wesensveränderung des Helden ist so offensichtlich, dass seine Diener ihn als „auffallend wild, wie eine losgelass'ne Bestie" bezeichnen. Als sich der Vorhang über der sechzehnten Szene hebt, wird Golos innere Wandlung auch für den Zuschauer sichtbar. Denn die wirren und finsteren Bewegungen seiner Seele haben sich auf seinem Gesicht in klaren, eindeutigen Zügen eingezeichnet: Mit einem Unheil verkündenden Blick betritt er die Bühne. Es ist tiefe Nacht, als der Rastlose mit einem Dolch in der Hand durch die dunklen Schlossflure irrt, um vor Siegfrieds Schlafgemach innezuhalten. Golo wird getrieben von Schuldgefühlen, Hass, Mordgelüsten und selbstdestruktivem Verlangen: „Überall folgt mir sein [d.i. Siegfrieds] Geseufze. Besser, auch ihn mit umgebracht, so hat doch einmal sein Härmen ein Ende. Ein bißchen Verdammnis mehr für mich, was tut's, ihm nur zu helfen?" (GG 104) Die wachsende Unruhe verstärkt die Gewissheit, dass nur noch der Tod ihm zu innerem Frieden verhelfen kann. „Schlaf', wer da schlafen kann. Ich kenne das Ding nicht mehr, das ihr andern Schlaf nennt. Der Gräber wird mir einmal aufdecken zur Ruh', eher nicht" (GG 104), sagt er Mathilde, als diese den Versuch unternimmt, den Sohn zu besänftigen. Doch der affektzerrüttete Verstand des Ritters ist nicht mehr empfänglich für die Anweisungen der Witwe. Seine Sinne sind dermaßen getrübt, dass er Geister sieht und sich einbildet, Mathilde und Siegfried wollen ihn vergiften. Im Zuge dieser Wahnvorstellungen richtet er all seinen Hass gegen die Mutter: „Bist du nicht die Verruchteste, die unter der Sonne lebt? die mich verfälscht, verdammt, aus mir einen Teufel gemacht hat?" (GG 106) Der vierte Aufzug endet mit Golos Mordanschlag auf Mathilde.

---

237 Ebd., S. 102: „Wenn auch gleich Sonnenfinsternis würde, Sterne blutig über mein Haupt herabwinkten und durch eine angedeutete Zuchtrute der Himmel mich bedräuen ließe: was liegt mir daran? Der Tod ist mir ein Spaß! Der ist doch immer das lezte."

Mit blinder Wut stößt er der „Blutschuldigen" einen Dolch in die Seite und flieht.

Die Handlung setzt ungefähr vier Jahre später wieder ein: Währenddessen hat Mathilde den Herzog von Brabant geheiratet, Siegfried residiert alleine auf seinem Schloss, ohne zu wissen, dass Genoveva noch lebt und zwar in einem Wald mit dem gemeinsamen vierjährigen Sohn Schmerzensreich. In der dritten Szene des fünften Aufzugs erhält der Zuschauer auch Informationen darüber, wie es um den Verstand des Helden bestellt ist: „Man trägt sich in der Gegend umher mit den wunderlichsten Geschichten von ihm, er soll manch' Tage ganz wie vor den Kopf geschlagen sein", berichtet Heinrich. „Reitet wie ein Unsinniger im Land herum, kreuz und die Quer, kehrt öfters in acht Tagen, wie mir's glaubwürdige Leute versichert, nicht heim unter Dach, sondern verweilt draußen im Wald in Wind und Wetter und verbringt die Zeit mit Jagen." (GG 110) Immerzu macht der Ritter von Drachenfels mit sonderbaren Taten von sich reden wie beispielsweise, als er den Abt von Sankt Gallen gefangen nehmen und all seine Knechte misshandeln lässt – und zwar nur, weil sie mit grünen Hüten durch seinen Forst geritten sind. Auf diese Farbe reagiert er generell sonderbar. „Grün ist ordentlich ein Herausforderungszeichen für ihn; geht auf alle los, die irgend etwas Grünes an sich tragen" (GG 110), erzählt Heinrich. Die Herausstellung dieser abnormen Reaktion sowie die hier angeführten zahlreichen Merkmale seines Verhaltens untermauern seine zunehmende geistige Verwirrung. Der Ritter ist gefangen in einer nebulösen Parallelwelt, in der er mal apathisch und mal furios in Erscheinung tritt.

5.7 Die Freiheit zum Tode

Zur letzten Wende kommt es, als Mathilde vergiftet wird und im Sterben liegt. Als Golo davon erfährt, scheint er wie aus einem Dämmerzustand zu erwachen. Die Nachricht erfreut ihn. Er beschließt daraufhin, Siegfrieds Einladung in die Pfalz nach mehreren Absagen anzunehmen. Die Zusage ist gleichzeitig Golos endgültiger Beschluss zu sterben. Der

Ritter reist dorthin, wo er für die an Genoveva begangene Schuld büßen wird. Damit schreitet er seinem Schicksal bewusst entgegen. Es ist zu klären, warum er gerade jetzt dazu bereit ist.

Mathildes kurz bevorstehender Tod hat ihm diesen Anstoß gegeben. Bislang ist der suizidal Veranlagte von der dominanten Witwe durchs Leben geleitet und unterdrückt worden. Sie hat seine Entscheidungen getroffen, sie ist es gewesen, die seine Schwächen zu überspielen gewusst und ihn stets nach ihren Vorstellungen manipuliert hat – in dem Wissen, dass Golo allein nicht in der Lage gewesen wäre, zu überleben. Ab dem Moment aber, ab dem die Gräfin von Rosenau selbst schwach ist und damit die Macht über den Sohn verliert, fühlt sich der Ritter erstmals ungebunden und unabhängig. Er ist in der für ihn ungewohnten Position, selbst über sich bestimmen zu können. Mathildes Tod steht für die Abnabelung des Sohnes von der dominanten Mutter. Dadurch kann er sich erstmals von ihr emanzipieren und sich auf emotionaler Ebene von ihr lösen. Der Tod der Witwe ist für Golo zugleich ein Befreiungsschlag. Und Freiheit bedeutet für den Todessehnsüchtigen die Freiheit zu sterben. Schließlich ist er in jederlei Hinsicht gescheitert: in der Liebe, als Soldat und in seinem Versuch, sich als Individuum frei zu entwickeln. Sein letzter Schritt ist nun die Selbstverwirklichung im und durch den Tod. Nur aus diesem Grund nimmt er Siegfrieds Einladung an.

Doch vor seiner Abreise sucht er das Schloss seiner Mutter auf. Maler Müller greift in dieser Szene Golos düsteres und zukunftsverweisendes Lied aus dem zweiten Aufzug noch einmal auf. Als der Ritter von Drachenfels vor Schloss zu Rautenburg in der sechsten Szene des fünften Aufzugs eintrifft, hört er, wie Brandfuchs eben jene Verse zitiert, die ihn schon zu Beginn des Stückes zutiefst bewegt haben:

> „Mein Grab sei unter Weiden
> Am Stillen dunklen Bach!
> Wenn Leib und Seele scheiden,
> Läßt Schmerz und Kummer nach.
> Vollend' bald meine Leiden!
> Mein Grab sei unter Weiden
> Am stillen dunklen Bach!" (GG 121)

Was der Autor mit dieser Textpassage schon im zweiten Aufzug klarmachte, unterstreicht er nun ein weiteres Mal: Er signalisiert, dass der Leidensweg des Helden in den Tod führt. Auf dem Vorplatz des Schlosses legt sich der Protagonist erneut mit allen an, die einen grünen Hut tragen. Statt die im Sterben liegende Mathilde in ihrem Zimmer zu besuchen, wird er einzig von dem Gedanken getragen, sich dem rachsüchtigen Bernhard und Siegfried zu stellen. Und so reitet er seinem Schicksal entgegen.

In der Pfalz angekommen, wird er sehr schnell von seinen Gegnern umlagert. Unmittelbar nachdem ihn Siegfried mit seinen Verbrechen konfrontiert, fordert Golo den Pfalzgrafen und seine Helfer auf, ihn umzubringen. „Was quält ihr mich lange? Verlangt ihr mein Blut? Setzt alle eure Schwert', Gewehre auf meine Brust her, mordet satt – ich weiß, daß ihr es wollt!" (GG 131) Der Held will die Tat nicht selbst vollziehen. Seine Widersacher sollen zu Vollstreckern seines Willens werden. An seinem Wunsch zu sterben hält er mit Hartnäckigkeit fest, insbesondere, als die totgeglaubte Genoveva in der elften Szene die Bühne betritt und Golo diese Begegnung als Wink interpretiert. „Tote stehen auf, mich zu richten!" (GG 132), bekundet der Verzweifelte, um seine Feinde dann ein weiteres Mal darum zu bitten, ihn zu töten. Er verlangt jedoch nicht nach einem friedlichen sondern – seiner autodestruktiven Veranlagung entsprechend – nach einem gewaltsamen und schmerzhaften Tod: „Begrabt mich doch lebendig! O schlagt mich tot! Ja, Siegfried, ich war's, der alles tat, dich so verriet. Gib mir deine Rache jezt gleich und laß mich in Ruhe." (GG 132) Wieder und wieder besteht er darauf, gequält zu werden: „Hier! Öffne diesen Busen! Mein Blut laß abwaschen die schweren Schulden an dir und an deiner Gemahlin, Siegfried! Gern und leicht sterb' ich, weil die [d.i. Genoveva] noch lebt." (GG 132)

Als die zwölfte und letzte Szene beginnt, erklingt im Hintergrund erneut das Lied „Mein Grab sei unter Weiden", dessen düstere Zeilen sich nun tatsächlich bewahrheiten: Siegfried befiehlt Ulrich und Bernhard, Golo in ein Weidengebüsch nahe einem Bach abzuführen, um ihn zu töten. Ein letztes Mal bäumt sich Golo auf, stößt Bernhard nieder, reißt ihm das Schwert aus der Hand, verletzt ihn damit und versucht sein Fehlverhalten zu crklären: „Ihr Niederträchtigen, die ihr schnöde verdammt! Ihr Elenden, die nicht fühlen, wie jammervoll dem Unglücklichen ist. Ihr schmähet mich, schaut auf mein Verbrechen, aber nicht auf das Schicksal, das mich bis dahin trieb." (GG 134) Damit spielt er auf seine innerseelische Krankheit an, die ihn und andere zugrunde gerichtet hat. Sie hat ihn aufgezehrt, zerrissen und erschöpft. „Ich bin müde! Wer mir den Tod gibt, gibt mir Ruhe!", bekennt Golo. Doch statt sich mit Bernhards Waffe hinzurichten, lässt er sich in das Schwert fallen, das Ulrich in den Händen hält.

Auch die Art und Weise, wie der Ritter sich umbringt, reflektiert seine allgemeine Schwäche. Denn obwohl sein Todestrieb von Anfang an stark ausgeprägt und der Todeswille allgegenwärtig ist, benötigt er einen „Komplizen" oder besser gesagt einen indirekten „Vollstrecker", der die Tat für ihn ausübt, da er nicht im Stande ist, alleine – wie es einem edlen Ritter gebührt – Hand an sich zu legen. Nur in einem Punkt beweist er Stärke: Er nimmt sich die Freiheit zum Tode.

III. Indirekter Freitod

1. Heinrich Leopold Wagner:

„Die Reue nach der That" – Freitod als Weltflucht

In Wagners Werk „Die Reue nach der That" (1775) geht es um die Liebe zwischen dem Assessor Langen und der Kutscherstochter Fridericke, die Langens ehrgeizige Mutter aus Standesdünkel ablehnt. Durch eine Intrige gelingt es der stolzen Justizrätin, das Paar zu entzweien: Sie bittet die Kaiserin, diese Beziehung zu unterbinden. Daraufhin wird Fridericke verhaftet, Langen verliert seinen Verstand. Selbst als es den Freunden des unglücklichen Assessors gelingt, die kaiserliche Verfügung rückgängig zu machen, gibt es für die Liebenden kein versöhnliches Ende mehr. Fridericke nimmt Gift, Langen bleibt in seinem Wahn gefangen.

In diesem Schauspiel tragen sowohl die weibliche als auch die männliche Hauptperson den Samen des Todes in sich. Von Anfang an wartet der Text mit Anspielungen auf die suizidale Prädisposition der tragischen Helden auf. Im Fokus der folgenden Analyse steht hauptsächlich die destruktive Entwicklung Fritz Langens. Diese Interpretation stützt sich ausschließlich auf meine Thesen, weil es so gut wie keine Sekundärliteratur dazu gibt (beziehungsweise zum hier behandelten Thema).

1.1 Langens und Friderickes Todesbereitschaft

Ähnlich wie Goethe Werther präsentiert auch Wagner seinen Protagonisten bereits im ersten Akt als einen in vielerlei Hinsicht Gescheiterten. Ein Beispiel hierfür ist sein Misserfolg als Künstler. Immerzu versucht Fritz Langen, eine Silhouette zu malen (Parallele zu Werthers Versagen als Zeichner). Drei Mal fertigt er eine an, schaut sich das Ergebnis prüfend an, bekundet sein Missfallen, zerreißt sie und setzt erneut an. Doch all seine Bemühungen bleiben fruchtlos. Ihm gelingt es nicht, mit ruhiger Hand den Bleistift und die Nadel zu halten, um den Schattenriss der Liebsten aufs weiße Papier zu übertragen. Als Begründung dafür nennt er seine innere Zerrissenheit: „Im Herzen, da liegts, da! – das ist wild, brausend, hochklopfend, ich spührs bis in die Fingerspitzen."[238] Diese Aussage gewährt einen ersten Einblick in das Innenleben des Helden. Sie zeigt, dass auch diese Figur ihren literarischen „Kollegen" ähnelt: Sie wird beherrscht von überschäumenden Gefühlen, die so stark und intensiv sind, dass sie sich nicht stimulierend, sondern lähmend auswirken. Die zweite Niederlage muss der Assessor einstecken, als ihm sein Knecht die Nachricht übermittelt, dass das von ihm zu vermittelnde Manuskript keinen Käufer gefunden hat.

238 Wagner, Heinrich Leopold: Die Reue nach der That. Gesammelte Werke, I. Band, Dramen, hg. v. Leopold Kirchberg, Potsdam 1923, S. 67-184, S. 70 (im Folgenden werden Zitate unter Verwendung der Sigle „RNT" im Text nachgewiesen).

Auch seine Liebe zur Kutscherstochter Fridericke (Namensgleichheit mit der Pfarrerstochter aus Goethes Briefroman) verläuft problematisch. Es ist eine schwierige Beziehung, die Langens Mutter aus Standesdünkel unterbinden will – ein Thema, das im Drama häufig eine große und konfliktbestimmende Rolle spielt. Denn Langens Entscheidung für die sozial niedrig gestellte junge Frau ist ein Affront gegen die Gesellschaft und kommt einer Revolution nahe. Für den schwärmerischen Gefühlsmenschen Langen aber haben Emotionen einen hohen Stellenwert und so widersetzt er sich den traditionellen Vorstellungen von Beziehungen und Liebe. Er folgt einzig seinem Herzen und entscheidet sich somit für Fridericke. Ekstatisch lässt Wagner seinen Helden immerzu von der Güte, Reinheit und Vollkommenheit der jungen Frau sprechen. Die Charakterisierung dieser tugendsamen Frauenfigur macht sie mit Werthers Lotte vergleichbar. Im Text wird stets auf das Besondere Frierickes hingewiesen, das sie wie eine Himmelsgestalt, einen Engel erscheinen lässt. Doch die ehrgeizige Mutter lehnt die junge Frau trotz aller Vorzüge ab. Mit ihrem rationalen Verhalten kann die Mutter als typische Vertreterin der Aufklärung bezeichnet werden, die starr an Konventionen festhält und um gesellschaftliches Ansehen bemüht ist (mehr über die Mutter und ihre Beziehung zum Sohn in Kapitel 1.3). So deutet sich schon früh an, dass über Langens und Frierickes Verbindung von Anfang an ein Schatten liegt und dass es kein versöhnliches Ende für das Paar geben kann.

Eindeutiger kristallisiert sich der tragische Schicksalsverlauf dieser Liebe in folgendem Satz heraus: „Die Meine, sagt ich! Werner, sagt ich die Meine? noch sollt ich nicht so sagen! Hab noch einen großen Berg zu übersteigen, einen größern als ihn je der Stolz der Giganten aufgethürmt hat. – Doch laß es jetzt gut seyn; Langen wird schon hinaufklimmen, er muß! und geht's nicht, so untergrab ich ihn, sollt auch seine ganze Masse darüber zusammenstürzen und mich bedecken." (RNT 75) Auch Wagner bemüht das Bild des Berges (Parallele zu Goethes Magnetenberg), um symbolisch zu veranschaulichen, wie es seinem Helden ergehen wird. Genau wie Werther und auch Julio entschließt sich Langen dazu, den großen Berg zu bezwingen, obwohl und gerade weil er sich der Aussichtslosigkeit seines Unterfangens sicher ist. Freiwillig begibt er sich auf den steinigen Pfad. Der Assessor tritt damit eine Reise ohne Rückkehr an. Es ist der erste Schritt in Richtung Suizid.

Als Wagner seine weibliche Hauptperson im zweiten Akt vorstellt, hat er um Fridericke eine düstere Atmosphäre voll dunkler Todessymbole geschaffen. Trotz der Gegenwart ihrer jüngsten Schwester wirkt die junge Kutscherstochter verloren und einsam. Fridericke sitzt gedankenverloren und mit einer befremdlichen Teilnahmslosigkeit in ihrem Zimmer, das klein, steril und einengend wirkt. Die Beschreibung des Raumes hat metaphorischen Charakter. Es reflektiert das Weltbild der Unglücklichen. So trostlos, wie sie lebt, so sieht es in ihr selbst aus. Sie neigt zur Melancholie, das bestätigt sie selbst zu Beginn des zweiten Aktes: „Ich bin heute zu schwermüthig [...]." (RNT 95) Der Autor präsentiert sie als eine Frau, für die das Sein und die Welt im Allgemeinen keinerlei Reiz haben. Um ihre Todesbereitschaft – eine Gemeinsamkeit, die sie mit ihrem Liebsten teilt – zu unterstreichen, hat er im Text zahlreiche Unheil verkündende Zeichen eingebaut.

Eines dieser Untergangsmotive ist der Strauß, den Fridericke während ihres ersten Auftrittes in Händen hält. Es handelt sich dabei nicht um einen Bund schöner, bunter Blumen, sondern um einen welken Strauß, den die junge Frau aufmerksam betrachtet. Der Blick auf die „toten" Blüten hat Verweischarakter auf die Zukunft. Sinnbildlich wird sie dadurch mit ihren eigenen Tod konfrontiert. Eindeutiger werden die Anspielungen auf das Ende der Protagonistin, als ihre Schwester Lenchen ein trauriges Lied singt:

> „Schön sind Rosen und Jesmin)
> Eben so vergieng auch ich,
> Würde man uns trennen,
> Denn ich lebe nur durch dich
> Um für dich zu brennen." (RNT 95)

Diese knappen fünf Verse geben Friderickes tragisches Schicksal komprimiert wieder: Sie wird wie die schönen, blühenden Blumen verwelken.

Das Lied verrät jedoch mehr, als den düsteren Lebensverlauf der Heldin. Es gibt auch einen ersten vagen Hinweis auf ihre Suizid-Motivation: Sie kann ohne Langen nicht existieren. Diese Abhängigkeit entspringt allerdings nicht hauptsächlich dem Gefühl der Liebe. Fridericke hat im Assessor einen Seelenverwandten gefunden – den einzigen, den sie hat. Auf Erden bleibt die tragische Gestalt trotz ihrer Familie stets einsam. Sie ist eine Außenseiterin, die ihren Platz in der Welt nie gefunden hat. Nur die Beziehung zu Langen verbindet sie mit der Realität. Ohne ihn verlöre sie die einzige Daseinsberechtigung.

Wagner hat diese Figur von Anfang an so entworfen, dass sie als eine am Leben leidende junge Frau wahrgenommen wird, deren Gedanken passend zur Gestimmtheit ihres Herzens stets pessimistisch sind. Langens Heiratsantrag beispielsweise ruft in ihr nicht Freude, sondern eine düstere Vision hervor. Statt einer glanzvollen Hochzeit erscheint vor ihrem geistigen Auge das Bild ihrer letzten Ruhestätte: „Ein paar handvoll geschnitten Stroh, ein Strohpfülben, ein Leintuch, da drauf wird mirs wohl seyn." (RNT 95) Alle Versuche ihrer Schwester Lenchen sie abzulenken, scheitern. Zu Friderickes düsterer Zukunftsvision gesellt sich die Einsicht, dass ihr tragisches Ende unausweichliches Schicksal ist, und sie scheint das in gewisser Weise auch herbeizusehnen: „Die Zeit wird's bringen; o die bringt viel – Ruhe – Tod – – ".[239] Fridericke steht dem Tod also lange, bevor sich der Konflikt zwischen ihr, Langen und der künftigen Schwiegermutter zuspitzt, von Anfang an näher als dem Leben.

1.2 Krankheit des Gemüts

Nachdem der Autor auf Langens Todesbereitschaft verwiesen hat, zeichnet er im Fortgang des ersten Aktes ein genaueres Psychogramm des Helden. Wagner führt im Gespräch zwischen Langen und dessen jünge-

---

239 Ebd., S. 96.

rem Bruder Christian das weiter aus, was er bereits zu Beginn des Stückes angedeutet hat. Er hebt damit explizit die krankhafte innere Aufruhr und die pessimistische Sichtweise des Protagonisten hervor. Um plakativ zu veranschaulichen, wie es um Langen steht, benutzt er eine kraftvolle Bildersprache: „Noch ist er im Rosenmond, alles ist heiter rund um ihn her – aber wenn es erst gegen den Herbst geht, wenn man Früchte einsammeln will, in Hofnung, sie in Ruhe zu verzehren und der Wurm alsdann – das schmerzt!" (RNT 76) So desillusioniert spricht der Assessor vom Sein. Der Wurm ist hier als ein Synonym für den Seelenschmerz zu verstehen. Die Frucht steht für das Leben. So wie der Wurm sich aus den Früchten von innen nach außen frisst, alles zerstört und damit die Ernte verhindert, wirken sich die innerseelischen Qualen vernichtend auf den Geist und den Körper des Menschen aus. Mit diesem Vergleich macht Wagner unmissverständlich klar, woraus Langens Kummer entspringt: aus seinem Innern. Er bezeichnet dieses Leiden als Krankheit des Gemüts (RNT 168).

1.3 Resignation

Bei Langens Charakterdisposition muss auch seine Beziehung zur Mutter berücksichtigt werden. Die Konstellation in gesteigerter Form erinnert an die in Goethes Jugendwerk: In „Die Reue nach der That" ist der Vater ebenfalls gestorben. Langen bleibt mit der Mutter und den jüngeren Geschwistern zurück. Im Gegensatz zu Werther nimmt der Assessor in der Familie aber den Platz des Verstorbenen ein und kommt für den Unterhalt seiner Schützlinge auf. Während Goethe die Mutter im Roman nur erwähnt und ihre Beziehung zum Sohn lediglich skizziert, baut Wagner wie Maler Müller diesen Aspekt weiter aus: In seiner drama-tischen Ausarbeitung hebt er ebenfalls die krankhafte Abhängigkeit des Sohnes von der Mutter besonders hervor (ab Mitte des ersten Aktes). Der Autor zeichnet das Bild einer Übermutter, die ihren Ältesten mit ihrer Dominanz in jederlei Hinsicht untergräbt. In ihrer Arroganz lehnt sie alle Menschen niederen Standes ab. Unerbittlich und gefühlskalt ist sie auch in der Erziehung ihrer Kinder, wie beispielsweise ihr unwiderrufliches

Liebesverbot für den Assessor, der die Kutscherstochter Friderike begehrt, belegt. Es dürfte dieser Strenge und Gefühlskälte zuzuschreiben zu sein, dass sich Langen für die empfindsame Friderike entschieden hat. Wagner hat schließlich bewusst diese zwei grundverschiedene Weiblichkeitsbilder eingesetzt, um zu demonstrieren, wonach sich der Held sehnt: Er sucht bei Friderike die Wärme und Emotionalität, die ihm die Mutter verwehrt.

Aus dem gestörten Mutter-Sohn-Verhältnis resultieren – ähnlich wie bei Golo – die meisten seiner Probleme. Er hat nicht gelernt, selbstständig zu agieren. Er ordnet sich der Justizrätin stets willenlos unter und stellt seine Bedürfnisse hinter die seiner Mutter. Dieses devote Verhalten ist ihm schließlich seit frühester Kindheit anerzogen worden. Die fehlende Zuwendung, die emotionale Vernachlässigung sowie das ständige Unter-drücken der eigenen Gefühle haben letztendlich zu Aggressionen geführt, die der schwermütige junge Mann gegen sich selbst richtet. Ungeachtet dessen hat er – zumindest zunächst – nicht die Kraft, sich von der Mutter zu lösen. Er bleibt ihr weiterhin treu ergeben, obwohl sie sich – wie Golos Mutter Mathilde – eindeutig als manipulativ und berechnend erweist. Will sie beispielsweise etwas erreichen, gelingt es ihr jedes Mal, den Sohn mit geschickt eingesetzten rhetorischen Mitteln zu überzeugen – so wie etwa gegen Ende des ersten Aktes, als sie von ihm fordert, ihr kostspielige Hauben zu kaufen. Auf Langens Bedenken folgt eine wehklagende Litanei. Sie macht ihm Vorwürfe und appelliert an sein Gewissen.[240] Dieses Verhalten ist symptomatisch für ihre Beziehung. Sobald die Justizrätin insistiert, gibt er nach.[241] Über die völlige Unterwerfung des Sohnes ist sich die Mutter durchaus bewusst. Sie weiß,

240 Ebd., S. 92: „Da sieht mans leider, wie übel eine Wittwe daran ist: ich arme verlaßne Frau! als der Herr Justizrath, Gott hab ihn selig! noch lebte, bekam ich gleich alles, wenn ich nur ein Wort sagte. – Aber jetzt leider find ich nicht einmal bey meinem einigen Kind, das ich so lang unterm Herzen getragen habe, das mich so viel Mühe, so manche Thräne gekostet hat, bis ich es so weit gebracht habe, Trost oder Hülfe. Großer Gott! wie tief hast du mich herabgesetzt. – Könnt ich meinen lieben Mann mit den Nägeln herausgraben!"

241 Ebd., S. 127: „Sie wissen, Mama! ich wiederhohl es, daß ich Ihnen von je her gehorsam war, nicht aus Pflicht allein es war, sondern weil ich selbst Vergnügen darinn fand. Immer war ich bemüht Ihren Befehlen sowol, als Ihren Wünschen zuvorzukommen", sagt er in einem anderen Zusammenhang am Ende des dritten Aktes. Sein Leben hat er stets nach dem ihren ausgerichtet: „Mein angenehmstes Geschäft war Ihnen Proben meiner zärtlichsten Ergebenheit zu geben, Versicherungen Ihrer Gegenliebe zu verdienen. Nach Kräften hab ich mich von je her bemüht Ihre Ruhe und Glückseligkeit zu befördern."

dass sie Macht über ihn hat. Aus diesem Grund wehrt sie sich auch mit aller Vehemenz gegen Fridericke. „Eh ich meine Einwilligung gebe, sollst du lieber meinen Fluch haben; Himmel und Erde beweg ich, wenn du nicht von ihr lässest; Ein Kutschersmädchen meine Schwiegertochter! Gottes Barmherzigkeit! ich krieg die Gichter, wenn ich nur dran denke." (RNT 93) Langens Versuch, sie vom Gegenteil zu überzeugen, scheitert. Der empfindsame Held ist der überstarken Justizrätin jedoch nicht gewachsen. Er resigniert.

Als die Mutter im ersten Akt die Bühne verlässt, bleibt ein aufgewühlter Langen zurück. Das aufreibende Gespräch mit ihr und der Disput um Fridericke haben ihm die Aussichtslosigkeit dieser Liebe und seine hoffnungslose Lage erneut bewusst gemacht. Und so endet diese Szene mit einer symbolhaften Geste, die die Todesbereitschaft des Helden nochmals unterstreicht sowie seinen Suizid antizipiert: Als Christian mit einem Gewehr spielt, zeigt ihm sein Bruder Langen, wie man damit richtig zielt und wie sich die Kugel durchs Herz bohrt: „Es ist, als wenn dich eine Fliege sticht, den Augenblick ists vorbey – Gott, welch ein Gedanke! – ich muß gehen und Luft schöpfen – kann kaum noch athmen." (RNT 94)

1.4 Ein Befreiungsversuch

Am Ende des dritten Aktes kommt es zum Wendepunkt in Langens Leben. Ihm gelingt es doch noch, sich von seiner Mutter loszusagen, weil sie sich nochmals gegen Fridericke als ihre zukünftige Schwiegertochter widersetzt. Der Assessor wertet die Abkehr von der dominanten Witwe zur Befreiung aus einem Kerker auf, in dem er jahrzehntelang gefangen gehalten worden ist. „Sie lösen die Bande, die ich immer verehrt habe; – ich bin frei und werde meine Freyheit benutzen" (RNT 129), kündigt er der Justizrätin an. Auch Wagner hat das Motiv des Sich-Eingesperrt-Fühlens wie Goethe und Klinger in seinem Werk aufgenommen. Sein Held leidet ebenso unter einem restriktiven Gefühl wie beispielsweise Werther und Otto. Langens Worte lassen die Deutung zu, dass er das

Leben an der Seite der Witwe bisher als Gefängnis empfunden hat. Er hat erkannt, dass er sich unter ihrem Einfluss als Individuum nicht hat frei entfalten können. Die Mutter hätte seiner Forderung nach Emanzipation der Leidenschaften und Gefühle nicht nachgegeben, da sie weiter starr am Ständedenken festhält. Die Trennung von ihr ist daher gleichzusetzen mit dem Kampf gegen die Unterdrückung des Subjekts durch gesellschaftliche Zwänge. Genauer genommen ist es aber – wie bereits angedeutet – vielmehr als das: nämlich der Versuch, dem Kerker zu entfliehen, in dem ihn die Justizrätin ein Leben lang gefangen gehalten hat. Langen erhofft sich dadurch völlige Freiheit. Er glaubt, fortan selbst Entscheidungen treffen und endlich Herr seiner selbst sein zu können. Als er mit der Justizrätin bricht, schwingt auch die Hoffnung auf eine Besserung seines Gemütszustandes mit. So als müsste er sich selbst davon überzeugen, hebt er im übertriebenen Maße immerzu die neugewonnene Unabhängigkeit hervor. Als er etwa Fridericke zu Beginn des vierten Aktes aufsucht, betont er dies gleich drei mal: „Ich bin völlig frey; herr, zu thun was ich will." Oder: „Daß ich ein Narr war, mich so lang in Fesseln gekrümmt zu haben." Und: „Daß ich aber nicht länger der Sklave des eigennüzigsten Stolzes bleiben, daß ich ein freyer Mensch seyn, meine Freyheit benutzen will." (RNT 131) Doch dunkle Schatten trüben den Genuss der vermeintlichen Freiheit. Fridericke ahnt, dass Langens Entschluss beide noch tiefer in den Abgrund des Leidens reißen wird. Die Kutscherstochter möchte zudem nicht Schuld sein am Zerwürfnis des Sohnes mit der Mutter. Aus diesem Grund weigert sie sich, ihn zu heiraten. Ihre Abfuhr erschüttert Fritz dermaßen, dass er nahezu erstarrt. Er verspricht ihr, wieder zur Besinnung zu kommen. Dabei nimmt er wie fremdgesteuert einen Kamm vom Tisch und bricht einen Zahn nach dem anderen ab. Als er das Resultat seines Handelns erblickt, erschrickt er: „Wie gieng das zu? Das that ich doch sonst nie. – Pfui, Langen! mußt nichts so nach und nach zerstören, auf einmal, mit einem Wort, mit einem Druck mußt dus zernichten, zu Pulver zermalmen können" (RNT 134). Dieses Verhalten steht metaphorisch für seinen unstillbaren (latenten) Destruktionstrieb und seine Todessehnsucht.

Die Lossagung von der Mutter rettet ihn also nicht aus den Wellen des Todes, sie hat seine Sterbebereitschaft sogar gesteigert, weil sie sich mittlerweile unabhängig von der Beziehung zur Justizrätin weiter entwickelt. Intensiviert wird dieses Gefühl durch die Parallelhandlung, die Wagner direkt im Anschluss auf die Kamm-Metapher im Text eingebaut hat. In dieser Nebengeschichte wird nicht nur Friderickes und Langens Schicksal exakt widergespiegelt, sondern werden auch die Konsequenzen aufgezählt, die eine Heirat ohne die Erlaubnis der Justizrätin mit sich zögen. Ein Jude hat die Hauptrolle in dieser Geschichte. Er erzählt von seiner persönlichen Tragödie, die damit beginnt, dass er gegen den Willen des Vaters seine Liebste ehelicht. „Und do hat er mer halt den Fluch gegeben – o a gräßlichen Fluch!" (RNT 138), berichtet der Greis. Er beschreibt den Verfall, der auf die Verwünschung gefolgt ist: Der einst wohlhabende Mann, der mehrere Bedienstete beschäftigt hat, verliert sein gesamtes Vermögen und auch seine Frau. Dieses Schicksal gewinnt für Langen eine entscheidende Bedeutung. Er begreift, dass auch ihm und Fridericke dasselbe ereilen wird, wenn sie sich dem Verbot seiner Mutter widersetzen. Die düstere Aussicht zerstört all seine Pläne und auch seine Lebenskräfte. Die Welt um ihn herum hat sich nicht verändert, sie wird ihm erneut zu einer Fessel: „Hätt ichs nie gehört! – ich war so seelig in meiner Zuversicht – jezt schwindt alles, alles! – ewige Finsterniß liegt mir vor den Füßen – Mit mir ists aus." (RNT 139) Diese Erkenntnis stößt ihn in den Abgrund der Verzweiflung – ohne Hoffnung auf ein glückliches Ende. „Ein wenig Kopfweh – will nach Haus gehn, ein paar Pillen verschlucken, das vertreibts" (RNT 139), so verabschiedet sich der Unglückliche von Fridericke. Die Tatsache, dass die Kutscherstochter ihn in diesem Zustand nicht gehen lassen will, beweist, dass sie seine wahre Absicht erahnt. Fritz gibt zwar vor, Tabletten gegen Kopfschmerzen einnehmen zu wollen, doch folgender Satz spricht dafür, dass er seinen Herzensqualen ein Ende setzen möchte: „Der Gedanke nicht immer, vielleicht niemals mehr so, wie jezt, athmen zu können – o der fällt auf, wie brennend Pech!" (RNT 140) Langen hat sich längst gegen das Leben entschieden und so schwingt mit seinen Worten ein Gefühl der Endgültigkeit mit. Alles, was er sagt, klingt nach Abschied.

Selbst als sich das Schicksal zum Guten gewendet zu haben scheint und sich die Liebenden auf dem Höhepunkt ihres Glückes wähnen, weil sie erfahren, dass die Justizrätin endlich ihre Einwilligung zur Ehe gegeben hat, verstärken sich Langens und Friderickes düstere Visionen am Ende des vierten Aktes. Obwohl sie nach dem Empfang bei der Kaiserin heiraten wollen, scheinen beide zu wissen, dass ihre Geschichte kein gutes Ende nehmen wird. „Adieu! – Rickchen, bey Gott! gleich nach der Audienz, oder – nie mehr." (RNT 148) Die Kutscherstochter empfindet ähnlich: „Oder nie mehr! – Ich muß gestehn: ganz wohl ist mir bey der Sach auch nicht, wenn ich mich gleich so gestellt habe. Sollte die Einwilligung seiner Mutter auch wohl von Herzen gegangen seyn? Ich trau ihr kaum halb; sie war zu erbittert auf unser Haus –" (RNT 148).

Die neugewonnene Freiheit erweist sich als trügerisch. Langen hat sich zwar von seiner Mutter getrennt, verändert hat sich seine resignative Einstellung zum Sein dennoch nicht. Auf die Lossagung von der Justizrätin, auf diese kurze Zeitspanne, die der Assessor ohne den Einfluss der dominanten Mutter agiert, ist es Wagner bei Langens Persönlichkeitsbild entscheidend angekommen. Denn das beweist, dass Fritz dennoch mehr oder weniger teilnahmslos bleibt. Der Weltfremde wirkt in dieser Szene hilfloser denn je und mit der schwierigen Situation vollkommen überfordert. Seine Sterbebereitschaft und Todessehnsucht haben sich ebenfalls unabhängig von den Repressionen der Witwe weiter entwickelt und gesteigert. Die Gedanken des Gemütskranken enden weiterhin stets mit Tod.

1.5 Emotionale und körperliche Erstarrung

In einer Welt, in der er sich alleine behaupten muss, ist der naive Langen nicht überlebensfähig. Da nimmt es nicht wunder, dass er die Intrige der Mutter nicht durchschaut. Arglistig wie sie ist, veranlasst die Justizrätin eine Audienz bei der Kaiserin, damit die Kutscherstochter während

Fritzens Abwesenheit gewaltsam in ein Kloster gebracht und die Hoch-
zeit damit torpediert wird. Auch hierauf reagiert der Assessor mit
Resignation. Er hat keinerlei Ambitionen, gegen das ihm widerfahrene
Unrecht anzukämpfen. Teilnahmslos fügt er sich.

Im sechsten Akt nimmt seine Apathie immer bedrohlichere Formen an:
Langen geht nicht mehr aus dem Haus, er kann nicht mehr arbeiten,
unterhält sich mit niemandem, kann auch nicht ruhen. Gelingt es ihm,
kurz einzuschlafen, dann verfällt er ins Delirium. Seit der schmerzhaften
und traumatischen Trennung von Friderike befindet sich der Assessor in
einem komatösen Zustand. Es ist eine emotionale und körperliche
Erstarrung, die mit der eines Todkranken vergleichbar ist. Gleich zwei
Mal lässt Wagner in dieser Szene (Mitte des sechsten Aktes) durch die
Figuren des Doktors und Werners darauf zu sprechen kommen, woran
sein Protagonist genau leidet, woran er zerbricht: an der Krankheit des
Gemüts. Ähnlich ergeht es seiner Seelenverwandten Friderike. Von
ihrem Vater erfährt der Zuschauer, wie sie in einer Zelle des Klosters
ganz allmählich zugrunde geht. Sie hat sich wie Langen physisch wie
psychisch aufgegeben, der ihr fremden Welt den Rücken gekehrt.

1.6 Degeneration des Geistes

Nach tagelanger Teilnahmslosigkeit bäumt sich Langen Mitte des sechsten Aktes ein letztes Mal auf und verlässt sein Zimmer. Er wirkt
orientierungslos, als er im Schlafrock, blass, hager und mit stierem Blick
Werner, Christian und Walz gegenübertritt. Der gespenstische Eindruck
wird durch seinen wirren Ausbruch verstärkt: „Halt – wohin, wohin eilst
du? Geliebte! Rickchen! mein trautes Rickchen! – Bleib! bleib – du
fliehst mich – – wo ist sie hin? Kerls wohin gieng sie, wollt ihr reden? –
Wie sie dastehn, als hätt sie der Donner gerührt! – zittert, zittert nur; der
Wurm nagt euch am Herzen – Gewissen, Gewissen! das tobt, nicht wahr?
– Junge, du warst bey mir da drinn, red! wo steckt sie?" (RNT 170-171),
fragt er Christian. In seinem verwirrten Zustand bildet er sich ein, die
Liebste tatsächlich zu sehen. Die Wahnvorstellung ist für ihn Realität.

Aus diesem Grund glaubt er seinem Bruder nicht, der ihm versichert, Fridericke sei nicht anwesend. Wie von Sinnen stürzt er sich zuerst auf Christian, dann auf Walz und Werner, die bemüht sind, ihn zu beruhigen. Langen aber beschuldigt sie, ihn um Fridericke gebracht zu haben. Er greift Walz an, versucht ihn zu erwürgen. Erstmals sind an dieser Stelle Aggressionen gegen andere durchgebrochen. Doch sie sind von kurzer Dauer und richten sich alsbald wieder gegen die eigene Person: „Komm sey auch mein Vater, schlag mir das Hirn ein, und stutz deinen Schnurrbart damit auf" (RNT 172), fordert der verzweifelte Assessor Walz auf. Er möchte durch Friderickes Vater den Tod finden.

Die Selbstmordabsicht des Helden unterstreicht der Autor auch durch eine Geste, die erst im Rückblick und im Kontext betrachtet ihre tiefere Bedeutung enthüllt. Nachdem sich Langen wieder beruhigt hat, helfen ihm Werner und Walz auf ein Sofa, auf das er sich hinlegt und dabei das Gesicht verbirgt. Mit diesem symbolischen Akt, den der Held in dieser Szene zwei Mal wiederholt, will sich Wagners Titelfigur sinnbildlich vor der verhassten Welt verstecken. Der Protagonist möchte verschwinden und drückt dies durch das Verstecken seines Gesichtes aus. Das Sein hat für ihn ohnehin keinen Sinn mehr, da in ihm alles erloschen ist, wie er selbst zugibt. „Alles hohl hier; leer, dumpf" (RNT 173), sagt er auf seinen Kopf deutend.

1.7 „Engel! hier komm ich!"

Gegen Ende des sechsten Aktes gelingt es Werner, mit Hilfe des Staatsrats und durch ein weiteres Gesuch bei der Kaiserin, Friderickes Freilassung zu erwirken. Eiligst wird die Kutscherstochter zu Langen gebracht. Diese kleine Zeitspanne, die den Assessor noch von der Wiedervereinigung mit der Liebsten trennt, wirkt sich allerdings nicht beruhigend auf ihn aus, sondern setzt ihm weiter zu. Denn obwohl er zu diesem Zeitpunkt noch nicht weiß, dass Fridericke längst Gift genommen hat, sieht er in einer düsteren Vision ihren Tod voraus.[242]

---

242 Ebd., S. 179-180: „Gott! – was seh ich? blaß – todtbleich – Rickchen – Geliebte! – wie sie sich windet, die Wonnegeberin! sich krümmt, – die Augen dreht und erstarrt – ha! jetzt schwebt sie da oben – wink nur, wink

Mit auffälligem Bezug auf Goethes Werther inszeniert Wagner Friderickes Rückkehr auf die Bühne. Die junge Frau erscheint in einem
weißen Kleid „mit rosenrothen Schleifen"[243]. Die Entlehnung dieses
Bildes aus dem berühmten Briefroman ist unverkennbar. Die beiden
blutroten Bänder fungieren genau wie Lottes rosenrote Schleifen auch
hier als Untergangsmotive, die das Finale einläuten. Im Vorgefühl des
Unglücks schließt sich das Paar ein letztes Mal in die Arme. Unmittelbar
nach dieser innigen Begegnung gesteht die Kutscherstochter, dass das
Wiedersehen auch gleichzeitig ein endgültiger Abschied ist, weil sie
bereits Gift genommen hat. Kraftlos fällt sie daraufhin auf ein Sofa,
erbittet sich von ihrem Liebsten noch einen Kuss und stirbt dann in
seinen Armen. Minutenlang bleibt der Assessor regungslos mit ihr liegen.
Als Wilhelm und Nachbarn ihn von ihr losreißen, verharrt er neben der
Verstorbenen und schaut sie mit starrem Blick an. Seine dunkle
Zukunftsaussicht, in der er die junge Frau bereits als Tote gesehen hat,
hat sich erfüllt. Auf Friderickes selbst herbeigeführtes Ende soll nun sein
eigenes folgen. „Engel! hier komm ich!", ruft Fritz aus und eilt stante
pede ins Nebenzimmer, wo er sich „den Hals abstürzen" (RNT 182) will.

„Die Reue nach der That" endet mit dieser Szene. Durch die Justizrätin
erfährt der Zuschauer noch, wie der verzweifelte Held im Nebenraum
schreiend um Hilfe und Rache fleht, wie er versucht, sich den Kummer
aus der Seele zu brüllen – ein Zusammenbruch, der den Tiefpunkt in
Langens selbstdestruktiver Entwicklungskurve markiert. Die explizite
Selbsttötung, die als logische Konsequenz darauf folgen soll, bleibt im
Stück zwar aus, doch durch die Sprache und bisherige Interpretation des
Textes kann nicht bezweifelt werden, dass der Protagonist Fridericke –
wie in seiner apokalyptischen Vision bereits vorausgesagt – nachgehen
wird. Wagner hat seinen Helden im Handlungsverlauf schließlich

nur, gute Seele! o ich folge dir – gleich! Mutter, Freund, Liebe! Beste! einen Dolch – gebt mir einen Dolch –
Schutzengel, Schöpfer! seyd ihr mir dann – ha! wie sie knirscht, daß ich ihr noch nicht gefolgt bin! – soll ich
keinen Dolch – kein Messer bekommen?" Werner und die Justizrätin halten ihn fest. „So, erdrückt mich, er-
stickt mich – ihr Wohltäter – ihr Herzensfreunde! in der Ewigkeit will ichs euch noch danken – ich komm –
himmelreines Mädchen! – zürne nicht, daß ich so langsam bin – Dolch – Dolch! Einen Dolch – ein Messer
her – ist denn kein Mitleiden auf Erden mehr – ".
243 Ebd., S. 180.

immerzu an die tiefen Abgründe des Suizids geführt, vor denen Langen
zunächst zurückgeschreckt ist, und in die er sich nun hineinstürzen wird.
Vom ersten Augenblick an ist diese literarische Figur so angelegt, dass
sie sich durch das frühkindliche krankhafte Verhältnis zur Mutter als ein
von resignativer Melancholie und Todeswilligkeit durchdrungener junger
Mann präsentiert. Auch nachdem ihm die Loslösung von der Mutter nicht
zur erwünschten Freiheit verholfen und er zudem Fridericke verloren hat,
hält ihn nichts mehr auf Erden. Die Welt, in der sich der Gemütskranke
alleine nicht behaupten kann und will, bietet ihm nichts mehr – und so
bleibt ihm nur die Flucht. Seine emotionale Selbstaufgabe, auf die
Wagner durch die Aussage des Feldherrn anspielt („Mit dem ists aus –
der kann nicht wieder zurecht kommen!"[244]) geht auch in „Die Reue nach
der That" – wie das in allen bisherigen untersuchten Stücken der Fall ist
– stets der körperlichen Vernichtung voraus. Die selbstzerstörerische
Entfaltung des Protagonisten wird sein logisches Ende also naturgemäß
im Freitod finden. Langens Rückzug am Ende des Stückes ist vom Autor
so konzipiert worden und hat symbolischen Charakter. In dem Moment,
in dem Fritz fluchtartig ins Nebenzimmer eilt, tritt er daher nicht nur von
der Theater-, sondern auch von der Schaubühne des Lebens ab. Der
Selbstmord dient dem Protagonisten als letztes Mittel der Selbstbestimmung und zur Freiheit. Wagner deutet diesen Suizid allerdings nur an,
seine tragische Figur führt diesen finalen Schritt im Stück nicht explizit
aus. Auf diese Weise führt der Autor nochmals die Schwäche des Helden
vor, der (zumindest zu diesem Zeitpunkt noch) nicht einmal in der Lage
ist, sich zu töten.

1.8 Parallelhandlungen

Wie im „Werther" finden sich auch in „Die Reue nach der That" mehrere
Parallelhandungen. Diese scheinbar zufällig eingestreuten Geschichten
sind bedeutungstragende Elemente im Text. Denn Wagner benutzt sie,
um die Entwicklung des innerseelischen Verfalls seiner Protagonisten zu

---

244 Ebd., S. 183.

begleiten, indem er den Zuschauer immer wieder mit tragisch verlaufenden Fremdschicksalen konfrontiert.

1.8.1 Der Abstieg des rechtschaffenen Kanzlers

In der ersten Nebenhandlung am Ende des zweiten Aktes erzählt der Reiterknecht Karl die traurige Geschichte eines Kanzlers, den er als den rechtschaffensten, besten Mann, „den je der Erdboden getragen hat" (RNT 109), bezeichnet. Er berichtet vom langsamen Abstieg seines ehemaligen Herrn, wie der gütige und selbstlose Kanzler sich für andere aufgeopfert, wie er sich im Dienste eines Grafen aufgezehrt hat und daran nicht nur finanziell, sondern auch gesundheitlich zu Grunde gegangen ist. Nachdem der Kanzler erkrankt ist, beginnt sein körperlicher und geistiger Verfall, der in Einsamkeit, Isolation und völlige Apathie mündet.

Die Parallele zu Langen ist nicht zu übersehen: Auch der junge Assessor ist stets um das Wohl seiner Mitmenschen besorgt. Selbstlos hilft er seinem Freund Werner, der ihn als „edle wohltätige Seele", die „stets für andre zu sorgen bedacht war" (RNT 161) beschreibt. Um der Mutter zu gefallen und ihr Freude zu bereiten, ordnet er sich ihr – fast ausnahmslos – unter. Fritz' Altruismus wird wie auch im Falle des Kanzlers nicht belohnt, sondern trägt eine mitentscheidende Rolle an seinem Scheitern bei.

1.8.2 Die Verwahrlosung des Bettelweibes

Der düstere Grundtenor des gesamten Stückes findet auch in der nächsten Parallelhandlung seinen Niederschlag: Werner begegnet gegen Ende des fünften Aktes einem Bettelweib, das mit dem jüngsten Kind auf dem Arm um Almosen bittet. Die Verwahrloste bietet ein Bild des Elends und Unglücks. Sie ist nicht nur finanziell, sondern auch auf zwischenmenschlicher Ebene gescheitert. Ihre Gutmütigkeit ist ausgenutzt worden – und zwar von den Menschen, denen sie vertraut hat, von ihren beiden ältesten Söhnen. Ein Leben lang hat sie sich für die Erziehung ihrer

Kinder aufgeopfert, sie hat sie großgezogen und große Hoffnungen in sie gesetzt. Und obwohl die Söhne ihr nur Kummer und Schande bereitet haben, sagt sie sich nicht von ihnen los. Statt dessen hofft sie, ihnen durch ihre Unterstützung helfen zu können. Selbstlos kommt sie für die Fehler ihrer Sprösslinge auf, bezahlt deren Schulden und gerät damit selbst in Not. Im Gegenzug wird sie mit ihrem Jüngsten mittellos zurück gelassen und hat so keine andere Wahl als zu betteln.

Langens Leben verläuft ähnlich – nur in spiegelverkehrter Konstellation. Während das Bettelweib von den Söhnen hintergangen worden ist, wird im Falle des Assessors der Sohn von der Mutter betrogen. Fritz vertraut der Justizrätin blind. Von Kind auf ordnet er sich ihrem Willen unter, erfüllt ihr jeden Wunsch. Doch die aufrichtige Liebe ihres Sohnes verpflichtet die Witwe nicht zu Dank. Sie will mehr. Sie fordert von ihm bedingungslosen Gehorsam, vor allem bei der Wahl seiner Gattin. Um ihr Ziel zu erreichen, ist sie sogar dazu bereit, zu intrigieren und damit den Sohn ins Unglück zu stürzen.

1.8.3 Der Suizid zweier Liebenden

Um den trübseligen Fritz – nach der schmerzhaften Trennung von Fride-ricke – auf andere Gedanken zu bringen, entschließt sich sein jüngerer Bruder Christian Mitte des sechsten Aktes dazu, ihn mit einem „hübsch Histörchen" aufzumuntern. Makabrer hätte Wagner den folgenden Dialog kaum gestalten können: Er lässt das Kind die Geschichte zweier Liebenden erzählen, die sich gemeinsam umgebracht haben. Unbeküm-mert berichtet der Junge vom Suizid der Unglücklichen, die freiwillig in den Tod gehen, weil ihnen ihre Eltern nicht die Einwilligung zur Ehe geben wollen. Der schwermütige Langen interessiert sich sofort für das Schicksal der Seelenverwandten. Er möchte mehr darüber erfahren. Geradezu makaber klingen daraufhin die Worte des Jungen, der den Sterbeakt detailliert wiedergibt, wie sich die beiden, die „rosenfarbne Bänder" (Parallele zu Lottes Schleifen) um ihren Hals getragen, erschossen und nach dem Tod wieder zueinander gefunden haben: „Ey da wurden sie doch mit einander begraben, weil ihre Eltern nicht haben wollten, daß sie beysammen leben sollten." (RNT 174) Langen reagiert mit gemischten Gefühlen darauf: Einerseits macht ihm die Selbsttötung des Paares deutlich, dass seine Lage ebenso hoffnungslos ist, wie die seiner Leidensgenossen. Der Selbstmord ist die einzig verbliebene Möglichkeit, dem irdischen Leid zu entfliehen. Andererseits tröstet ihn der Gedanke, dass er nach dem Suizid mit Fridericke vereint sein wird.

2. Johann Anton Leisewitz:

„Julius von Tarent" – Freitod als Weltentsagung

In Leisewitzens Trauerspiel stehen sich die Geschwister Julius und Guido als Rivalen gegenüber, die beide um Blanca buhlen. Aber im Gegensatz zum wilden Guido geht es nur dem sensiblen Julius um wahre Gefühle: Er und Blanca lieben sich aufrichtig. Aus Standesdünkel hat Fürst Constantin aber, der Vater der verfeindeten Brüder, das Mädchen in ein Kloster bringen lassen. Julius plant, Blanca aus ihrer Gefangenschaft zu befreien. Als sich die Brüder auf dem Weg zum Kloster treffen, tötet Guido seinen Bruder. Am Leichnam seines Erstgeborenen rächt der Fürst den Mord an Julius und bringt Guido um.

Betrachtet man die Sekundärliteratur, die sich mit Leisewitzens „Julius von Tarent" (1776) befasst, so fällt auf, dass viele Studien meist nur den Bruderzwist zum Gegenstand ihrer Untersuchung machen[245] oder Analysen so allgemein gehalten werden, dass sie oberflächlich bleiben.[246] Andere Interpreten wiederum konzentrieren sich hauptsächlich auf die Charaktere der männlichen Protagonisten und dabei findet das Motiv des Freitodes kaum Erwähnung. Lediglich eine Arbeit älteren Datums (aus dem Jahre 1912) von Walter Kühlhorn ist eine der wenigen, die dieses Thema zumindest kurz streift. Denn der Autor kommt zu dem Schluss, dass im Trauerspiel drei Selbstmorde hätten stattfinden können: das erste

---

245 Vgl. dazu etwa Wenzel, Stefanie: Das Motiv der feindlichen Brüder im Drama des Sturm und Drang, Frankfurt a. M. 1993.

246 Vgl. dazu etwa Karthaus, Ulrich: Johann Anton Leisewitz: Julius von Tarent, in: Dramen des Sturm und Drang. Interpretationen, Stuttgart 1987, S.99-126.

Mal, nachdem Guido seinen Bruder Julius umbringt und die Tat sofort bereut (vierter Akt, sechste Szene), das zweite Mal, als der Mörder Julius' Leiche erblickt, den Dolch an sich nimmt und sich töten will (fünfter Akt, sechste Szene). Ein drittes Mal hätte es zur Selbsttötung kommen können, als sich der unglückliche Vater Constantin für die Tragödie seiner Söhne verantwortlich macht. Der Fürst spricht das Thema Selbstmord sogar explizit an (fünfter Akt, siebte Szene).[247] In allen drei Fällen bleibt die körperliche Destruktion zwar aus, für Walter Kühlhorn sind Guido und Constantin dennoch mögliche Suizidenten.

Die Figur Blanca hingegen ist in der Sekundärliteratur wie beispielsweise bei Gert Mattenklott[248] nur oberflächlich und in Bezug auf die Selbstmordthematik kaum diskutiert worden. Monika Lippke etwa beschäftigt sich in ihrem Aufsatz „Projektion und Gesellschaft. Die Frauenfiguren in Johann Anton Leisewitz' Trauerspiel Julius von Tarent" zwar etwas ausführlicher mit der tragischen Heldin, aber auch sie geht nicht auf deren autodestruktive Prädisposition ein.[249] Die Vorgehensweise dieser Untersuchung, sich ausschließlich auf die melancholische Protagonistin beziehungsweise auf ihre selbstdestruktive Entwicklung zu beschränken, scheint daher gerechtfertigt, da in dieser Hinsicht eine wissenschaftliche Lücke in der Forschung besteht, die es zu schließen gilt.

2.1 Frühe Symptome einer tödlichen Schwäche

Lange bevor Blanca die Bühne betritt, weist der Autor auf ihre Gemütsverfassung und auf ihr tragisch verlaufendes Schicksal hin. Bereits in der ersten Szene gelingt ihm dies mittels des Wachtraumes seines Protagonisten Julius: „Wie ich abends auf mein Zimmer trete, schießt der Mond nur eben ein paar Strahlen hinein, und die fallen just auf Blancas Bildnis. Ich sehe es an, mir deucht, das Gesicht verzieht sich zum Weinen, und nach einem Augenblick sah ich helle Perlen über seine

247 Kühlhorn, Walter: J. A. Leisewitz. Julius von Tarent. Erläuterung und literarhistorische Würdigung, Bausteine zur Geschichte der neueren deutschen Literatur, Halle a. S. 1912, S. 77-78.
248 Mattenklott, Melancholie in der Dramatik des Sturm und Drang, S. 86-121.
249 Vgl. Lippke, Monika: Projektion und Gesellschaft. Die Frauenfiguren in Johann Anton Leisewitz' Trauerspiel Julius von Tarent, in: Lenz Jahrbuch. Sturm-und-Drang-Studien, Band 13/14 (2004-2007), hg. v. Matthias Luserke-Jaqui, St. Ingbert 2008, S. 89-122.

Wangen rollen"[250], berichtet der Verliebte seinem Vertrauten Aspermonte. Der Traum enthüllt gleich mehrere Aspekte: Zum einen legt es den Gemütszustand der Heldin dar. Dem Zuschauer soll bereits zu Beginn des Trauerspiels der Eindruck einer unglücklichen jungen Frau vermittelt werden. Zum anderen soll der Traum auch einen Blick in die Zukunft gewähren, die genau wie Vergangenheit und Gegenwart von Tränen und Leid geprägt sein wird.

Die erste Szene des ersten Aktes befasst sich näher mit der Skizzierung von Blancas Charakter. Leisewitz stellt hierin ihre Schüchternheit und ihr zartes Wesen heraus. Clara Stockmeyer typisiert sie als eine „sanfte, empfindsame, pietätvolle Frau, die in der Zurückgezogenheit und Stille wirkt und sich innerhalb der Schranken der Sitte hält, also im wesentlichen Rousseaus Ideal."[251] Gewiss ist nicht zu bestreiten, dass Leisewitzens Heldin im Großen und Ganzen dem weiblichen Ideal der damaligen Zeit entspricht, doch ihre Verschlossenheit und extreme Passivität sind auch Symptome, die Blanca als melancholischen Charakter ausweisen. Ihre Lethargie ist also – obwohl der Text dazu anfangs noch nicht mit konkreten Beispielen aufwartet – als Zeichen mangelnder Vitalität, aber auch ihres Daseinsüberdrusses zu deuten. Die Welt bedeutet ihr nichts, insbesondere nachdem sie Fürst Constantin aus Standesdünkel als Braut für seinen Sohn Julius ablehnt. Zutiefst enttäuscht über das Leben lässt sie sich widerstandslos in ein Kloster bringen.

2.2 Abkehr vom Leben

Der Bauplan der zweiten Szene im zweiten Akt trägt den Stempel der Ambivalenz. Jedes Gespräch, jede Geste und jede noch so scheinbare Beiläufigkeit stehen symbolisch für etwas anderes. Ein Beispiel hierfür ist Blancas Bereitschaft, das ihr auferlegte trostlose Schicksal als Nonne zu akzeptieren. Mit der Weihung zur Ordensfrau vollzieht sich auf sinnbildlicher Ebene eine Art des rituellen Abschied-Nehmens vom irdischen

---

250 Leisewitz, Johann Anton: Julius von Tarent, hg. v. Werner Keller, Stuttgart 2000, S. 5 (im Folgenden werden Zitate unter Verwendung der Sigle „JT" im Text und in den Fußnoten nachgewiesen).
251 Stockmeyer, Clara: Soziale Probleme im Drama des Sturmes und Dranges. Eine literarhistorische Studie, Deutsche Forschungen, Heft 5, Frankfurt a. M. 1922, S. 54.

Sein. Sie löst sich von der Welt. Diese These erhärtet sich durch folgende Aussage der Heldin: „Ich habe vor jenem Altar Ihnen und der Welt auf ewig entsagt, meinen Kranz zu den Füßen des Altars gelegt, mich selbst oder vielmehr meine Liebe dem Himmel geopfert. [...] Dieser Schleier ward an jenem feierlichen Tage eine Scheidewand zwischen mir und der Welt; kein Seufzer, kein Wunsch darf zurück. Will ich fröhliche Vorstellungen, so muß ich an die Ewigkeit denken, will ich mit Leidenschaft reden, so muß ich beten" (JT 23), erklärt die Unglückliche Julius, als der sie in der zweiten Szene des zweiten Aktes im Konvent aufsucht. Das, was für Werther die Natur ist, ist für Blanca das Kloster beziehungsweise die Religion. Nachdem sie aus und von der Gesellschaft, stellvertretend durch den Fürsten, ausgeschlossen worden ist, erhofft sie sich nun in der aufgezwungenen (Gegensatz zu Werthers selbsterwählten) Isolation individuelle Freiheit, die sich jedoch nicht auf ein diesseitiges, sondern auf ein jenseitiges Leben bezieht. Selbstquälerisch verbietet sie sich, sich an vergangene, glücklichere Tage zu erinnern. Die gewaltsame und schmerzhafte Unterdrückung von Gefühlen und Gedanken kommt einer Kasteiung gleich und ist ein Merkmal ihrer selbststrafenden Veranlagung: „Ich habe ein enges Herz, Liebe zu Ihnen und dem Himmel kann es nicht zugleich fassen. – Ich bin eine Braut des Himmels, und, Julius, Sie wissen es zu gut, ich kann nicht halb lieben." (JT 23) Die Bezeichnung „Braut des Himmels" hat in diesem Zusammenhang ebenfalls eine doppelte Bedeutung. Sie ist nicht nur das Synonym für den Begriff Nonne, sondern auch für Blancas Bestimmung für den Himmel und damit im übertragenen Sinne für den Tod.

Die Abkehr vom Leben betont Blanca in dieser Szene gleich ein weiteres Mal, als sie den Erbprinzen Julius davon überzeugen will, dass sie ein anderer Mensch geworden ist.[252] Zur Unterstreichung ihrer Worte trennt sie sich von Julius' Bildnis, das sie bis dato mit sich getragen hat und das symbolisch das letzte Bindeglied zur Außenwelt ist. Die zweite Szene endet damit, dass der Fürstensohn sie küsst und Blanca daraufhin bewusstlos wird.

---

252 JT 23: „Ich habe dies Wesen in Gebeten und Seufzern ausgehaucht – itzt habe ich ein andres Wesen."

2.3 Selbstquälerischer Umschwung

Nachdem Blanca wieder zu sich kommt, macht sich bei ihr eine Veränderung bemerkbar. Sie ist ein „vollkommen verwandeltes Wesen", konstatiert auch Josef Sidler.[253] Die Heldin scheint aus ihrer Lethargie erwacht zu sein. Julius Besuch hat in ihr einen Sturm der Gefühle ausgelöst, weil sie eben kein Verstandesmensch ist, der sich von seiner Vernunft lenken lässt. Blanca ist wie ihre Leidensgenossen eine gefühlsbetonte Schwärmerin, deren brodelnde Leidenschaft doch noch an die Oberfläche dringt. Ihr Umschwung ist allerdings nicht positiver Natur: All die aufgestauten Emotionen, die verdrängten Erinnerungen und Qualen übermannen sie erneut.

„Ach, hätte ich ihn nicht gesehen, er hat meine Andacht getötet und meine Gebete vergiftet" (JT 25), lautet der erste Satz der Protagonistin nachdem sie aus der Ohnmacht erwacht. Leisewitz wählt gezielt die negativ konnotierten Verben „töten" und „vergiften" – beide verweisen auf einen gewaltsamen und schmerzhaften Sterbeakt – , um auch auf sprachlicher Ebene Blancas Veränderung zu betonen. Obwohl der Fürstensohn seiner Herzensdame eine positive Zukunft in Aussicht stellt, hält die Melancholikerin an ihren finsteren Visionen fest.[254] Trotz aller vermeintlichen Liebesschwüre ahnt sie beziehungsweise sie ist sich bereits zu diesem Zeitpunkt sicher, dass alle Bemühungen umsonst sind und auf den Tod hinauslaufen.[255] Blancas neu erweckten Gefühle für den Erbprinzen verleihen ihr nicht – wie bei Verliebten üblich – den Habitus einer euphorischen, optimistischen jungen Frau. Sie haben stattdessen den schalen Beigeschmack des Todes. Gert Mattenklott spricht aus diesem Grund zurecht von „moribunder" Liebe.[256]

253 Sidler, Josef: J. A. Leisewitz, Julius von Tarent, Zürich 1966, S. 23 u. S. 57.
254 JT 25: „Sehen Sie, das Samenkörnchen der Hoffnung, das er aussäte, ist schon aufgeschossen. Wünsche sind seine Blüte, und – wahrscheinlich Verzweifelung seine Frucht."
255 Ebd., S. 26: „Abtissin, sagte er nicht, die Tage der Freude sollten wiederkommen, in einem entfernten Winkel der Erde wiederkommen? Er hält, was er verspricht. Ha, ich sehe schon die Fackeln im Kloster und höre die Tritte der Pferde und das Geräusch der Segel – ha, jetzt sind wir da – in dem entferntesten Winkel der Erde – diese Hütte ist klein – Raum genug zu einer Umarmung – das Feldchen ist enge – Raum genug für Küchenkräuter und zwei Gräber – und dann, Julius, die Ewigkeit – Raum genug für die Liebe."
256 Mattenklott, Melancholie in der Dramatik des Sturm und Drang, S. 98.

In dieselbe makabre Richtung gehen in der fünften Szene des zweiten Aktes auch Julius' Ausführungen, in der er Aspermonte von seiner Begegnung mit Blanca berichtet: „Nur einmal sah ich in ihrem Blicke das Lächeln der Liebe – auf ihrem Nonnengesichte wie eine Rose, die aus einem Grabe blühet. Auch öffnete sie mir ihr Herz nicht, bis es von selbst borst, und versiegelte ihr Geständnis mit einer Ohnmacht, dem Bilde des Todes, wie sie ihre Liebe mit dem Tode selbst versiegeln würde." (JT 28) Der Autor hat Blanca fest in ein Geflecht von düsteren Motiven eingebunden. Im Zusammenhang mit ihr kommen stets Begriffe wie Verzweiflung, Tod und Grab zur Sprache. Mit Hilfe dieser Wiederholungen soll der tödlichen Bestimmung der Heldin nochmals Nachdruck verliehen werden.

Die durch Julius' Besuch ausgelöste Wesensveränderung tritt noch deutlicher in der sechsten Szene des dritten Aktes hervor: Blanca sitzt in ihrer Zelle vor einem Tisch, worauf einige Bücher liegen. Sie versucht, in einem Band zu lesen. Doch sie kann sich nicht mehr konzentrieren. Blanca wird von innerer Unruhe nahezu zerfleischt. Sie schließt das Buch und steht auf. Das Leben, in das sie durch Julius' Besuch kurzzeitig wieder hineingerissen worden ist, erscheint ihr grausamer und unerträglicher denn je. Sie bleibt eine Außenseiterin ohne einen festen Platz in der Gesellschaft. Also lautet die für sie einzig mögliche Konsequenz: „Nichts als der Tod, nach Julius mein Lieblingsgedanke." (JT 47) Ihre Todessehnsucht hat sich um ein Vielfaches potenziert. Selbst die Bemühungen der Abtissin, sie abzulenken, schlagen fehl: „Zerstreuen? Meine Seele ist nicht zum Zerstreuen gemacht, auch als ich noch lebte, hatte ich nur einen Gedanken – Was soll mich zerstreuen? Selbst in dem Gedanken, der von ferne Andacht schien, liegt Julius verborgen" (JT 47), bekennt Blanca nach dem Besuch ihres Liebsten in der siebten Szene des dritten Aktes. Dabei gewinnt der Nebensatz „auch als ich noch lebte" an Signifikanz. Er sagt nämlich aus, dass sich die Protagonistin – zumindest auf emotionaler Ebene – nicht mehr zu den Lebenden, sondern längst zu den Toten zählt. Vor diesem Hintergrund kristallisiert sich heraus, was genau sich in Blanca verändert hat: Nach der emotionalen Selbstaufgabe strebt sie nunmehr explizit nach körperlicher Vernichtung. „Ich will mit dem Tode einen Bund machen" (JT 48), teilt sie daher am Ende der siebten Szene der Abtissin mit. Ungezügelt und nahezu enthusiastisch verfällt die Unglückliche – ihrer selbststrafenden Veranlagung entsprechend – in masochistische Phantasien.[257] Die selbstquälerischen Ausschweifungen wechseln sich ab mit Todesgewissheit.[258] Obwohl die äußeren Umstände zu diesem Zeitpunkt noch für einen positiven Ausgang sprechen – Julius hat ihr schließlich die Freiheit versprochen – bleibt die Heldin weiterhin pessimistisch. Sie scheint zu wissen, dass sie im Diesseits das angestrebte Glück und die Freiheit nicht mehr erreichen kann. Sie ist eine Gefangene. Diese Gewissheit lässt keinen anderen Ausblick auf die Zukunft zu als den eines frühen Todes. Sie ist sich ihrer Bestimmung so sicher, dass sie sich sogar den Zustand darüber hinaus ausmalt: „Ha, wenn nun die freie Seele zum erstenmal über dem hohen Dom flattert – Jahrhunderte werde ich brauchen, ehe ich wieder Freuden fühlen kann, zumal unendliche Freuden – und, Abtissin, wenn du denn meinem Gebeine das versprochne Opfer bringst, und du hörst ein sanftes Lispeln, so denke, das heißt auf irdisch: Schwester, bald Rosen und Tränen für dich." (JT 48) Der Tod bedeutet auch für sie – wie für alle anderen ihrer Leidensgenossen – die Befreiung von allen Zwängen.

2.4 Zwei Varianten des (symbolischen) Suizids

Blancas düstere Zukunftsaussichten, im Laufe des vorausgegangenen Kapitels mehrfach angesprochen, verwirklichen sich grausam nach Julius' Ermordung durch seinen Bruder Guido. Der Verlust des Geliebten besiegelt ihren Entschluss zu sterben. Leisewitz lässt die Protagonistin allerdings nicht explizit Selbstmord begehen. Schließlich ist der Suizid eine „Sünde"[259], wie der Autor in der siebten Szene des fünften Aktes in einem anderen Zusammenhang durch Fürst Constantin erklären lässt. Aus diesem Grund klammert Leisewitz in seinem Trauerspiel die

---

257 JT, S. 48: „Martern für mich ersinnen – solche Seufzer sollen diese Mauern nie gehört haben, Augustin soll gestehen, seine Regel sei Weichlichkeit, Heilige, durch mich mit der Liebe versöhnt, sollen für Mitleiden und Martyrer vor Beschämung das Gesicht wegwenden."
258 Ebd., S. 48: „Rosen und Tränen für mich, die so gebogne Natur wird doch endlich brechen."
259 Ebd., S. 66.

ausdrückliche Darstellung einer blutigen Selbstverstümmelung aus. Symbolisch aber setzt er Blancas Selbsttötung gleich auf zwei unterschiedliche Weisen in Szene:

Es ist nachts, als die Heldin mit aufgelöstem Haar in der dritten Szene des fünften Aktes die dunkle Galerie des Palastes betritt. Auf einem Bett liegt Julius' Leiche mit einem Tuch bedeckt. „Warum bin ich geboren, warum bin ich geboren! O würde doch alles, was da ist, vernichtet!" (JT 60), schreit die Protagonistin auf, als sie das Tuch über dem Gesicht des Leichnams entfernt. Wieder und wieder wirft sich Blanca auf den leblosen Körper, um dann mit einem Messer eine Locke aus Julius' Haar herauszuschneiden, die sie um ihren Finger wickelt: „Das ist der Trauring, den ich meinem Kummer geben will, mich nicht von ihm zu scheiden, es sei denn, daß uns der Tod scheide [...] Hier leg' ich dir das Gelübde eines beständigen Leidens ab *(küßt ihn)*, hier hast du alle meine Freuden *(küßt ihn)*, hier hast du mein ganzes Glück. – Nimm sie, Julius! – Seine Mörderin, seine Mörderin! – Umsonst lass' ich die Spitze des Gedankens auf meine Seele fallen, der Tod versteht den Wink nicht." (JT 60-61) Dieser Akt kommt einer Zeremonie gleich, die Blanca mit den Insignien einer Hochzeitsfeier ausstattet. Die Handlung steht stellvertretend für das von ihr angekündigte Bündnis mit dem Tod und symbolisiert damit Blancas Selbsttötung. Sie sagt sich auf diese Weise von der Welt los, von der sie sich von Anfang an abgewandt hat.

Eine zweite Variante, die den Suizid der jungen Frau und die Weltentsagung darstellen soll, ist der Verlust des Verstandes. In der vierten Szene des fünften Aktes lässt sich Blancas Realitätsverlust im Gespräch zwischen ihr und ihrer Jugendfreundin Cäcilia ablesen, die die Protagonistin nicht mehr erkennt. In heiterem Ton berichtet Blanca der Gräfin von den Geschehnissen – allerdings aus ihrer entrückten Sicht: „Wer du auch bist, liebes Mädchen, freue dich mit mir. Heute, heute ist endlich der Tag meiner Verbindung – o was sind mir meine vorigen Qualen so lieb!" (JT 61-62) Schonungslos führt der Autor den Verlust ihrer Sinne vor. In ihrem Wahn sieht Blanca zunächst Julius' Mörder vor sich und dann auch ihren Prinzen. Am Ende der vierten Szene des fünften Aktes steht Blanca in völliger geistiger Umnachtung auf der Bühne. Ihre letzten Worte sind an den Liebsten gerichtet, den sie darum bittet, sie aus der verhassten Welt zu befreien und sie mit ihm in den Tod zu nehmen.[260] Die Heldin wird anschließend zurück in die Einsamkeit ihrer Klosterzelle abgeführt. Leisewitz hat mit dieser drastischen Darstellung Blancas Abschied von der Realität und damit vom Leben veranschaulichen wollen. Er hat sie damit auf symbolischer Ebene ein zweites Mal sterben lassen.

3. Friedrich Maximilian Klinger:

„Die Zwillinge" – Freitod aus Schwermut und Menschenhass

In Klingers Trauerspiel spielt Guelfo die Hauptrolle. Der aufbrausende Held fühlt sich seit frühester Kindheit um sein Erstgeborenenrecht betrogen. Aus diesem Grund neidet er seinem Zwillingsbruder Ferdinando das Erbe und auch dessen Beziehung zu Kamilla, in die er selbst verliebt ist. Immerzu beklagt Guelfo sein Leid und findet bei seinem Seelenverwandten, dem melancholischen Grimaldi, einen guten Zuhörer. Beide übertreffen sich gegenseitig an Hass und Weltekel. Guelfos Abscheu gegen Ferdinando geht so weit, dass er seinen Bruder tötet. Ähnlich wie bei „Julius von Tarent" ersticht der Vater daraufhin an der Leiche seines Erstgeborenen den zweiten.

Überblickt man die einschlägigen Studien zu „Die Zwillinge" (1776), gelangt man zu einem ähnlichen Ergebnis wie bei Leisewitzens „Julius von Tarent". Auch bei Klingers Trauerspiel liegt der Fokus der Interpretationen hauptsächlich auf dem Bruderstreit. Als Beispiele hierfür seien etwa die Dissertationen von Eva Merwald und Thomas Juri Salumets angeführt.[261] Eine der wenigen Studien, die sich nicht mit dem Geschwis-

---

260 Ebd., S. 63: „Julius, diese Erschütterungen sind unnatürlich. Ich seh' es, ich seh' es, das Ende der Tage ist gekommen, die Schöpfung seufzet den lebendigen Odem wieder aus, und alles, was da ist, gerinnet wieder zu Elementen – Sieh, der Himmel rollet sich angstvoll wie ein Buch zusammen, und sein schüchternes Heer entflieht – im Mittelpunkt der ausgebrannten Sonne steckt die Nacht die schwarze Fahne auf – und – Julius, Julius, umarme mich, daß wir miteinander vergehen!"

261 Vgl. Merwald, Eva: Die Wiederaufnahme des biblischen Kain-Abel-Mythos in der Tragödie „Die Zwillinge" von F. M. Klinger, Frankfurt (Oder) 1998. Vgl. auch Salumets, Thomas Juri: Friedrich Maximili-

terkonflikt befasst, sondern auf die Persönlichkeit der beiden näher eingeht, ist Gert Mattenklotts Dissertation „Melancholie in der Dramatik des Sturm und Drang". Damit sind die scheinbar gegensätzlichen Titelhelden erstmals miteinander verglichen worden: auf der einen Seite die zerstörerische Melancholie Grimaldis, auf der anderen Seite die destruktive Tatkraft Guelfos.[262] Mattenklotts Deutung des Klinger'schen Trauerspiels unterscheidet sich dennoch von der meinigen, in der die selbstdestruktive Entwicklung der Protagonisten erstmals herausgearbeitet wird.

3.1 Der schwermütige Grimaldi

In einer Interpretation älteren Datums von Oskar Erdmann wird Grimaldi als „Schwärmer" aufgefasst, der erst nach dem Tod der Geliebten zum „menschenhassenden Melancholiker" geworden ist.[263] Zu einem anderen Urteil kommt Ferdinand Josef Schneider, demzufolge der Protagonist von Anfang an „eines vom Leben niedergetretenen, seiner Willens- und Tatkraft beraubten, in unfruchtbarer Schwermut sich verzehrenden Mannes" ist.[264] Damit kann Klingers literarische Figur, der Karl S. Guthke zurecht „hamletisch-wertherische Züge[265] zuspricht, in die Liga der todessehnsüchtigen Helden des Sturm und Drang eingereiht werden.

Im ersten Auftritt des ersten Aufzugs räumt Klinger der seelischen Disposition seines Helden einen großen Raum ein. Schon früh lässt er sich ihn zur „schwarzen Melancholie" und „traurigen Phantasie"[266] bekennen, die ihn „zerarbeitet", was so viel wie „aufwühlt" oder „zerreißt" bedeutet. Das zerrüttete Seelenleben des Unglücklichen wird vor den Augen des Zuschauers ausgebreitet. Grimaldi schildert, wie unausgeglichen er ist und wie orientierungslos er im Leben dasteht.[267]

an Klinger: Zur Interpretation und Edition seiner Werke, Michigan 1986.

262 Mattenklott, Melancholie in der Dramatik des Sturm und Drang, S. 59-86.

263 Erdmann, Oskar: Über F. M. Klinger's dramatische Dichtungen, Königsberg 1877, S. 22.

264 Schneider, Dichtung der Geniezeit, S. 226.

265 Guthke, Karl S.: Literarisches Leben im achtzehnten Jahrhundert in Deutschland und in der Schweiz, Bern 1975, S. 284.

266 Klinger, Friedrich Maximilian: Die Zwillinge, Stuttgart 2004, S. 9 (im Folgenden werden Zitate unter Verwendung der Sigle „Z" im Text und in den Fußnoten nachgewiesen).

267 Ebd., S. 9: „Guelfo, ich weiß selten, was ich selbst will."

Ferner offenbaren sich seine geringe Selbsteinschätzung, der Pessimismus, die Abscheu gegen sich sowie andere und auch die Frustration, seine „grossen Triebe" nicht ausleben zu können: „Sieh, ich bin ein zusammengedrückter, gewürgter Wurm, der sich kaum aufwenden kann, so haben ihn Menschen in Koth gestampft, wohin er sich wandte. Und das all ist so scharf durch meinen sonst emporschwebenden Geist gefahren, hat so unedel alle grosse Triebe verschlungen, und das Feuer verkältet, daß mit mir nichts anzufangen ist. Oh Guelfo! es war eine blühende Zeit – ich kann itzt nichts, als mein Herz nach und nach aufreiben, und hassen mich und alles. Für mich ist Natur und Leben todt, weil man mir den Sinn dafür unfreundlich tödtete. In meinem Leben möcht' ich mich an Einem rächen, mich dann in meine Kissen hüllen, und mit Wollust sterben." (Z 10) Grimaldis Worte zeigen seine durch und durch düstere Einstellung zum Leben. Und obwohl er die Menschen für sein trostloses Dasein verantwortlich macht, klingt seine Anklage nicht so aggressiv wie die seines Gleichgesinnten Guelfos. Grimaldi ist der Prototyp des schwarzgalligen Genies. Er labt sich an seinen lamoryanten Stimmungen und kultiviert seine Schwermut. Immer wieder zieht es den Melancholiker nachts in die Einsamkeit der Natur oder zum Kirchhof, wo er seinen Tränen freien Lauf lassen kann. Der Tenor seiner Äußerungen ist meist von exaltierter elegischer Stimmung getragen: „Der traurige Mantel der Melancholie hat sich um mich geschlungen, ich will weinen. Adieu! Gib mir Deine Hand! Adieu!" (Z 10) Auf diese Weise verabschiedet er sich beispielsweise von Guelfo am Ende des ersten Auftritts. Sein Ziel ist es, das macht er unmissverständlich deutlich, „mit Wollust" zu sterben. Das betont er erneut im dritten Auftritt des ersten Aufzugs: „Der Tod hat sich längst um meine Gebeine gehängt; loßreissen werd' ich ihn dießmal nicht. Und finstres Denken, mein beleidigtes zerstoßnes Herz" (Z 15).

Ohnehin fällt auf, dass Klinger bei der künstlerischen Gestaltung von Grimaldis Todessehnsucht auf jegliche Anspielungen und doppeldeutigen Hinweise verzichtet. Dies zeigt sich vor allem im ersten Auftritt des zweiten Aufzugs, in dem er dem Helden eine größere Textpassage konzediert, um explizit und deutlich auf dessen Zerfall einzugehen: „Wenn mirs am Körper fehlte, lieber Guelfo, scheut' ich keine Feuerkur. Ablösen wollt' ich mir das Glied lassen, wo michs schmerzte, und verstümmelt standhaft leben. Aber, Guelfo, tief und peinlich und auch wonniglich liegts in meiner Seele. Einen gebeugten von Menschen gekränkten Geist, ein verwundetes Herz mit sich herumzuschleppen, und so täglich dem öden Grabe mit gesenktem Haupte zuzuwallen – Sieh, Bruder! ich falle vom Fleisch, schmachte, seh bleich – und dieser morsche Körper blühte einst in lieblicher Jugend, ward bestaunt, geliebt." (Z 23) Grimaldi analysiert sein Leid und präzisiert, dass seine Schmerzen nicht die Folge einer körperlichen, sondern einer geistig-seelischen Erkrankung sind, deren Symptom die stetig wachsende Todessehnsucht ist und die mit einer physischen Degeneration einhergeht.[268] Um seinen Zustand besser zu beschreiben, vergleicht er sich mit einem Adler, der einst kräftig gewesen ist und nun sein Leben in den Felsen „austrauert". (Z 24)

Dass Grimaldi nicht erst durch Juliettes Tod der schwarzen Melancholie verfallen ist, diesen Beweis liefert der Autor ein weiteres Mal, als er den Helden im zweiten Aufzug ein Lied über die Liebste einstimmen lässt:

> „Heiter kehrest du, o Licht!
> Und ein helles Strählchen bricht
> Aus der dumpfen Nacht hervor,
> Hebt mein leidend Herz empor.
>
> Es erschien ein Engelskind,
> Rührte meine Seele – schwind! –
> Und die Trauer schwand dahin,
> Selig, selig nun ich bin!
> Selig, selig werd ich seyn,
> Wenn die Liebe mich wiegt ein,
> Wenn die Lieb' den Trauersinn
> Wandelt mir in Freudensinn!" (Z 24-24)

---

268 Ebd., S. 23-24: „Wie das nun all liegt, Jugend und Vermögen! Ich senke meine Arme, senke mein Haupt – gefallen bin ich, der rasche Grimaldi! Und da ich fiel, durch Neid und Verfolgung von Schwachen, floh Schnellkraft, Zuversicht und Festigkeit. Ich zog mich ganz in mich in mein Trauern. Das gesellschaftliche Leben unter Menschen, alle heitere Empfindungen, alle Theilnehmung an meinem und andrer Geschick, alle Sinne verwandelten sich in meiner gedrückten Brust in Haß und Widerwillen. Ich schwirre nun in Trauergedanken, fühl mich vergehen, fühl mich gerne vergehen – Denn was ist das Leben, mein lieber Guelfo, wenn einem das genommen ist, was einem Leben giebt, wenn einem noch dazu der Weg verlegt ist, den zu gehen man gemacht ist?"

Das bedeutet, dass Grimaldi schon vor der Begegnung mit der Angebeteten zutiefst schwermütig gewesen ist. Durch sie erlebt er lediglich einen temporären Aufschwung. Der frühe Verlust ist daher nur ein Anlass, erneut und stärker denn je seinen dunklen Stimmungen nachzugeben. Grimaldis Denken und Handeln wird nun einzig vom Wunsch bestimmt, zu sterben. Er hat bereits zu diesem Zeitpunkt Todesvisionen: Ihm erscheint jede Nacht Juliettes Geist, der ihn zu sich ruft.

3.2 Der hasserfüllte Guelfo

Im Gegensatz zum sanften, trübsinnigen Grimaldi fällt Guelfo durch seine „rauhe Gemüthsart"[269] auf. Der „titanische Kraftmensch"[270] ist ständig in Aufruhr und wird „von bösen Geistern gefoltert"[271], wie er selbst sagt. Eine ausgeprägte Brutalität ist ebenfalls ein Merkmal seines Charakters. Der Vater beschreibt ihn als unbändig, rachgierig und hitzig. Alle Wesenszüge des Helden werden von Klinger überspitzt dargestellt: die Reizbarkeit, die Wildheit, die Gewalttätigkeit, der Hass und das sonderbare Verhalten wie etwa Guelfos seltsame Ausflüge in die Einsamkeit, bei denen er seine Hände in Tierblut badet. All diese Facetten sollen pointiert auf die pathologische Veranlagung des Helden verweisen. Bengt Algot Sørensen ist davon überzeugt, dass Guelfos seelische Unausgeglichenheit von Anfang an krankhafte Züge aufweist und bei ihm aggressive Triebe auf destruktive Neigungen treffen.[272] Auch Andreas Huyssen bezeichnet Guelfo als eine „pathologisch ich-bezogene Gestalt".[273]

Zunächst sieht es so aus, als ob der Hass auf den Bruder der Grund für seine überschäumenden Emotionen ist. Er verabscheut Ferdinando, weil er der vermeintliche Haupterbe ist und weil er ihn um seine Angebetete Kamilla betrogen hat. Das Leben des Ritters scheint vollkommen beherrscht zu werden von diesem bis an die äußerste Grenze gehenden

---

269 Ebd., S. 16.
270 Hopp, Doris: Friedrich Maximilian Klingers Jugenddramen (1774-1776), in: Sturm und Drang. Freies Deutsches Hochstift, Frankfurter Goethe-Museum, hg. v. Christoph Perels, Frankfurt a. M. 1988, S. 153-162, S. 154.
271 Z 17.
272 Sørensen, Bengt Algot: Herrschaft und Zärtlichkeit. Der Patriarchalismus und das Drama im 18. Jahrhundert, München 1984, S. 127 u. 129.
273 Huyssen, Drama des Sturm und Drang, S. 82.

Widerwillens. Doch schon im ersten Auftritt des ersten Aufzugs deutet sich an, dass Guelfos exaltiertes Verhalten und sein Leiden nicht ausschließlich die Folge seiner extremen Abneigung gegen Ferdinando sein kann. Der Ursprung seines Kummers liegt in ihm selbst, wie er seinem Vertrauten gegenüber zugibt: „O Grimaldi, wenn der Wein nicht wäre! Ohne ihn hätts das wilde ungestüme meines Herzens lang' mit mir zu Ende gebracht. Ich kanns mit nichts so gut unter mich bringen, als wenn ich mich nach und nach in den Schlaf trinke." (Z 6) Die aus seinem leidenden Herzen entsprungenen vernichtenden Gedanken versucht er durch übermäßigen Alkoholkonsum zu unterdrücken. Das Motiv des Sich-Berauschens symbolisiert auch hier den Suizidversuch. Diese These wird durch Guelfos Aussage nochmals erhärtet: „O es hitzt mein Blut zu oft, und treibt mir die Würggedanken mit einem Feuer durch die Adern, daß sie schwellen, und mir für mich selbst bange machen. Wenn mir so dieß und jens unter dem Trinken einfällt, wobey ich denn gewöhnlich schneller trinke, endigt sichs zu oft mit einer Wuth, die Blut heischt." (Z 7) Guelfos Ausführungen implizieren, dass sich sein Hass nicht nur gegen den Bruder richtet, sondern auch gegen sich selbst. Im Verlauf des ersten Auftritts zeigt sich ferner, dass er dieses starke, negative Gefühl für alle hegt, wie beispielsweise der brutale Angriff auf Della Forza belegt, dem er gezielt durch die Lunge schoss, um seine Marter zu verlängern.

Vom Hass des Ritters betroffen sind im zweiten Auftritt seine Eltern. Den alten Guelfo und Amalia verabscheut er, weil er glaubt, sie hätten ihn um sein Erstgeborenenrecht gebracht. Der junge Guelfo fühlt sich in jederlei Hinsicht benachteiligt: weil er nicht der Erstgeborene ist, weil sein Zwillingsbruder ihn um seine Herzensdame Kamilla gebracht hat, weil die Eltern den Älteren seiner Meinung nach bevorzugen. Von klein auf ist er besessen von der Vorstellung, dass sich alle gegen ihn verschworen haben. In dieser Annahme, sich stets zurückgesetzt zu fühlen, begründen sich all seine Aggressionen.[274] Durch den unbändigen Hass angetrieben, bringt er sich selbst um die Möglichkeit, ein akzep-

---

274 Kließ, Sturm und Drang, S. 86.

tiertes Mitglied der bürgerlichen Gesellschaft zu werden, da die Menschen sich vor dem brutalen Rebellen fürchten. Sein unangepasstes Verhalten wirkt auf andere nahezu abstoßend und so macht er sich zum sozialen Außenseiter, der mit krankhaftem Eifer, rücksichtslos um seine Rechte als Individuum kämpft.

Seine Wut steigert sich im Laufe der Jahre zur Wahnvorstellung, die dann umschlägt in Menschenhass. Dieses vernichtende Gefühl empfindet er auch für sich selbst, wie im Gespräch mit seiner Mutter, die im dritten Auftritt den Sohn zu beruhigen versucht, nochmals zum Ausdruck kommt: „Erwürgen hättst Du mich sollen! erdrücken in der Wiege, daß ich nicht aufgewachsen wäre, der Löwe Guelfo! [...] Deine sanften Hände wären damals stark genug gewesen mich zu würgen. Schling sie um mich! Du kannst Guelfos Nacken nicht umspannen; und doch, wenn Du mir den Dienst thun willst, halt' ich still." (Z 17) Alles ist ihm dermaßen zuwider, dass der tragische Held Amalia darum bittet, seinen Selbstmordwunsch in die Tat umzusetzen. Er, der „von bösen Geistern" gefoltert wird, will durch die Hand der Mutter sterben. Doch diese ist bemüht, Verständnis für ihn aufzubringen und rechtfertigt Guelfos Handeln als Folge seiner Krankheit.

Mit Sorgfalt macht Klinger im vierten Auftritt wiederholt auf den besorgniserregenden Gesundheitszustand aufmerksam. Amalia spricht in dieser Szene gleich zwei Mal das pathologische Verhalten des wilden Ritters an. Der alte Guelfo umschreibt das sonderbare Gebaren des Sohnes wie folgt: „Ein böser Geist redet aus Dir! Du hast den Würgteufel, der Vater und Mutter nicht schont." (Z 20) Die Anspielungen auf die Erkrankung des Helden setzen sich im fünften Auftritt des zweiten Aufzugs weiter fort. Damit beruft sich Klinger auf die „Krankheit zum Todte", an der sein Protagonist ebenso leidet wie sein berühmter literarischer Leidensgenosse Werther.

3.3 Verbrüderung im und mit dem Tod

Obwohl sich Grimaldi und Guelfo in ihrem Wesen stark unterscheiden, sind sie Gleichgesinnte: Beide genießen – jeder auf seine Art und Weise – ihr eigenes Leiden, beide sind gesellschaftlich ausgeschlossene Individuen, können ihre inneren Kräfte nicht sinnstiftend ein- und umsetzen und wollen freiwillig aus dem Leben scheiden. Aus diesem Grund möchte sich der Schwermütige mit dem Wilden verbrüdern. „Bruder, laß uns Einsiedler werden, laß uns der Welt absagen, und uns treu sterben" (Z 27), fordert Grimaldi den Seelenverwandten im ersten Auftritt des zweiten Aufzugs auf. Damit würden sie sich sinnbildlich im und mit dem Tod verbrüdern.

Ihre extreme Andersartigkeit lässt ihnen ohnehin keine andere Alternative, als sich zu einer morbiden Zweckgemeinschaft zusammenzuschließen. Zu allen anderen finden sie schließlich keinen Zugang. Der selbstkritische Grimaldi gesteht sich das im dritten Auftritt des zweiten Aufzugs ein ebenso wie die Tatsache, dass er nicht mehr zu retten ist: „Ich und die Welt haben gebrochen, und so gebrochen, daß mein Herz mitbrach." (Z 33)

Todesfreudig sehnt sich Grimaldi im vierten Auftritt des zweiten Aufzugs nach Erlösung und so bittet er die Verstorbene Juliette, ihn endlich zu sich zu holen. Guelfo erreicht den Höhepunkt seiner Todessehnsucht erst im sechsten Auftritt, nachdem ihn Kamilla abgewiesen hat. Ähnlich wie Werther kleidet auch der Ritter seinen Suizidwunsch in eine Naturmetapher: „Die letzten Sonnenstrahlen durch die Bäume her – Ich möchte mich in die Feuerhelle dort schwingen, auf jenen Wolken reiten mit vergoldetem Saume! – Kamilla! *(faßt sie an der Hand)* Ach! und ich bin wieder so hin – ich möchte diese Feuerwolken zusammenpacken, Sturm und Wetter erregen, und mich zerschmettert in den Abgrund stürzen!" (Z 38)

Zu Beginn des dritten Aufzugs haben sowohl Grimaldi als auch Guelfo beschlossen, gemeinsam in den Tod zu gehen. Dieser neue Abschnitt markiert den Wendepunkt in beider Leben. Rastlos geht Guelfo im ersten Auftritt umher, kurz nachdem er eine aufwühlende Begegnung mit Kamilla gehabt hat, die er gegen ihren Willen leidenschaftlich geküsst hat und daraufhin von Ferdinando überrascht worden ist. Doch anders als erwartet, tritt ihm der Sanftmütige wohlwollend gegenüber. Ferdinando will ihn sogar zur Versöhnung überreden. Diese – aus Guelfos Sicht – ungewöhnliche Reaktion verstört ihn zutiefst. Mehr noch: Die Güte des Bruders und Kamillas demütigende Zurückweisung steigern seinen Hass. Der Ritter kommt nach diesem Zwischenfall nicht mehr zur Ruhe und fleht: „Theil' den Schlaf mit mir, Grimaldi! mit Deinem Guelfo, der Dir alles giebt!" (Z 40) Mit dieser Bitte geht Guelfo also auf den Verbrüderungsvorschlag des Vertrauten ein: „Uns wirft das Unglück zusammen, und kettet uns fest an. Wir wollen uns näher rücken. Das Leiden ist ein festes Band". (Z 41) Und: „Wir beyde sind vernichtet, ohne Rettung und Trost" (Z 43), führt ihm Grimaldi erneut vor Augen, um dann ebenfalls seine Todesbereitschaft zu signalisieren.

Untrennbar mit ihrer autodestruktiven Entwicklung verbunden ist die geistige Verwirrung der Helden, die der Autor allerdings nur kurz zur Sprache bringt, während er ihre Todesbegeisterung immer stärker akzentuiert: „Laß uns zusammen sitzen und absterben, wie der Fisch, dem das Wasser abgeleitet ist. So ists nun. Nicht zu seyn. Guelfo! nicht zu seyn mehr! in die öde Gruft gehüllt – hier nicht mehr! Wir wollen übergehen, und Deine Schwester wird uns empfangen mit Friedenskronen. Komm sey still! Laß uns über den Tod reden! Ich bin vertraut mit ihm, und will Dir seine Apologie halten." (Grimaldi, Z 43-44) Was folgt, ist ein leidenschaftlicher Monolog über das Hinübergleiten in eine andere Welt. Klinger wurde bei der Verteidigungsrede über den Tod zweifelsohne von Werthers Disput mit Albert inspiriert. Doch Grimaldis Rede ist direkter, enthusiastischer. In schwärmerischer Stimmung spricht sich Klingers Protagonist geradewegs für die Schönheit des Todes aus.[275]

Am Ende des vierten Aufzugs verabschiedet sich Grimaldi von seinem Seelenverwandten. Der Lebensmüde verlässt die Bühne, er wird nicht mehr zurückkehren. Damit hat Klinger gleichzeitig Grimaldis symbolische Verabschiedung vom Leben und seinen (indirekten) Freitod darstellen wollen.

3.4 Ein mehrfacher Suizid

Ferdinando erscheint dem von extremen Aggressionen angetriebenen Guelfo als Hindernis zum Glück und zur Selbstverwirklichung. Also muss der Ritter ihn zwangsläufig umbringen. Erst nach dem Mord am Bruder ist auch er bereit zu sterben. Der Tod ist für ihn dann Erlösung und Freiheit zugleich, weil er sich auf diese Weise der verhassten Gesellschaft entzieht.

Um auf die bevorstehende Katastrophe hinzuweisen, setzt Klinger im zweiten Auftritt des vierten Aufzugs den Symbolismus der Natur ein: In der Nacht wütet ein Unwetter über der Tiber. Der Sturm tobt mit Gewalt durch die Stadt, zerschmettert Bildsäulen und Pflanzen, zerschlägt die Orangerie. Die Natur tritt als grausame Vernichterin auf. Ähnlich sieht es in Guelfo aus: So wie der wilde Orkan um ihm herum alles zerstört[276], so zerfällt auch alles in ihm. Dezidiert verwendet der Autor nun verstärkt Bilder, die alle auf das Unglück verweisen. Da ist beispielsweise das Läuten der „Todtenglocken" der nahestehenden Klöster und der nächtliche Leichenzug mit schwarz verhüllten und in Wehklagen einstimmenden Männern. Die Zeichen erfüllen sich im fünften Auftritt des vierten Aufzugs, als Guelfo seinen Bruder umbringt.

---

275 Z 44: „Guelfo, er ist ein guter Freund, heilt schnell alles Unglück. Du fühlst Dich matt, als hättest Du eine weite beschwerliche Reise gethan, schlummerst ein, und fühlst Dich nach und nach nicht ohne Wollust sterben. Es schmerzt nicht, Guelfo, nur in der Einbildung; er ist viel zu freundlich. Er schlingt Dir ein Band um den Hals, das nicht schmerzt, es ist mit einer einschläfernden Süßigkeit begabt. Kein Morgentraum ist lieblicher. Guelfo, ein herrlicher Gedanke durchzittert mich – nicht zu seyn!"

276 Schneider, Dichtung der Geniezeit, S. 226.

So exzessiv wie Klinger Guelfo seine negativen Gefühle hat ausleben lassen, so extravagant stellt er auch dessen Tod dar. Der Autor setzt dies um, indem er den Helden auf symbolischer Ebene gleich mehrfach sterben lässt: Einer These Fritz Martinis zufolge ist die Ermordung Ferdinandos im übertragenen Sinne der Suizid des Ritters: Guelfo ermordet den Rivalen und tötet damit sich selbst.[277] Danach wird er nur noch vom Wunsch nach ewigem Schlaf getragen. Wer anderes könnte ihm dies erfüllen als der Vater, der den Mord an Ferdinando sühnen will? Aus diesem Grund sucht der Held im letzten Auftritt des fünften Aufzugs den alten Guelfo auf. Trotz eindringlicher Bitte der Mutter zu fliehen, bleibt er. Er scheut die Vergeltung seiner Feinde nicht. Freiwillig und ohne Gegenwehr geht er somit in den Freitod. Kurz vor dem Finale wirft Guelfo noch einmal einen kurzen Blick auf die Leiche seines Bruders, anschließend verhüllt er sich. Diese Geste versteht Gert Mattenklott als Symbol des Suizids.[278] Zum letzten und damit tödlichen Schlag holt der Autor im fünften Auftritt aus, als er den Vater seinen Sohn umbringen lässt. Guelfo legt zwar nicht selbst Hand an sich, dennoch kann man auch hier von einer Selbsttötung sprechen. Denn ähnlich wie Emilia Galotti in Lessings gleichnamigem Drama hat der suizidal Veranlagte den Vater als „Werkzeug zum Selbstmord"[279] benutzt.

---

277 Martini, Fritz: Friedrich Maximilian Klinger. Herman Meyer in Amsterdam zum 65. Geburtstag zugedacht, in: Deutsche Dichter des 18. Jahrhunderts. Ihr Leben und Werk, hg. v. Benno von Wiese, Berlin 1977, S. 816-842, S. 821.
278 Mattenklott, Melancholie in der Dramatik des Sturm und Drang, S. 70.
279 Sexau, Tod im deutschen Drama, S. 83.

IV. Zusammenfassung

In dieser Studie ist gezeigt worden, dass die schwermütigen Helden durch ein starkes, unter Leiden gereiftes Gefühl in den Selbstmord getrieben werden. Dabei durchlaufen die Protagonisten mehrere Lebensphasen, bevor sie ihren Entschluss zu sterben tatsächlich in die Tat umsetzen. Der Vergleich der Suizidenten miteinander offenbart, dass sie sich sehr ähneln: Die Autoren haben ihre Figuren alle rebellisch und sozialkritisch konzipiert. Alle Protagonisten sind durch ihre bis zum Rausch gesteigerte Gefühlsintensität melancholische Einzelgänger, deren tödliche Schwäche von Beginn an sichtbar wird. Einige von ihnen sind Künstler (Poeten, Maler, Zeichner), die jedoch nicht in der Lage sind, den seelischen Überreichtum schöpferisch umzusetzen. Sie sind alle Nonkonformisten, die gegen die Regeln der Gesellschaft verstoßen. Sie lassen sich nicht von ihrem Verstand leiten, sondern folgen stets ihrem Herzen und kämpfen um Individualität sowie Freiheit. Sie sind alle in ihrem krankhaften Subjektivismus gefangen. Sie brechen immer wieder in elegischen Klagetönen aus und beschäftigen sich alle schon lange vor der Tat mit dem Thema Selbsttötung. Nahezu exhibitionistisch stellen sie ihren Schmerz zur Schau. Ihre Selbstmordphantasien verdichten sich im Laufe der Handlung zusehends. Eine weitere Gemeinsamkeit ist der Realitätsverlust, der in den einzelnen Texten mal mehr und mal weniger stark akzentuiert wird. Auch die Todesbegeisterung bemächtigt sich kurz vor dem finalen Schritt aller Helden. Zuletzt müssen sie sich alle eingestehen, dass die angestrebte Selbstverwirklichung gescheitert ist. Ihre emotionale und körperliche Selbstaufgabe ist am Ende dieses Prozesses daher keine Verzweiflungstat, sondern eine überlegte und freiwillige Vernichtung des eigenen Lebens. Mit dem Suizid berufen sie sich ein letztes Mal auf ihr Selbstbestimmungsrecht: Sie nehmen sich das Recht und die Freiheit, selbst über ihr Leben zu verfügen und suchen im Tod die Freiheit.

Mit revolutionärer Offenheit und Ausführlichkeit lässt Goethe den Leser in die tiefsten Winkel der Werther'schen Seele blicken. Minutiös schildert er den allmählichen Verfall des Protagonisten, führt vor, wie er seine wehmütigen Stimmungen kultiviert und daran Gefallen findet. Die Handlung wird ausschließlich von dieser düsteren Thematik bestimmt. Es geht stets um Verzweiflung, Schwermut, Melancholie, Todessehnsucht und Tod. Werther ist vom ersten Augenblick an ein exzentrischer Außenseiter, der gegen Konventionen aufbegehrt, unaufhörlich von einem krankhaften Freiheitsdrang angetrieben wird, sich vehement gegen jegliche Einengung seiner natürlichen Anlagen wehrt und sich nach dem Tod sehnt. Damit hat der Autor den Charakter seiner Figur so angelegt, dass ihr Suizid die einzig logische Konsequenz ist. Mit all diesen Wesenszügen erfüllt Werther – wie auch seine Leidensgenossen – die Genievorstellungen der Epoche.

Bei Klinger, Müller, Wagner und Leisewitz entwickeln sich die Helden im Textverlauf in dieselbe Richtung wie Werther. Denn bezüglich ihrer selbstdestruktiven Prädisposition sind sie alle gleich. Sie unterscheiden sich allerdings in ihrer Persönlichkeit. Otto und Guelfo beispielsweise verkörpern den aggressiven, gewalttätigen Typ, dessen unerschütterliches Selbstbewusstsein jedoch nicht über die tödliche Labilität hinwegtäuscht. Von Brand, Julio, Langen, Fridericke, Blanca und Grimaldi hingegen stechen durch ihre überprononcierte Empfindsamkeit und zum Teil extremen selbstquälerischen Anklagen hervor. Golo ist eine Mischung aus beiden Wesenstypen. Nichtsdestoweniger leiden sie alle an derselben Krankheit, die als „Krankheit zum Todte", „Krankheit des Gemüts" oder „tiefes Leiden" umschrieben wird und unter anderem darin besteht, dass sie nicht dazu bereit sind, sich der ihnen fremden und verhassten Gesellschaft – sei es aus Lebensekel, Welthass, übersteigerter Empfindsamkeit oder Lebensuntauglichkeit – anzupassen. Das ist in erster Linie jedoch nicht eine Frage des Wollens, sondern des Könnens – und das wiederum ist auf ihre suizidale Veranlagung zurückzuführen.

Auf diese gemeinsame Basis, das stetig wachsende Verlangen zu sterben, verweisen die Autoren in ihren Werken immerzu mit Anspielungen, die den tragischen Schicksalsverlauf der Protagonisten kontrapunktieren. Es ist gezeigt worden, dass die Texte ein dicht gespanntes Netzwerk dieser Hinweise entfalten, darunter sind auch mit unübersehbarer Anlehnung zahlreiche Motive aus „Die Leiden des jungen Werthers" zu verzeichnen: Da wären beispielsweise die „zwei Linden", die auch in „Otto" und „Golo und Genoveva" als Todesboten fungieren, oder die „blaßroten Schleifen", die Wagner in „Die Reue nach der That" wie Goethe als Untergangsmotive einsetzt. Die Kerker-Symbolik findet sich in „Otto" und „Die Reue nach der That" wieder. Das Gefühl des Sich-Gefangen-fühlens haben sie alle. Die allegorische Atmosphäre des paradiesähnlichen Gartens aus dem Briefroman ist von Klinger in seinem Trauerspiel „Das leidende Weib" eingesetzt worden. Den Wunsch, sich in der Natur auflösen zu wollen, äußern in Werther'scher Manier sowohl Golo als auch Guelfo. Analogien zum Märchen vom Magnetenberg kommen bei Wagner und Klingers „Die neue Arria" vor.

Die Verflechtung aller Symbole, Metaphern und Vorausdeutungen sind, obwohl sie oft erst im Rückblick ihre tiefere Bedeutung enthüllen, ein von den Autoren kunstvoll aufgebautes dramaturgisches Netz, in dem alles auf den Suizid hinweist. Mit dieser Umsetzung des Freitod-Motivs stellen die hier vorgestellten Werke eine literarische Neuheit der Selbstmordthematisierung dar.

Werke

Goethe, Johann Wolfgang von: Die Leiden des jungen Werthers. Paralleldruck der Fassungen von 1774 und 1787, hg. v. Matthias Luserke, Stuttgart 1999.

Klinger, Friedrich Maximilian: Otto, in: Friedrich Maximilian Klingers dramatische Jugendwerke, hg. v. Hans Berendt / Kurt Wolff, I. Band, Leipzig 1912, S. 1-139.

Klinger, Friedrich Maximilian: Das leidende Weib, in: Friedrich Maximilian Klingers dramatische Jugendwerke, hg. v. Hans Berendt / Kurt Wolff, I. Band, Leipzig 1912, S. 141-227.

Klinger, Friedrich Maximilian: Die neue Arria, in: Friedrich Maximilian Klingers dramatische Jugendwerke, hg. v. Hans Berendt / Kurt Wolff, II. Band, S. 6-123, Leipzig 1913.

Klinger, Friedrich Maximilian: Die Zwillinge, Stuttgart 2004.

Leisewitz, Johann Anton: Julius von Tarent, hg. v. Werner Keller, Stuttgart 2000.

Müller, Maler: Golo und Genoveva, in: Maler Müllers Werke, hg. v. Mar Deser, I. Band, Idyllen, Gedichte und Gedanken, Lebensgeschichte und Würdigung, Mannheim / Neustadt an der Haardt 1918, S. 1-135.

Wagner, Heinrich Leopold: Die Reue nach der That. Gesammelte Werke, Dramen, I. Band, hg. v. Leopold Kirchberg, Potsdam 1923, S. 67-184.

Forschungsliteratur

Adler, Gabriele: Die Darstellung des Suizids in der deutschsprachigen Literatur seit Goethe, Halle 1992.

Alvarez, A.: Der grausame Gott. Eine Studie über den Selbstmord, Hamburg 1981.

Améry, Jean: Hand an sich legen. Diskurs über den Freitod, 1. Auflage, Stuttgart 1976.

Andree, Martin: Wenn Texte töten. Über Werther, Medienwirkung und Mediengewalt, München 2006.

Anstett, Jean-Jacques: Werthers religiöse Krise, in: Goethes „Werther". Kritik und Forschung, hg. v. Hans Peter Herrmann, Band 607, Darmstadt 1994, S. 163-173.

Aquin, Thomas von: Recht und Gerechtigkeit. Theologische Summe II-II. Fragen 57-79, Nachfolgefassung von Band 18 der Deutschen Thomasausgabe, neue Übersetzung von Prof. Dr. Josef F. Groner, Bonn 1987.

Aristoteles: Nikomachische Ethik, Hamburg 1972.

Assling, Reinhard: Werthers Leiden. Die ästhetische Rebellion der Innerlichkeit, Europäische Hochschulschriften, Reihe I, Deutsche Sprache und Literatur, Bd./Vol. 437, Frankfurt a. M. 1981.

Auer, Elisabeth: „Selbstmord begehen zu wollen ist wie ein Gedicht zu schreiben". Eine psychoanalytische Studie zu Goethes Briefroman „Die Leiden des jungen Werther", Edsbruk 1999.

Augustinus, Aurelius: Vom Gottesstaat, 2. Auflage, Zürich/München 1978.

Bader, Günter: Melancholie und Metapher. Eine Skizze, Tübingen 1990.

Baumann, Karl: Selbstmord und Freitod in sprachlicher und geistesge-schichtlicher Beleuchtung, Gießen 1934.

Berendt, Hans: Vorwort, in: Friedrich Maximilian Klingers dramatische Jugendwerke, hg. v. Hans Berendt / Kurt Wolff, I. Band, Leipzig 1912.

Beutler, Ernst: Wertherfragen, in: Goethes „Werther". Kritik und For-schung, hg. v. Hans Peter Herrmann, Band 607, Darmstadt 1994, S. 102-127.

Blessin, Stefan: Die Romane Goethes, Königstein 1979.

Borries, Ernst und Erika von: Aufklärung und Empfindsamkeit, Sturm und Drang. Deutsche Literaturgeschichte, Band 2, München 1991.

Böschenstein, Renate: Maler Müller, in: Deutsche Dichter des 18. Jahr-hunderts. Ihr Leben und Werk, hg. v. Benno von Wiese, Berlin 1977, S. 641-657.

Buhl, Wolfgang: Der Selbstmord im deutschen Drama vom Mittelalter bis zur Klassik, Erlangen 1951.

Buhr, Heiko: „Sprich, soll denn die Natur der Tugend Eintrag tun?". Studien zum Freitod im 17. und 18. Jahrhundert, Würzburger wissen-schaftliche Schriften, Reihe Literaturwissenschaft, Band 249, Würzburg 1998.

Buschmeier, Matthias/ Kauffmann, Kai: Einführung in die Literatur des Sturm und Drang und der Weimarer Klassik. Einführungen Germanistik, hrsg. v. Gunter E. Grimm/ Klaus-Michael Bogdal, Darmstadt 2010.

Daemmrich, Horst S. und Ingrid: Themen und Motive in der Literatur. Ein Handbuch, Tübingen 1987.

D' Aprile, Iwan-Michelangelo/ Siebers, Winfried: Das 18. Jahrhundert. Zeitalter der Aufklärung, Berlin 2008.

Der Große Brockhaus. Handbuch des Wissens in zwanzig Bänden, 15. Auflage, 17. Band, Leipzig 1934.

Dettmering, Peter: Der Suizid in der Dichtung, in: Suizid. Ergebnisse und Therapie, hg. v. Christian Reimer, Berlin / Heidelberg / New York 1982, S. 63-68.

Durkheim, Emile: Der Selbstmord, Frankfurt a. M. 1990.

Durzak, Manfred: Der Todes-Diskurs in Goethes Werther, in: Literatur im Zeugenstand. Beiträge zur deutschsprachigen Literatur- und Kulturgeschichte, Festschrift zum 65. Geburtstag von Hubert Orlowski, hg. v. Edward Bialek / Manfred Durzak/ Marek Zybura, Frankfurt a. M. 2002, S. 677-690.

Eissler, K.R.: Goethe. Eine psychoanalytische Studie. 1775-1786, Band 2, München 1985.

Engel, Ingrid: Werther und die Wertheriaden. Ein Beitrag zur Wirkungsgeschichte, Saarbrücker Beiträge zur Literaturwissenschaft, Band 13, Sankt Ingbert 1986.

Erdmann, Oskar: Über F. M. Klinger's dramatische Dichtungen, Königsberg 1877.

Feise, Ernst: Goethes Werther als nervöser Charakter, in: „Wie froh bin ich, daß ich weg bin!". Goethes Roman „Die Leiden des jungen Werther" in literaturpsychologischer Sicht, hg. v. Helmut Schmiedt, Würzburg 1989, S. 35-68.

Fischer, Peter: Familienauftritte. Goethes Phantasiewelt und die Konstruktion des Werther-Romans, in: „Wie froh bin ich, daß ich weg bin!". Goethes Roman „Die Leiden des jungen Werther" in literaturpsychologischer Sicht, hg. v. Helmut Schmiedt, Würzburg 1989, S. 189-220.

Flaschka, Horst: Goethes „Werther". Werkkontextuelle Deskription und Analyse, München 1987.

Fleck, Christina Juliane: Genie und Wahrheit. Der Geniegedanke im Sturm und Drang, Marburg 2006.

Fricke, Gerhard: Studien und Interpretationen. Ausgewählte Schriften zur deutschen Dichtung, Frankfurt a. M. 1956.

Fülleborn, Ulrich: „Die Leiden des jungen Werthers" zwischen aufklärerischer Sozialethik und Büchners Mitleidspoesie, in: Goethe im Kontext. Kunst und Humanität, Naturwissenschaft und Politik von der Aufklärung bis zur Restauration, ein Symposium, hg. v. Wolfgang Wittkowski, Tübingen 1984, S. 20-41.

Gerhard, Melitta: Die Bauerburschenepisode im „Werther". Zeitschrift für Ästhetik und allgemeine Kunstwissenschaft 11, in: Goethes „Werther". Kritik und Forschung, hg. v. Hans Peter Herrmann, Wege der Forschung, Band 607, Darmstadt 1994, S. 23-38.

Giesberg, Dagmar: „Je comprends les Werther". Goethes Briefroman im Werk Flauberts, Epistemata, Würzburger wissenschaftliche Schriften, Reihe Literaturwissenschaft, Band 467-2003, Würzburg 2003.

Gille, Klaus F.: Zwischen Kulturrevolution und Nationalliteratur. Gesammelte Aufsätze zu Goethe und seiner Zeit, Berlin 1998.

Glaser, Horst Albert: Drama des Sturm und Drang, in: Deutsche Literatur. Eine Sozialgeschichte, zwischen Absolutismus und Aufklärung: Rationalismus, Empfindsamkeit, Sturm und Drang 1740-1786, hrsg. v. Horst Albert Glaser u. Ralph-Rainer Wuthenow, Band 4, Reinbek bei Hamburg 1980, S. 299-322.

Graber, Gustav Hans: Goethes Werther. Versuch einer tiefenpsychologischen Pathographie, in: „Wie froh bin ich, dass ich weg bin!". Goethes

Roman „Die Leiden des jungen Werther" in literaturpsychologischer Sicht, hg. v. Helmut Schmiedt, Würzburg 1989, S. 69-84.

Gratzke, Michael: Liebesschmerz und Textlust. Figuren der Liebe und des Masochismus in der Literatur, Epistemata, Würzburger wissenschaftliche Schriften, Reihe Literaturwissenschaft, Band 304-2000, Würzburg 2000.

Greis, Jutta: Drama Liebe. Zur Entstehungsgeschichte der modernen Liebe im Drama des 18. Jahrhunderts, Stuttgart 1991.

Guthke, Karl S.: Literarisches Leben im achtzehnten Jahrhundert in Deutschland und in der Schweiz, Bern 1975.

Hass, Egon-Hans: Werther-Studie, in: Gestaltprobleme der Dichtung, hg. v. Richard Alewyn / Hans-Egon Hass / Clemens Heselhaus, Bonn 1957, S. 83-126.

Hefti-Schaffer, Miriam S.: Selbstmord: Ein menschliches Phänomen, Zürich 1986.

Hein, Edgar: Johann Wolfgang Goethe. Die Leiden des jungen Werther, München 1991.

Hering, Christoph: Friedrich Maximilian Klinger. Der Weltmann als Dichter, Berlin 1966.

Hermann-Huwe, Jasmin: „Pathologie und Passion" in Goethes Roman „Die Leiden des jungen Werther", Reihe I, Band 1595, Frankfurt a. M. 1997.

Hopp, Doris: Friedrich Maximilian Klingers Jugenddramen (1774 -1776), in: Sturm und Drang. Freies Deutsches Hochstift, Frankfurter Goethe-Museum, hg. v. Christoph Perels, Frankfurt a. M. 1988, S. 153-162.

Horré, Thomas: Werther-Roman und Werther-Figur in der deutschen Prosa des Wilhelminischen Zeitalters. Variationen über ein Thema von J. W. Goethe, Saarbrücker Hochschulschriften, Band 28, St. Ingbert 1997.

Hsia, Adrian: Werther in soziologischer Sicht, in: Analecta Helvetica et Germanica. Eine Festschrift zu Ehren von Hermann Boeschenstein, hg. v. A. Arnold / H. Eichner / E. Heier / S. Hoefert, Bonn 1979, S. 154-169.

Hume, David: Dialoge über natürliche Religion. Über Selbstmord und Unsterblichkeit der Seele, 2. Auflage, Leipzig 1894.

Huyssen, Andreas: Drama des Sturm und Drang. Kommentar zu einer Epoche, München 1980.

JOrgensen, Sven Aage/ Bohnen, Klaus/ Ohrgaard, Per: Aufklärung, Sturm und Drang, Frühe Klassik 1740-1789. Geschichte der Deutschen Literatur, von den Anfängen bis zur Gegenwart, 6. Band, München 1990.

Kaiser, Gerhard: Von der Aufklärung bis zum Sturm und Drang 1730-1785. Geschichte der deutschen Literatur, hrsg. v. Horst Rüdiger, Gütersloh 1966,

Kant, Immanuel: Die Metaphysik der Sitten in zwei Theilen, Teil II, metaphysische Anfangsgründe der Tugendlehre, Königsberg 1797.

Kant, Immanuel: Was ist Aufklärung? Aufsätze zur Geschichte und Philosophie, hrsg. v. Jürgen Zehbe, Göttingen 1994.

Karthaus, Ulrich: Johann Anton Leisewitz: Julius von Tarent, in: Dramen des Sturm und Drang. Interpretationen, Stuttgart 1987, S.99-126.

Karthaus, Ulrich: Sturm und Drang. Epoche – Werke – Wirkung, Arbeitsbücher zur Literaturgeschichte, München 2007.

Kiefer, Sascha: Die Genovefa-Legende, in: Hirschstrasse. Zeitschrift für Literatur, hg. v. Werner Aust, Sonderheft Maler Müller zum 250. Geburtstag, Reilingen 1998, S. 39-51.

Kließ, Werner: Sturm und Drang. Gerstenberg, Lenz, Klinger, Leisewitz, Wagner, Maler Müller, 2. Auflage, Velber bei Hannover 1970.

Komfort-Hein, Susanne: „Sie sei wer sie sei". Das bürgerliche Trauerspiel um Individualität, Pfaffenweiler 1995.

Koopmann, Helmut: Goethes Werther – der Roman einer Krise und ihrer Bewältigung, in: Was soll ein Roman? Tröster – Freudenspender – Religionsersatz, Baden 1995, S. 7-28.

Kühlhorn, Walther: J. A. Leisewitz. Julius von Tarent. Erläuterung und literarhistorische Würdigung, Bausteine zur Geschichte der neueren deutschen Literatur, Halle a. S. 1912.

Lambrecht, Roland: Melancholie. Vom Leiden an der Welt und den Schmerzen der Reflexion, Reinbek bei Hamburg 1994.

Langenberg-Pelzer, Gerit: Das Motiv des Selbstmords in der deutschen Literatur der Jahrhundertwende, Aachen 1995.

Lanz, Max: Klinger und Shakespeare, Zürich 1942.

Lehnert, Gertrud: Rosa Schleifen, blaue Fräcke. Zur Verbürgerlichung der Mode im 18. Jahrhundert, in: Der Deutschunterricht. Beiträge zu seiner Praxis und wissenschaftlichen Grundlegung, Jg. LX/Heft 4/2008, hg. v. Anne Fleig / Birgit Nübel, Hannover 2008, S. 21-30.

Lepenies, Wolf: Melancholie und Gesellschaft. Mit einer neuen Einleitung: Das Ende der Utopie und die Wiederkehr der Melancholie, Frankfurt a. M. 1998.

Lettgen, Daniel: „... und hat zu retten keine Kraft.". Kulturgeschichtliche, diskursgeschichtliche und kompositionsgeschichtliche Studien zur Melancholie der Musik, Mainz 2010.

Lippke, Monika: Projektion und Gesellschaft. Die Frauenfiguren in Johann Anton Leisewitz' Trauerspiel Julius von Tarent, in: Lenz Jahrbuch. Sturm-und-Drang-Studien, Band 13/14 (2004-2007), hg. v. Matthias Luserke-Jaqui, St. Ingbert 2008, S. 89-122.

Löffler, Jörg: Unlesbarkeit. Melancholie und Schrift bei Goethe. Philologische Studien und Quellen, Heft 193, Berlin 2005.

Luserke, Matthias: Nachwort, in: Johann Wolfgang Goethe: Die Leiden des jungen Werthers. Paralleldruck der Fassungen von 1774 und 1787, hg. v. Matthias Luserke, Stuttgart 1999.

Macho, Thomas H.: Todesmetaphern. Zur Logik der Grenzerfahrung, Frankfurt a. M. 1987.

Mann, Thomas: Goethes „Werther", in: Goethes „Werther". Kritik und Forschung, hg. v. Hans Peter Herrmann, Band 607, Darmstadt 1994, S. 88-101.

Marhold, Hartmut: Prometheus und Werther, in: Literatur in Wissenschaft und Unterricht. Band XVI, hg. v. Paul G. Buchloh / Dietrich Jäger / Horst Kruse/ Peter Nicolaisen, Würzburg 1983, S. 97-108.

Martin, Günther: Werthers problematische Natur, in: Neue Deutsche Hefte, hg. v. Joachim Günther, 173 / 29. Jahrgang / Heft 1, Berlin 1982, S. 725-735.

Martini, Fritz: Deutsche Literaturgeschichte. Von den Anfängen bis zur Gegenwart, Stuttgart 1971.

Martini, Fritz: Friedrich Maximilian Klinger. Herman Meyer in Amsterdam zum 65. Geburtstag zugedacht, in: Deutsche Dichter des 18. Jahrhunderts, ihr Leben und Werk, hg. v. Benno von Wiese, Berlin 1977, S. 816-842.

Marx, Friedhelm: Erlesene Helden. Don Sylvio, Werther, Wilhelm Meister und die Literatur. Beiträge zur Neueren Literaturgeschichte, dritte Folge, Band 139, Heidelberg 1995.

Mattenklott, Gert: Melancholie in der Dramatik des Sturm und Drang. Studien zur Allgemeinen und Vergleichenden Literaturwissenschaft, Band I, Stuttgart 1968.

Mattenklott, Gert: Der Briefroman, in: Zwischen Absolutismus und Aufklärung: Rationalismus, Empfindsamkeit, Sturm und Drang, 1740-1786, Band 4, hg. v. Ralph-Rainer Wuthenow, Reinbek bei Hamburg 1980, S. 185-203.

Merwald, Eva: Die Wiederaufnahme des biblischen Kain-Abel-Mythos in der Tragödie „Die Zwillinge" von F. M. Klinger, Frankfurt (Oder) 1998.

Meyer-Kalkus, Reinhart: Werthers Krankheit zum Tode. Pathologie und Familie in der Empfindsamkeit, in: „Wie froh bin ich, daß ich weg bin!". Goethes Roman „Die Leiden des jungen Werther" in literaturpsychologischer Sicht, hg. v. Helmut Schmiedt, Würzburg 1989, S. 85-146.

Miller, Norbert: Der empfindsame Erzähler. Untersuchungen an Romananfängen des 18. Jahrhunderts, Literatur als Kunst, eine Schriftenreihe, München 1968.

Minois, Georges: Geschichte des Selbstmords, Düsseldorf/ Zürich 1996.

Möbius, P. J.: Werthers Leiden, in: „Wie froh bin ich, daß ich weg bin!". Goethes Roman „Die Leiden des jungen Werther" in literaturpsychologischer Sicht, hg. v. Helmut Schmiedt, Würzburg 1989, S. 31-34.

Mog, Paul: Ratio und Gefühlskultur. Studien zu Psychogenese und Literatur im 18. Jahrhundert, Studien zur deutschen Literatur, Band 48, Tübingen 1976.

Monath, Wolfgang: Das Motiv der Selbsttötung in der deutschen Tragödie des siebzehnten und frühen achtzehnten Jahrhunderts (Von Gryphius bis Lessing), Würzburg 1956.

Montaigne, Michel de: Die Essais und das Reisetagebuch, Leipzig 1932.

Montesquieu: Persische Briefe, Wiesbaden 1947.

Mösgen, Peter: Selbstmord oder Freitod? Das Phänomen des Suizides aus christlich-philosophischer Sicht, Eichstätt 1999.

Müller, Joachim: Wirklichkeit und Klassik. Beiträge zur deutschen Literaturgeschichte von Lessing bis Heine, Leipzig 1955.

Müller-Salget, Klaus: Zur Struktur von Goethes „Werther", in: Goethes „Werther". Kritik und Forschung, hg. v. Hans Peter Herrmann, Band 607, Darmstadt 1994, S. 317-337.

Neue Jerusalemer Bibel. Einheitsübersetzung, mit dem Kommentar der Jerusalemer Bibel, neu bearbeitete und erweiterte Ausgabe, hg. v. Alfons Deissler / Anton Vögtle / Johannes M. Nützel, Freiburg im Breisgau 1985.

Nietzsche, Friedrich: Also sprach Zarathustra, München 1976.

Niggl, Günter: Erzählspiegel in Goethes Werther, in: Exempla. Studien zur Bedeutung und Funktion exemplarischen Erzählens, hg. v. Bernd Engler / Kürt Müller, Berlin 1995, S. 199-214.

Oberlin, Gerhard: Goethe, Schiller und das Unbewusste. Eine literaturpsychologische Studie, Gießen 2007.

Pascal, Roy: Der Sturm und Drang, 2. Auflage, Stuttgart 1977.

Rehm, Walter: Der Todesgedanke in der deutschen Dichtung vom Mittelalter bis zur Romantik, 2. Auflage, Tübingen 1967.

Renner, Karl N.: „ ... laß das Büchlein deinen Freund seyn". Goethes Roman Die Leiden des jungen Werthers und die Diätetik der Aufklärung, in: Sozialgeschichte der deutschen Literatur von der Aufklärung bis zur Jahrhundertwende. Einzelstudien, hg. im Auftrag der Münchener Forschergruppe „Sozialgeschichte der deutschen Literatur 1770-1900" von Günter Häntzschel / John Ormrod / Karl N. Renner, Tübingen 1985, S. 1-20.

Platon: Gesetze, II. Band, Buch VII-XII, Leipzig 1916.

Platon: Phaidon, Leipzig 1944.

Pütz, Peter: Werthers Leiden an der Literatur, in: Goethe's Narrative Fiction. The Irvine Goethe Symposium, hg. v. William J. Lillyman, Berlin 1983, S. 55-68.

Reiss, Hans: Goethes Romane, Bern 1963.

Rost, Hans: Bibliographie des Selbstmords, Augsburg 1927.

Rousseau, Jean Jacques: Julie, oder Die neue Heloise oder Briefe zweier Liebenden in einem Städtchen am Fuße der Alpen, erster bis dritter Theil, Leipzig 1844.

Salumets, Thomas Juri: Friedrich Maximilian Klinger: Zur Interpretation und Edition seiner Werke, Michigan 1986.

Sanna, Simonetta: Lessings „Emilia Galotti". Die Figuren des Dramas im Spannungsfeld von Moral und Politik, Tübingen 1988.

Scheel, Hans-Ludwig: Ortis und Werther: vergleichbar oder unvergleichlich? Ein Experiment mit Notionsfeldern, in: Interlinguistica. Sprachvergleich und Übersetzung, Festschrift zum 60. Geburtstag von Mario Wandruszka, hg. v. Karl-Richard Bausch / Hans-Martin Gauger, Tübingen 1971, S. 312-325.

Scherer, Stefan: Einführung in die Dramen-Analyse. Einführungen Germanistik, hrsg. v. Gunter E. Grimm/ Klaus-Michael Bogdal, Darmstadt 2010.

Scherler, Kirsten: „Wie froh bin ich, dass ich weg bin!". Werther in der deutschen Literatur, Frankfurt am Main 2010.

Scherpe, Klaus: Werther und Wertherwirkung. Zum Syndrom über-bürgerlicher Gesellschaftsordnung im 18. Jahrhundert, Berlin/ Zürich 1970.

Schings, Hans-Jürgen: Melancholie und Aufklärung. Melancholiker und ihre Kritiker in Erfahrungsseelenkunde und Literatur des 18. Jahrhunderts, 1. Auflage, Stuttgart 1977.

Schmidt, Gerhard: Die Krankheit zum Tode. Goethes Todesneurose, Forum der Psychiatrie, Stuttgart 1968.

Schmiedt, Helmut: Woran scheitert Werther?, in: „Wie froh bin ich, daß ich weg bin!". Goethes Roman „Die Leiden des jungen Werther" in lite-raturpsychologischer Sicht, hg. v. Helmut Schmiedt, Würzburg 1989, S. 147-172.

Schmitt, Wolfram: Melancholie und Suizid als literarisches Thema in der Goethezeit – Fiktion und Realität, in: Licht der Natur. Medizin in Fachliteratur und Dichtung, Festschrift für Gundolf Keil zum 60. Ge-burtstag, Göppingen 1994, S. 399-420.

Schneider, Ferdinand Josef: Die Deutsche Dichtung der Geniezeit. Ge-schichtliche Darstellungen, Band III / Zweiter Teil, Stuttgart 1952.

Schöffler, Herbert: Die Leiden des jungen Werther. Ihr geistesgeschichtlicher Hintergrund, Frankfurt a. M. 1938,

Schönenborn, Martina: Tugend und Autonomie. Die literarische Modellierung der Tochterfigur im Trauerspiel des 18. Jahrhunderts, Göt-tingen 2004.

Schopenhauer, Arthur: Parerga und Paralipomena, II. Band, Zürich 1991.

Schröder, Kai: Schatten der Revolution. Goethes Werther und die Befreiung des Individuums, Berlin 2003.

Seneca, Lucius Annaeus: Philosophische Schriften. Drittes Bändchen, Briefe an Lucilius, erster Teil: Brief 1-81, Leipzig 1924.

Sexau, Richard: Der Tod im Deutschen Drama des 17. und 18. Jahrhunderts (von Gryphius bis zum Sturm und Drang). Ein Beitrag zur Literaturgeschichte, Untersuchungen zur neueren Sprach- und Literaturgeschichte, 9. Heft, Bern 1906.

Sidler, Josef: J. A. Leisewitz, Julius von Tarent, Zürich 1966

Smoljan, Olga: Friedrich Maximilian Klinger. Leben und Werk, Beiträge zur Deutschen Klassik, Weimar 1962.

Sørensen, Bengt Algot: Herrschaft und Zärtlichkeit. Der Patriarchalismus und das Drama im 18. Jahrhundert, München 1984.

Spinoza, Benedictus de: Die Ethik. Schriften und Briefe, hrsg. v. Friedrich Bülow, Stuttgart 1976.

Staritz, Simone: Geschlecht, Religion und Nation – Genoveva-Literaturen 1775-1866, St. Ingbert 2005.

Steinberg, Heinz: Studien zu Schicksal und Ethos bei F. M. Klinger, in: Germanische Studien, hg. v. Walther Hofstaetter, Heft 234, Nendeln/Liechtenstein 1969.

Steiner, George: Der Tod der Tragödie. Ein kritischer Essay, München/ Wien 1962.

Stockmeyer, Clara: Soziale Probleme im Drama des Sturmes und Dranges. Eine literarhistorische Studie, Deutsche Forschungen, Heft 5, Frankfurt a. M. 1922.

Sturm und Drang und Empfindsamkeit, hg. v. Ulrich Karthaus, Band 6, Stuttgart 1976.

Valk, Thorsten: Melancholie im Werk Goethes. Genese – Symptomatik – Therapie, Studien zur Deutschen Literatur, Band 168, Tübingen 2002.

Valk, Thorsten: Poetische Pathographie. Goethes „Werther" im Kontext zeitgenössischer Melancholie-Diskurse, in: Goethe-Jahrbuch 2002, 119. Band, hg. v. Jochen Golz / Edith Zehm, Weimar 2002, S. 14-22.

Vietor, Karl: Der junge Goethe. Wissenschaft und Bildung, Bern/ München 1950.

Weber, Peter: Das Menschenbild des bürgerlichen Trauerspiels. Entstehung und Funktion von Lessings „Miß Sara Sampson", Berlin 1970.

Weichbrodt, Raphael: Der Selbstmord, Basel 1937.

Wenzel, Stefanie: Das Motiv der feindlichen Brüder im Drama des Sturm und Drang, Frankfurt a. M. 1993.

Wörterbuch zu Goethes Werther. Begründet von Erna Merker in Zusammenarbeit mit Johanna Graefe und Fritz Merbach, fortgeführt und vollendet von Isabel Engel / Johanna Graefe/ Elisabeth Linke / Josef Mattausch / Fritz Merbach, Deutsche Akademie der Wissenschaften zu Berlin, Institut für deutsche Sprache und Literatur, Berlin 1966.

Wunderlich, Uli: Sarg und Hochzeitsbett so nahe verwandt!. Todesbilder in Romanen der Aufklärung, Beiträge und Dokumente zu Johann Gottfried Schnabels Leben und Werk und zur Literatur und Geschichte des frühen 18. Jahrhunderts, St. Ingbert 1998.